Te 7
364

ÉLÉMENTS

DE

THÉRAPEUTIQUE GÉNÉRALE

BASÉE

SUR LA PHYSIOLOGIE & LA PATHOLOGIE CELLULAIRE

ÉLÉMENTS

DE

THÉRAPEUTIQUE GÉNÉRALE

BASÉE

SUR LA PHYSIOLOGIE & LA PATHOLOGIE CELLULAIRE

PAR

Lᵈ JOLLY

Pharmacien de 1ʳᵉ classe
Officier de l'Instruction publique
Citation honorable de l'Institut (Académie des sciences)
Concours de médecine et de chirurgie Montyon (1888)
1ᵉʳ prix (médaille d'argent) de la Société d'hygiène de l'enfance

————— ◦⟋⟍◦ —————

CHEZ L'AUTEUR

RUE DU FAUBOURG POISSONNIÈRE, Nᵒ 64

PARIS

INTRODUCTION

———

La thérapeutique basée sur la physiologie et la pathologie cellulaire, est la thérapeutique de l'avenir.

L'anatomie macroscopique a fait connaître la forme et la distribution des divers organes dans le corps humain. L'anatomie microscopique nous a révélé la constitution intime des tissus de chaque organe, dont la science a ramené l'unité fondamentale à la cellule ou élément anatomique organisé.

« La pathologie cellulaire, dit le professeur Cornil, est la conception d'après laquelle on ramène à la cellule, c'est-à-dire à l'unité vivante des êtres organisés, les désordres observés dans un tissu, dans un organe ou dans tout l'organisme, atteints d'une maladie locale ou générale.

« Notre éducation scientifique a pour base cette notion générale, que les cellules qui entrent dans la composition des tissus sont les éléments actifs de leur formation, de leur nutrition, de leur renouvellement et que ce sont aussi elles qui subissent les premières atteintes des agents, de quelque nature qu'ils soient, qui modifient dans le sens morbide un tissu, un organe ou l'organisme tout entier.

« Ces agents, que ce soient des forces physiques (froid, chaleur, électricité, traumatisme), des parasites animaux, végétaux, microbiens, des substances chimiques telles que des poisons ou des toxines microbiennes, impressionnent d'abord les cellules. Ils déterminent sur elles une série de modifications qui sont toujours les mêmes pour une impression déterminée et qui évoluent par une succession de phénomènes comparables ou identiques. »

Ch. Robin, dans son Traité de physiologie cellulaire, a dit : « Le phénomène complexe de la nutrition est ce que le médecin praticien doit nécessairement étudier. Il n'y a pas d'autre thérapeutique rationnelle que d'activer ou de ralentir la nutrition histologique. Toutes les maladies ne sont en dernière analyse que des perturbations nutritives. La médecine ne fera de progrès réels que lorsque toute l'attention sera tournée du côté de la nutrition et des principes immédiats au moyen desquels elle a lieu. »

Or, la nutrition générale de l'organisme n'étant que la résultante nutritive de tous les éléments histologiques qui constituent les organes de l'être humain, le seul moyen d'arriver à connaître comment se produit la maladie, c'est d'étudier la nutrition intime dans l'élément anatomique ; de voir comment s'accomplissent les phénomènes nutritifs normaux ;

de faire ressortir les causes qui, en les faisant dévier de leur mode normal, conduisent à la maladie.

Nous verrons que tous les troubles nutritifs ne peuvent se produire que suivant trois modes. La nutrition peut être : 1° exagérée ; 2° abaissée ; 3° altérée.

La nutrition exagérée, à l'exception de la période de croissance, est généralement localisée.

La nutrition est abaissée lorsqu'il y a insuffisance de matériaux constituants.

Les causes qui produisent la nutrition altérée sont extrêmement nombreuses et variées ; si, en dernière analyse, elles arrivent toutes à produire un résultat identique sur la nutrition histologique, il n'en est pas moins vrai que le mode et l'intensité d'action de chacune d'elles peuvent être très différents et qu'ils peuvent impressionner l'organisme de manière à varier les manifestations extérieures.

Ce sont ces perturbations nutritives diverses qui établissent les différentes modalités des constitutions. Ce sont, d'autre part, les constitutions plus ou moins défectueuses qui exercent la plus grande influence sur la marche et la terminaison des maladies ; ce sont elles qui établissent la chronicité d'un certain nombre d'entre elles.

Si, envisageant la nutrition histologique d'une manière abstraite, nous avons indiqué trois modes différents d'altération, il ne faut pas croire que chacun d'eux se présente toujours isolément. Nous verrons fréquemment le troisième mode d'altération nutritive venir compliquer les deux premiers et conduire les maladies à l'incurabilité, si on n'en a pas tenu très grand compte dès le début.

Le nombre restreint des modes de l'altération nutritive nous fait comprendre qu'il doit suffire de quelques agents thérapeutiques seulement pour redresser ces nutritions. En fait, notre arsenal se compose de trois sortes de principes médicamenteux :

1° Un principe constituant des éléments anatomiques sous diverses formes chimiques, — l'*acide phosphorique*, — parce que, très souvent, nos aliments n'en renferment pas une quantité suffisante pour répondre aux besoins physiologiques, ou pour faire face aux dépenses ;

2° Deux adjuvants, antiseptiques puissants ; l'un, l'*Iode*, désintoxicant étendant son action, également à tous les départements organiques ; l'autre, l'*Or*, concentrant la sienne sur le système nerveux.

Dans le monde médical, malgré les progrès déjà accomplis, beaucoup considèrent encore comme suspect et ne méritant aucun crédit, tout auteur dont le travail est accompagné d'un produit commercial, créé dans le but d'en faciliter l'application pratique, bien que cela soit courant dans l'industrie. Une découverte scientifique, une application quelconque ne vaut qu'autant que son auteur est désintéressé et ne tire pas profit de ses travaux.

Est-ce que les Dumas, les Berthelot, les Würtz, les Gautier, les Pasteur, etc. dit-on, pour ne citer que des contemporains, se sont fait payer leurs travaux et ont exploité leurs découvertes ? Mais on ne dit pas que ces savants étaient, ou sont dotés de bonnes places qui leur assurent le pain du jour et celui du lendemain, que Pasteur et sa famille ont été dotés de bonnes rentes à titre national. Alors, quand on n'est pas avantagé de quelque prébende plus ou moins fructueuse, les travaux ne valent quelque chose qu'autant que l'on meurt de faim à côté. A ceux-là un éloge funèbre bien court et bien suggestif : *Les imbéciles,* — pourquoi ont-ils voulu être chercheurs, être inventeurs ? Pelletier et Caventou, qui ont découvert le sulfate de quinine, étaient deux pharmaciens praticiens établis l'un rue Gaillon, l'autre rue Jacob. Est-ce que leur découverte était sans valeur, parce qu'ils en ont bénéficié d'abord jusqu'à ce que la manne officielle leur ait été distribuée sous la double forme d'honneurs et de profits.

Le 14 janvier 1874, nous présentions à la Société de Thérapeutique un travail dans lequel nous démontrions *que le fer existe dans le sang à l'état de phosphate et seulement sous cette forme.* Dans la *Gazette de médecine et de chirurgie* du 23 suivant, le Dr Dechambre faisait suivre l'analyse de notre travail des réflexions suivantes : « Sans vouloir rien préjuger sur la valeur scientifique de ce mémoire, il est regrettable, au point de vue scientifique même qu'une annonce dans les journaux sur le *Phosphate de fer hématique* ait précédé la lecture de ce mémoire devant une Société aussi exclusivement scientifique que la Société de Thérapeutique. »

Dans le numéro du 20 février, le Dr Dechambre a inséré, avec la meilleure grâce, notre réponse à ses réflexions :

« Je suis chimiste et pharmacien ; en cette double qualité, je fais de la science et de la pharmacie. En quoi suis-je condamnable ?

« D'une part, je présente le résultat de mes recherches sur le rôle biologique de l'élément phosphoré à l'approbation des Sociétés Savantes. D'autre part, un problème qui intéresse vivement la thérapeutique, la solubilisation du phosphate de fer est à l'étude depuis 1848 (Travaux de Persoz) ; je le résous et je prends date de priorité par les journaux de médecine en annonçant que je l'ai résolu. En quoi ai-je commis un acte regrettable ?

« Il y a quelques jours, à la réunion annuelle de la Société de secours des Amis des Sciences, son président, M. Dumas, prononçait ces paroles : « La Science, au point de vue économique, offre deux aspects : dans le laboratoire de l'inventeur elle coûte ; dans l'atelier de l'industriel elle rapporte... O vous, qui vivez de la Science, sachez qu'il en est qui en meurent. »

« D'après cela, en quoi un inventeur qui cherche comme industriel à s'assurer le bénéfice de sa découverte peut-il être coupable ? »

Cette réponse, que nous faisions en 1874, nous l'adressons par avance à tous ceux qui pourraient critiquer notre manière d'agir.

En 1887, tous nos travaux ont été réunis en un volume intitulé : LES PHOSPHATES, *leurs fonctions chez les êtres vivants*, auquel il a été décerné une citation honorable au concours de médecine et de chirurgie Montyon à l'Académie des sciences (déc. 1888). Depuis cette époque, nous cherchons à en tirer des déductions pratiques applicables à la thérapeutique. Nous ferons remarquer, alors, que les produits que nous avons créés sont postérieurs à nos travaux scientifiques ; que c'est d'eux que nous nous sommes inspiré pour établir leur composition. Si nous les avons multipliés, ce n'est pas pour le plaisir de compliquer notre arsenal thérapeutique, mais pour répondre aux besoins des variétés si multiples que la même maladie présente chez les malades selon leur âge, leur constitution, leur manière de vivre même.

Nous n'ajouterons plus qu'un mot. Depuis l'époque où nous adressions au Dr Dechambre la réponse qui précède, la pharmacie tombe de plus en plus dans le mercantilisme. Le public recherchant les médicaments à bas prix, ceux-ci sont de plus en plus falsifiés, et les médecins constatent souvent l'inefficacité de leurs prescriptions. En présence de cette situation, qui ne se modifiera certainement pas de si tôt, le médecin doit choisir entre les deux moyens suivants : ou bien, ordonner un produit spécialisé, dont la composition, garantie par l'auteur intéressé au succès de ses travaux, peut amener la guérison de ses malades, ou bien, obéissant à une règle inflexible qu'il s'est imposée, de n'en conseiller jamais, formuler une préparation magistrale, plus ou moins similaire, sur les effets de laquelle il ne peut pas toujours compter, cela, alors, au détriment de la santé du malade.

A chacun de procéder selon sa conscience !

Quant au malade, il demande à être guéri ; peu lui importe par quel moyen. C'est son criterium pour juger son médecin ; et s'il est susceptible de reconnaissance, ce n'est pas vers l'instrument de sa guérison qu'elle ira, mais vers l'ouvrier qui s'en sera servi heureusement.

ÉLÉMENTS

DE

THÉRAPEUTIQUE GÉNÉRALE

BASÉE SUR LA PHYSIOLOGIE & LA PATHOLOGIE CELLULAIRE

PREMIÈRE PARTIE

HISTOIRE PHYSIQUE, CHIMIQUE ET PHYSIOLOGIQUE DES PRODUITS EMPLOYÉS EN THÉRAPEUTIQUE GÉNÉRALE.

PHOSPHORE

—

CHAPITRE I.

Sous quel état existe-t-il dans l'organisme ?

Il y a longtemps déjà, le savant physiologiste italien Moleschott a dit : *Sans phospore point de pensées.* Plus récemment le professeur Dehérain, qui s'occupe spécialement de la science agricole, a dit : *Les phosphates sont les fidèles compagnons de la matière azotée.* Aujourd'hui les agriculteurs posent comme axiome : *Sans acide phosphorique, point de récoltes.* Les physiologistes disent : *Sans phosphore point de vie possible.*

En physiologie, comme en thérapeutique, il faut s'appuyer sur des faits rigoureusement démontrés, si l'on veut arriver à des résultats positifs. Or, d'après les citations que nous venons d'emprunter, une question de

1

la plus haute importance se pose immédiatement, qu'il importe de résoudre.

Sous quel état le phosphore existe-t-il dans l'organisme ?

1° Le phosphore se trouve-t-il chez les êtres vivants à l'état de métalloïde oxydable, intégré dans une molécule organique comme on l'a cru pendant longtemps et comme l'admettent encore aujourd'hui quelques savants, malgré la découverte de l'acide phosphoglycérique dans les lécithines nerveuses ? C'est en s'appuyant sur cette hypothèse que l'on a employé, et que l'on emploie quelquefois encore, surtout à l'étranger, le phosphore métalloïde. Nous verrons plus loin que les résultats obtenus ne sont pas favorables à cette hypothèse.

Dans une note insérée aux Comptes rendus de l'Académie des sciences (t. CXXVI, page 531, 1898), nous démontrons par l'analyse chimique qu'il n'existe pas, dans les tissus animaux ni, d'ailleurs, dans les substances albuminoïdes végétales (légumine, gluten) de phosphore métalloïde intégré dans une molécule organique. La question est donc résolue sans contestation possible.

2° Le phosphore existe-t-il à l'état incomplètement oxydé dans l'organisme, c'est-à-dire à l'état d'acide hypophosphoreux, ou d'acide phosphoreux, par exemple ? Nous donnerons, au chapitre des hypophosphites, les hypothèses sur lesquelles on s'est appuyé pour préconiser leur emploi, et les résultats obtenus qui n'ont pas répondu à l'attente.

Le Dr Lépine, de Lyon, a cru démontrer, dans une note insérée aux Comptes rendus de l'Académie des sciences en 1884, l'existence du phosphore incomplètement oxydé dans l'urine des névropathes principalement ; dans une autre note insérée aux Comptes rendus (1898) nous démontrons par l'analyse chimique l'inexactitude des conclusions que M. Lépine a tirées de ses expériences.

3° Le phosphore se trouve-t-il dans l'économie à l'état complètement oxydé, c'est-à-dire à l'état d'acide phosphorique combiné à des bases minérales ou organiques ?

C'est l'opinion que nous défendons avec preuves à l'appui.

Dans notre ouvrage — *Les Phosphates* — nous avons démontré par le raisonnement, en nous appuyant sur les propriétés chimiques du phosphore, qu'il ne pouvait pas exister sous une autre forme qu'à l'état de phosphates. Des démonstrations de ce genre n'ont pas la rigueur de l'expérimentation. Dans une note parue aux Comptes rendus de l'Académie des sciences en 1897 (11 octobre) nous avons indiqué, avec préparations anatomiques à l'appui, qu'au moyen du réactif molybdique on démontre l'existence des phosphates métalliques dans tous les tissus animaux (nerveux, musculaires, etc.). Aucun doute n'est donc plus possible sur ce point.

CHAPITRE II.

Comment les phosphates sont-ils associés aux éléments anatomiques des tissus et aux matières albuminoïdes amorphes ?

L'analyse chimique nous a démontré que l'on trouve dans les tissus animaux cinq espèces de phosphates minéraux. Ils sont inégalement répartis dans chacun d'eux ; mais en examinant les résultats avec attention, on voit que :

Le phosphate de fer et le phosphate de soude sont surtout condensés dans le système sanguin ;

Le phosphate de fer dans les globules du sang ;

Le phosphate de soude dans le plasma ;

Le phosphate de potasse est accumulé dans le système nerveux ;

Le phosphate de magnésie est en notable quantité dans les muscles ;

Enfin le phosphate de chaux est très abondant dans les os.

De sorte que, à chaque grand système organique correspond, pour ainsi dire, un élément phosphaté qui lui est spécial, ou qui est le principe minéral prédominant sur tous les autres sels phosphatés du système considéré.

Nous pouvons, par ce mode de distribution même, préjuger que les phosphates jouent un grand rôle chez les êtres vivants. Mais ce rôle quel est-il, est-il simple ou multiple ? Un premier point à établir, c'est de chercher à déterminer comment les phosphates sont associés aux éléments azotés organisés et organiques dans la trame des tissus.

Ce point est certainement un des plus importants de la physiologie. Nous en avons longtemps cherché la démonstration ; elle ne présentait pas de difficulté, mais c'est comme l'œuf de Christophe Colomb, il fallait y songer.

Des fragments de tissus musculaires et nerveux découpés en lames minces ont été soumis à plusieurs macérations successives pendant 4 ou 5 jours dans l'eau vinaigrée au 5ᵉ, afin d'enlever les phosphates libres, l'acide acétique les dissolvant tous, à l'exception du phosphate de fer. Après cette opération, les mêmes fragments ont été placés pendant 4 ou 5 jours dans le réactif molybdique, où ils ont pris une coloration jaune uniformément répartie. Elle apparaît au microscope sous l'aspect d'un pointillé qui forme comme une sorte de feutrage. Le réactif molybdique est une solution de molybdate d'ammoniaque dans l'eau aiguisée d'acide nitrique. Il donne avec les phosphates un précipité jaune citron caractéristique.

Nous pouvons donc affirmer : *qu'une partie des molécules minérales phosphatées sont disposées en un groupement méthodique, au milieu des principes protéiques et des éléments anatomiques ; qu'elles en forment pour ainsi dire la charpente ; que c'est à cette constitution minérale variable en espèces phosphatées que ces éléments doivent une partie de leurs propriétés physiques.*

L'examen des phosphates que l'on rencontre dans les différents principes protéiques amorphes et dans les tissus fournit une preuve à l'appui de cette assertion.

Ainsi, les os si riches en phosphate de chaux, le plus insoluble des phosphates physiologiques, nous présentent le type de la solidité et de la résistance. Dans la fibrine du sang, dans les tissus musculaires et conjonctifs des animaux adultes, où les phosphates terreux insolubles dominent en proportion variable, mitigés par la présence des phosphates alcalins solubles, nous constatons une somme de solidité en rapport avec la richesse en phosphates terreux. Dans le globule du sang, où le support minéral est le phosphate de fer, corps insoluble dans l'eau, mais soluble dans un milieu alcalino salin spécial, celui du plasma sanguin, nous observons beaucoup d'instabilité. Dans les tissus cérébral et nerveux, enfin, dont le principe minéral phosphaté prédominant, le phosphate de potasse, est extrêmement soluble dans l'eau, mais mitigé par la présence d'une certaine quantité de glycérophosphate de potasse moins soluble et surtout d'une très minime proportion de phosphate de chaux, nous trouvons la substance la plus molle et la moins résistante.

Dans tous les éléments anatomiques qui composent nos tissus, les phosphates y sont groupés sous deux états différents : *Une partie fixe, immobile, remplit une fonction passive constitutive, architecturale, donnant à la cellule ses caractères physiques propres ; l'autre partie mobile, variable, localisée dans le protoplasma, remplit la fonction active de stimulant vital.* Tandis que les principes phosphatés passifs architecturaux doivent rester immuables pour assurer la conservation de l'élément anatomique, la partie phosphatée mobile protoplasmatique qui sert à l'activité nutritive et fonctionnelle peut varier dans des limites assez larges, ainsi que l'analyse le démontre ; mais il est une proportion minimum sans laquelle la vie cellulaire n'est plus possible.

Nous ne nous étendrons pas davantage sur ce sujet

que nous avons développé longuement dans notre ouvrage — *les Phosphates*. Nous y reviendrons d'ailleurs avec de nouveaux détails, quand nous étudierons la physiologie et la pathologie de la cellule.

Nous conclurons que *sans phosphates la vie n'est pas possible.*

CHAPITRE III.

Du phosphore. — Son emploi thérapeutique. — Phosphures.

Le premier médecin qui a publié des observations sur l'emploi du phosphore paraît être le Dr Mentz, de Witteberg, à la fin de l'année 1748. Son travail est intitulé : *De phosphori locc medicamenti. aliquot casibus singularibus confirmata.* « A la suite d'une fièvre maligne pétéchiale, il était survenu une diarrhée opiniâtre avec une grande anxiété vers les régions précordiales, délire et prostration générale des forces. Deux grains de phosphore enveloppés dans un grain de thériaque furent administrés. Ils produisirent immédiatement du repos, du sommeil et une douce transpiration. Le soir et le lendemain nouvelles doses avec addition d'un grain ; la transpiration devint abondante et d'une odeur sulfureuse. Bientôt toutes les fonctions se rétablirent et la maladie cessa.

« Deuxième cas, affaiblissement absolu à la suite d'une fièvre bilieuse. Six grains de phosphore enveloppés dans de la conserve de rose furent administrés en deux doses dans le jour. Le repos de toute la nuit et une diaphorèse abondante amena la guérison.

« Troisième cas, délire, affaissement général, à la suite d'une fièvre catarrhale maligne ; six grains de phosphore en deux doses produisirent un effet semblable. »

Wolf, dans une dissertation soutenue à Goettingue

en 1791, rapporte douze observations extraites du journal de pratique médicale de son père, sur l'emploi du phosphore. Les résultats ont été si extraordinaires, que l'auteur ne craint pas d'appeler le phosphore : *un remède divin.*

La *London medical Review* (mars 1799) contient un rapport fait par une société de médecins de Londres, sur les vertus médicales du phosphore. Il en résulte que cette substance tient le premier rang parmi les alexitères et les alexipharmaques et qu'elle a été employée avec succès dans plusieurs cas où l'action vitale était près de s'éteindre ; mais que ce remède si puissant, si actif, commande dans son emploi la plus grande réserve.

Nous pourrions faire encore un grand nombre de citations analogues aux précédentes.

Au milieu de tous ces succès, Weickard, dans la deuxième partie de ses écrits divers, rapporte des observations et des expériences qui doivent faire tenir les praticiens en garde contre l'imprudente administration de ce remède. Il cite trois exemples de mort survenue après son usage tant à l'intérieur à des doses élevées de 3, 4, 5 et 6 grains par prise, qu'employé en frictions au moyen de son association à un corps gras. L'autopsie a fait découvrir des plaques gangréneuses à l'estomac. Le même phénomène s'est retrouvé chez un chien qui avait servi à des expériences.

Alphonse Leroy, dans le premier volume des *Mémoires de la Société médicale d'Emulation*, raconte une expérience qu'il a faite sur lui-même et dont il a failli être victime. Ayant vu que les médecins allemands donnaient le phosphore à la dose de 6, 8 et jusqu'à 12 grains par jour, mêlé à des confections, il en prit 13 grains dans un bol de Thériaque. Il se repentit bientôt de cette imprudence. Il se trouva pendant deux heures fort incommodé. Il but fréquemment de petites doses d'eau très froide et le malaise disparut. Le lendemain ses forces musculaires étaient doublées et il sentit *une irritation vénérienne insupportable.*

En 1815, Daniel Lobstein publie un ouvrage qui a

pour but de déterminer les maladies où l'on pourrait employer le phosphore et ses diverses préparations, de fixer les doses de ce redoutable médicament et le meilleur mode de l'administrer. On pourrait peut-être reprocher à cet auteur un enthousiasme trop facile et quelque amour pour le merveilleux ; car, entre ses mains, ce remède aurait produit de vraies résurrections. Les maladies où il a été administré avec grand succès, suivant cet auteur, sont les fièvres ataxiques et adynamiques, avec extrême prostration des forces, les fièvres intermittentes opiniâtres, les affections rhumatismales et goutteuses, la suppression des règles, la chlorose, etc.

Le traité de Lobstein marque l'apogée de l'emploi thérapeutique du phosphore. A partir de cette époque le silence se fait sur ce sujet. Quelle en est la cause ? Peut-on supposer que Lobstein ayant épuisé la question, il ne reste plus rien d'intéressant à publier ? Ce médicament dangereux pouvant tomber en des mains inexpérimentées, les accidents ont-ils fait renoncer à son emploi ? La mode, toujours en quête de nouveautés, l'a-t-elle fait abandonner plus rapidement, en raison même du bruit qui s'était fait autour de lui ? Toutes ces causes peuvent y avoir contribué pour une part chacune. Toujours est-il que cet agent tombe dans le plus profond discrédit, après environ 70 ans de vogue, jusqu'en 1868, époque à laquelle MM. les Drs Dujardin-Beaumetz, Tavignot, etc., essaient de le remettre en vogue.

Dans quatre cas d'ataxie locomotrice progressive, dit M. Dujardin-Beaumetz, j'ai employé tantôt l'huile phosphorée, tantôt le chloroforme phosphoré. Les résultats ont été identiques et on peut les résumer ainsi : chez tous, il y a eu amélioration notable, la marche est devenue moins incertaine et l'incoordination moins grande ; la sensibilité générale a été peu modifiée. Les yeux, qui étaient plus ou moins atteints chez tous les sujets, n'ont été nullement améliorés. En commençant par 1 milligr. de phosphore, il a été possible d'arriver progressivement jusqu'à 8 milligr. ; mais le plus souvent des phénomènes d'inappétence ont commencé à se manifester à la dose de 5 milligr., par de la diarrhée et des vomissements.

Le Dr Tavignot a employé l'huile phosphorée au 300e, puis au 200e en collyre dans le traitement de la cataracte. Sur douze cas, il y a eu dix guérisons ou améliorations très notables. Voici comment il s'exprime au sujet de l'action de cet agent thérapeutique : « J'ai constaté que la disparition de la cataracte était liée à un travail spécial de la capsule cristalline, qui produit de toutes pièces un corps lenticulaire *nouveau* à mesure que l'ancien disparaît. Cette prolifération *sui generis* plus au moins analogue à celle du périoste reproduisant le tissu osseux, ne peut guère s'expliquer qu'en admettant une sorte de fécondation ou tout au moins de *vitalisation exagérée* de la capsule par le phosphore. »

Le phosphore a été aussi très employé à l'étranger, surtout en Allemagne. Le Dr Weyner, de Berlin, avait annoncé que le phosphore favorise l'ossification ; aussitôt après, Kassowitz contrôle cette expérience et conclut de ses recherches :

Que les petites doses seules de phosphore favorisent l'ossification ;

Tandis que les doses élevées produisent le rachitisme.

Partant de ces données acquises, il fait une large application du phosphore chez les rachitiques. Plus de 800 cas ont été traités de cette manière ; le phosphore a été donné à la dose moyenne d'un demi-milligr. par jour à chaque enfant. Il était préalablement dissous dans l'huile et une quantité déterminée de cette dernière était émulsionnée dans une potion gommeuse. On masquait l'odeur désagréable et les éructations phosphorescentes par l'addition d'un peu d'éther.

Voici les conclusions de l'auteur :

« On ne peut pas dire que le phosphore soit un spécifique, mais c'est un agent qui agit directement sur la maladie en modifiant la constitution anatomique des tissus. Tous les symptômes du rachitisme disparaissent directement sous l'influence du traitement ; les changements ont lieu spécialement dans le crâne et la colonne vertébrale. » (*Berlin. klin. Woch.*)

Le mémoire de Kassowtiz mit la question du traitement du rachitisme par le phosphore à l'ordre du jour dans le corps médical de Vienne. La séance du 1er mai 1885 de la Société de médecine de cette ville a été consacrée tout entière à la discussion des résultats obtenus. Tous les membres présents, sauf un, ont affirmé les bons résultats du phosphore dans le rachitisme.

Depuis cette époque, il a été publié de temps à autre des travaux sur ce sujet ; les résultats ont été variés, tantôt positifs, tantôt négatifs, selon que les idiosyncrasies particulières à chaque malade ont permis de faire un usage plus ou moins prolongé et que la tolérance a été plus ou moins parfaite. Il ne faut pas oublier que le phosphore métalloïde est un poison dangereux même à faible dose ; aussi, à côté de brillants succès enregistrés, il y eut des accidents sérieux et assez fréquents pour compromettre, en France tout au moins, la médication phosphorée.

Dans l'exposé de la médication phosphorée que nous venons de faire, nous avons enregistré les faits en suivant simplement l'ordre chronologique ; mais ils présentent un grand intérêt relativement à la forme pharmaceutique donnée à cet agent par les différents expérimentateurs.

Un espace de 50 années sépare les deux époques principales de la médication phosphorée. Aussi, grâce aux progrès accomplis dans toutes les branches scientifiques durant cet intervalle, la forme pharmaceutique et la posologie sont essentiellement différentes.

Au début, les malades ingérent le phosphore en fragments de 10 à 15 centigr., une ou deux fois par jour, en les enveloppant simplement dans un peu d'électuaire ; probablement dans le but d'empêcher l'inflammation spontanée et les brûlures locales qui en résulteraient. A ces doses et sous cette forme de fragment unique solide, il n'y a que la faible surface externe qui est attaquée ; c'est pourquoi il est presque toujours inoffensif et produit tout au plus un peu de diaphorèse. Dans les

mêmes conditions, Alphonse Leroy s'en administre jusqu'à 60 centigr. par jour ; il est vrai qu'il est gravement
incommodé ; mais il lui suffit de boire abondamment
de l'eau froide pour échapper à tout danger. Il est
certain que, dans ces différents cas, le phosphore n'a
été inoffensif que parce qu'il était en gros fragments et
que la plus grande partie a pu être éliminée, telle
qu'elle avait été ingérée.

Nous trouvons la preuve de cette assertion dans les
expériences récentes de MM. Ranvier, Dr Beaumetz et
Adrian. Des fragments de phosphore, introduits sous
la peau d'un certain nombre d'animaux (grenouilles,
cochons d'Inde, lapins), n'ont donné lieu à aucun phénomène d'irritation locale. M. Trasbot a observé une
fois qu'un semblable bâton a déterminé un abcès et,
quand on l'a retiré, il n'avait rien perdu de son poids ;
il n'y a pas eu d'accidents généraux.

Les choses se seraient passées tout autrement si,
dans leur passage à travers l'organisme, les fragments
de phosphore avaient rencontré un dissolvant qui les
eût complètement divisés ; et, précisément Weickard
enregistre des accidents, parce que le phosphore avait
été associé à des corps gras qui sont de bons dissolvants.

De nos jours les Drs Dujardin-Beaumetz, Tavignot,
etc., emploient le phosphore dissous dans l'huile et le
chloroforme et sous cette forme ils ne peuvent pas
dépasser les doses de 10 milligr. par jour sans provoquer des accidents sérieux. Souvent même les phénomènes d'intolérance se manifestent dès la dose de 5
milligr. La solubilisation du phosphore, qui facilite
son oxydation plus rapide, le rend donc infiniment plus
dangereux et Personne, par de nombreuses expériences sur les animaux, conclut que le phosphore est
d'autant plus toxique, qu'il est en état de dissolution
plus parfaite.

Nous trouvons dans la thèse de doctorat ès sciences du professeur Ritter, de Nancy, des documents importants sur les effets pathologiques du phosphore.

1° Des chiens reçoivent journellement 2 milligr. de

phosphore dissous. Au bout de 10 à 12 jours, ils sont malades et atteints d'ictère ; on les tue, et voici ce que l'on constate : les globules du sang sont à peine déformés, mais ils sont visqueux ; le sang est riche en cholestérine ; les urines sont moins acides et moins riches en urée ; mais elles contiennent de l'albumine et des pigments biliaires.

2° A d'autres chiens on administre 10 milligr. de phosphore dissous. Dès le 2e jour ils sont incommodés ; le troisième jour ils sont franchement malades, mais ils ne sont sacrifiés qu'au bout d'une semaine quand ils sont devenus ictériques. A l'autopsie, on trouve que le sang est violet ; il peut fournir quelques cristaux d'hémoglobine, mais rarement ; les globules sont déformés et ont un aspect framboisé. Tous les organes présentent la dégénérescence graisseuse. L'urine contient de l'hémoglobine et des pigments biliaires.

De ces expériences, Ritter a tiré les conclusions suivantes :

1° Le phosphore, à dose forte et toxique, altère profondément le sang ; à dose faible, l'action est moins énergique.

2° Le globule sanguin est déformé, en même temps apparaissent les cristaux d'hémoglobine.

3° Le sang est anémique ; les globules diminuent, la fibrine augmente, la proportion de gaz diminue.

4° Le glucose augmente ordinairement.

5° Les corps gras augmentent toujours ; il en est de même de la cholestérine.

6° Dans l'urine, l'urée diminue, l'acidité fait place à l'alcalinité et cependant l'acide urique est toujours plus abondant.

Le phosphore métalloïde a donné quelquefois des résultats curatifs, c'est indéniable ; mais c'est aussi un poison violent. Il y a donc intérêt à connaître les transformations que subit le phosphore dans l'organisme, à la suite desquelles les effets peuvent être si différents.

Le phosphore métalloïde est un corps extrêmement

avide d'oxygène ; dans quelque milieu qu'il se trouve, il s'empare de celui qui y existe pour s'oxyder ; c'est un fait connu et prouvé expérimentalement. D'autre part, cette même affinité pour l'oxygène est telle qu'il tend à passer au maximum d'oxydation qui est l'acide phosphorique. Dans l'organisme, il agit d'une manière identique. Il enlève aux globules du sang leur oxygène et, par cet acte, supprime leur fonction oxydante ; suppression qui se traduit par l'accumulation des corps gras, la diminution de l'urée, l'augmentation de l'acide urique, le ralentissement dans les échanges intra-organiques et le virage de l'urine, fortement acide normalement, vers l'alcalinité. Il altère encore les globules dans leur énergie vitale, les déforme, en détruit un certain nombre dont les produits de dissociation non oxydés, globuline, hématine, etc., se retrouvent dans l'urine.

Une certaine portion du phosphore se transforme aussi en phosphure d'hydrogène, production éminemment toxique qui est due à la décomposition d'une certaine quantité d'eau dont l'oxygène et l'hydrogène se sont portés séparément sur des molécules différentes de phosphore. La production du phosphure d'hydrogène est manifestée par l'odeur alliacée qu'exhalent la sueur et l'haleine des personnes qui ingèrent du phosphore. Par des expériences relatées dans notre ouvrage — *Les Phosphates* (page 503) — nous avons établi que la production de phosphure d'hydrogène est plus considérable en présence d'alcalis.

Nous pouvons donc dire :

1o Les accidents toxiques sont imputables au phosphore métalloïde, en sa qualité de métal extrêmement avide d'oxygène et au phosphure d'hydrogène qu'il produit.

2o Les succès curatifs doivent être mis au compte de l'acide phosphorique produit par l'oxydation du métalloïde.

Nous conclurons alors que : *En présence des graves dangers qui peuvent résulter de l'emploi du phosphore métalloïde en médecine, il y a lieu de le proscrire d'une*

manière absolue et de le remplacer par l'acide phosphori-
que libre ou combiné qui est absolument inoffensif à dose
médicinale.

PHOSPHURES

Les dangers résultant de l'emploi du phosphore métalloïde ont conduit MM. Vigier et Curie à lui substituer le phosphure de zinc ; van Holsbeck a proposé le
phosphure de cuivre.

Disons d'abord que pour avoir accordé la préférence
au phosphure de zinc, les auteurs donnent comme
raison que les phosphures des métaux de la première
classe sont trop peu stables ; tandis que chez d'autres,
tels que le phosphure de fer, les affinités des éléments
composants sont telles qu'ils sont inattaquables par
les liquides de l'économie.

Le mode d'action du phosphure de zinc est identique à celui du phosphore, de l'avis des auteurs qui le
préconisent, car il produit sur les animaux empoison-
nés les mêmes lésions et phénomènes que lui, c'est-
à-dire : altération du sang, ecchymoses et hémorrhagies de siège variable, congestion du poumon, paralysie du cœur, altération granulo-graisseuse des cellules du foie et des reins, etc., etc.

Si les deux agents phosphore et phosphure de zinc
ont les mêmes actions toxiques, il n'y a donc aucun
avantage à substituer l'un à l'autre.

L'emploi thérapeutique du phosphure de zinc ayant
donné, dit-on, quelques résultats bien marqués de relèvement des fonctions nutritives, nous avons voulu
savoir comment il se comporte en présence des acides
et des alcalis, afin d'en déduire son action sur l'organisme.

Le phosphure de zinc est sensible à l'action des acides et alcalis, mais beaucoup plus à celle de ces derniers. De plus, cette action étant assez lente dans les
dissolutions acides et alcalines étendues, nous sommes porté à croire que la plus grande partie des réac-

tions s'opère dans le torrent circulatoire et par conséquent dans un milieu alcalin.

Le phosphure de zinc a pour formule $Zn^3 Ph^2$. Comme il est insoluble dans l'eau, nous sommes forcé de conclure que s'il est entraîné par les acides et les alcalis, ce ne peut être qu'après dissociation. Le phosphore peut se combiner avec l'hydrogène et avec l'oxygène ; le zinc n'a d'affinité que pour l'oxygène. La dissociation amènera donc une formation d'oxyde de zinc et de phosphure d'hydrogène gazeux, par suite de la décomposition d'une certaine partie d'eau. La formule suivante exprime cette première réaction :

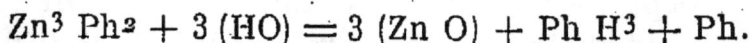

$$Zn^3 Ph^2 + 3 (HO) = 3 (Zn O) + Ph H^3 + Ph.$$

Comme l'hydrogène phosphoré est un corps gazeux assez stable, il est probable qu'il se dégage en totalité sous la forme d'éructations d'odeur alliacée que l'on observe toujours à la suite de l'emploi des phosphures métalliques.

Quant à la seconde partie de phosphore que nous désignons sous le nom de phosphore actif, il se transforme en presque totalité en acide phosphorique et d'après les phénomènes observés dans l'expérimentation, l'oxygène des globules hématiques intervient dans la plus large mesure pour la formation de cet acide phosphorique.

Les expérimentateurs Curie et Vigier nous ont dit que le phosphure de zinc se comporte comme le phosphore métal dans les expériences physiologiques ; il n'est donc pas étonnant qu'il subisse des transformations chimiques à peu près semblables. Il n'y a de différence qu'en ce que le phosphure de zinc ne contenant qu'un cinquième de son poids de phosphore actif, il peut être administré à dose plus élevée. D'autre part, ce phosphore étant intégré dans une combinaison chimique, il n'agit qu'à mesure de sa mise en liberté. Son action est donc moins rapide.

Des études qui précèdent, nous arrivons alors à formuler des déductions identiques à celles que nous avons données pour le phosphore ; à savoir que :

1° Les accidents toxiques par le phosphure de zinc sont imputables au phosphure d'hydrogène qui se forme toujours et même aussi au phosphore actif en raison de son avidité pour l'oxygène ;

2° D'autre part, cependant, les succès curatifs ne peuvent être attribués qu'à l'acide phosphorique, produit qui se forme dans l'oxydation du phosphore.

Nous conclurons : *L'emploi du phosphure de zinc en médecine présentant des dangers, il y a lieu de le proscrire et de le remplacer par de l'acide phosphorique libre ou combiné qui est le résultat utile de l'oxydation du phosphore dans l'économie.*

Enfin : *Puisque le phosphore n'existe à l'état métalloïde dans aucun tissu, dans aucun composé organique naturel, animal ou végétal, son emploi, ainsi que celui des phosphures, ne sont justifiés par aucune raison scientifique.*

CHAPITRE IV.

Des composés phosphorés incomplètement oxydés. — Hypophosphites.

Entre le phosphore métalloïde et l'acide phosphorique qui représente le terme ultime de l'oxydation de ce métalloïde, on trouve deux autres composés acides, savoir : l'acide hypophosphoreux PhO qui, par sa combinaison avec les bases, forme la classe des composés salins appelés hypophosphites. Puis nous avons l'acide phosphoreux PhO^3 qui forme les phosphites. Jusqu'à présent ces derniers sels n'ont reçu aucun emploi thérapeutique ; nous n'en dirons donc rien de plus.

Les hypophosphites, au contraire, ceux de soude, de chaux, de fer, en particulier, ont joui, à un moment donné, d'une grande vogue sous le patronage du Dr Churchill, qui prétendait trouver en eux un agent curatif réel de la tuberculose.

En 1857, dans un mémoire lu à l'Académie de Médecine, cet auteur chercha à démontrer qu'une condition
essentielle de la diathèse tuberculeuse résulte de la
perte, par l'organisme, d'une proportion notable de son
phosphore oxydable. La conclusion logique de cette
affirmation était donc qu'en restituant à l'organisme
son phosphore oxydable on supprimait la diathèse
tuberculeuse.

Les hypophosphites étant les composés phosphorés
qui renferment le phosphore oxydable en plus forte
proportion et inoffensif, ce sont donc des agents réparateurs de premier ordre.

A l'appui de ses conclusions, l'auteur cite un grand
nombre d'observations cliniques attestant l'efficacité
des hypophosphites. Telles sont les données qui ont
servi de préface à l'introduction des hypophosphites
dans la matière médicale et qui servent aujourd'hui
encore de base à cette médication.

Malheureusement, la théorie de M. Churchill repose
sur une erreur fondamentale ; le phosphore n'est pas
dans l'organisme à l'état de phosphore oxydable, comme nous l'avons démontré dans un chapitre précédent ;
on ne l'y trouve qu'à l'état d'acide phosphorique, c'est-
à-dire au maximum d'oxydation, ou de phosphore
complètement brûlé.

D'autre part, tandis que M. Churchill plaçait les
hypophosphites au premier rang des agents thérapeutiques, Dechambre, Vigla, Rieken, Flachner, etc., les
déclaraient complètement inertes.

Si l'on rapproche ces deux affirmations absolument
contraires, on est amené à conclure que la vérité est
d'un côté, l'erreur et peut-être la mauvaise foi de l'autre. Contrairement à cette déduction absolument logique, nous croyons que tous les expérimentateurs ont
été de bonne foi ; que les uns, affirmant des succès,
les autres les niant, ont exprimé la vérité chacun de
leur côté. La cause en est tout simplement que Churchill a expérimenté avec des produits impurs ; tandis
que ses contradicteurs, opérant après, ont fait usage

d'hypophosphites purs, dont les procédés de préparations avaient été perfectionnés.

Avant Churchill, les hypophosphites étant sans emploi, il en existait seulement quelques échantillons dans les collections de chimie. Lorsqu'il voulut les expérimenter en médecine, on s'empressa de les préparer hâtivement. Les solutions d'hypophosphites sont altérables par la chaleur ; pendant leur évaporation, selon qu'elle est plus ou moins prolongée, une partie des hypophosphites se suroxyde en formant des phosphates. Il est à peu près certain que les sels préparés au début contenaient une proportion plus ou moins grande de phosphates ; ce doivent être ces sels-là que Churchill employa et avec lesquels il obtint des résultats positifs.

Les autres expérimentateurs n'ont certainement commencé leurs expériences que plusieurs mois après, au moins. Ce laps de temps avait été mis à profit par les fabricants pour perfectionner leurs procédés et obtenir des produits plus purs. Cela explique les résultats négatifs de ces derniers et la bonne foi de tous, en tout cas.

Nous savons aujourd'hui que les hypophosphites purs ne donnent plus les résultats annoncés par Churchill : aussi leur emploi est-il considérablement restreint en France, tout au moins.

Nous avons voulu savoir si les hypophosphites purs se suroxydent dans leur passage à travers l'organisme, afin d'en déduire leur valeur thérapeutique. Ou bien les hypophosphites traversent l'organisme sans subir une décomposition ; ou bien ils s'y transforment en phosphates en lui empruntant de l'oxygène. Dans le premier cas, ils n'agiraient pas comme principes phosphorés assimilables ; ce ne seraient pas des agents réparateurs. Dans le second cas, pourquoi ne pas leur substituer les phosphates, puisque c'est comme phosphates qu'ils agiraient et que, pour se transformer en phosphates, ils devraient puiser de l'oxygène aux provisions de l'organisme et l'en appauvrir d'autant.

Le problème se trouvait donc ramené à ces deux

termes : les hypophosphites traversent-ils l'organisme sans subir de transformation, ou bien se transforment-ils plus ou moins en phosphates ?

Des expériences clinico-chimiques dont la relation détaillée se trouve dans notre ouvrage — *Les Phosphates* — nous ont démontré que les hypophosphites purs traversent l'organisme sans subir aucune transformation et qu'on les retrouve en totalité dans l'urine.

Nous avons conclu : *que les hypophosphites n'agissent pas comme reconstituants phosphatés.*

CHAPITRE V.

Des composés phosphorés complètement oxydés. — Acides phosphoriques. — Emploi thérapeutique de l'acide phosphorique normal.

L'acide phosphorique est le terme ultime de l'oxydation du phosphore dans lequel les affinités des éléments composants sont satisfaites. Le phosphore est le seul des métalloïdes qui se combine directement avec l'oxygène sous l'influence de l'air froid. Peut-on croire alors qu'un corps qui a pour l'oxygène des affinités si puissantes, l'abandonne si facilement sous l'influence de phénomènes vitaux pour entrer à l'état de métalloïde dans la constitution de corps si complexes que les matières albuminoïdes ?

La formule de l'acide phosphorique en général est représentée par PhO^5. Il existe un corps offrant cette composition ; c'est l'*acide phosphorique anhydre*, ou *anhydride phosphorique*. Il ne peut pas se comburer avec les bases ; ce n'est donc pas un acide dans l'acception rigoureuse du mot.

Si l'on expose à l'air humide l'acide phosphorique anhydre, il fixe un équivalent d'eau. C'est un acide spécial appelé *acide métaphosphorique* PhO^5, HO. Il peut former des sels en se combinant à un équivalent de base. Cet acide est le plus stable des acides phosphoriques, en ce sens que les acides phosphoriques suivants soumis à l'action de la chaleur rouge se transformeront en acide métaphosphorique. Les composés salins de l'acide métaphosphorique ou métaphosphates jouissent de propriétés particulières qui les distinguent complètement des composés salins des acides phosphoriques suivants.

Sous les noms d'acide phosphorique solide, d'acide phosphorique vitreux, d'acide phosphorique fondu, on trouve dans le commerce de l'acide métaphosphorique obtenu par la calcination du phosphate d'ammoniaque. Il retient toujours une petite partie de ce sel.

Si on laisse l'acide métaphosphorique en contact avec une proportion modérée d'eau froide pendant un temps assez long ; ou si on le traite par courte ébullition avec de l'eau, il en fixe un second équivalent et donne un acide différent appelé *acide pyrophosphorique*. Sa formule est représentée par PhO⁵ 2HO. Il peut se combiner avec 2 équivalents de bases et former des sels ayant des caractères bien définis qui en forment une classe particulière. On le désigne quelquefois aussi sous le nom d'acide paraphosphorique ; mais le préfixe pyro est le plus communément employé. Il rappelle qu'on le retire du phosphate de soude ordinaire après que ce sel a été soumis à une calcination prolongée au rouge sombre.

Acide phosphorique normal. — Acide ortho-phosphorique.
PhO⁵, 3HO.

Cet état de l'acide phosphorique est celui qui nous intéresse le plus, parce que c'est sous cette forme combinée diversement que nous le rencontrons chez tous les êtres vivants végétaux et animaux.

Ainsi que nous l'avons dit plus haut, si l'on calcine les deux acides ortho et pyrophosphoriques, ils se transformeront en acide méta-phosphorique. D'autre part, si l'on soumet à l'action de l'eau pendant très longtemps, avec ou sans l'aide de la chaleur, l'acide méta-phosphorique, il se transformera d'abord en acide py-rophosphorique puis, consécutivement et finalement, en acide orthophosphorique. Ainsi, par l'action succes-sive de l'eau sur l'acide phosphorique anhydre et par la fixation d'une, deux, ou trois molécules d'eau, on ob-tient successivement les acides méta, pyro et ortho-phosphoriques. D'autre part, en éliminant successive-ment une molécule d'eau, puis une deuxième, on passe de la forme ortho à pyro pour s'arrêter finalement à l'acide métaphosphorique.

Si, dans tous ces faits qui ont tant contribué à la ré-putation scientifique de Graham, on ne voit qu'un sim-ple phénomène d'hydratation, on n'y trouve rien de remarquable, car qu'y a-t-il de plus banal en chimie que d'hydrater et de déshydrater un corps ? Mais si, dans chaque transformation, on voit une nouvelle cons-titution moléculaire, un nouvel acide doué de caractè-res propres ; si dans chaque mutation on ne voit pas seulement une association pure et simple d'eau, mais bien une assimilation de ses éléments, alors le phéno-mène devient plein d'intérêt ; il ne consiste plus en une légère modification opérée sur la même substance, mais en une véritable métamorphose, en une création successive de nouvelles individualités.

Si l'on compare, en effet, la manière dont les acides méta, pyro, et orthophosphorique se comportent avec les réactifs et avec les bases, on trouve trois individua-lités bien distinctes, n'ayant plus un seul caractère com-mun, malgré leur origine. Le premier ne se combine qu'avec une molécule de base, le second ne peut pas se combiner avec plus de deux et le dernier en peut prendre trois. Chaque acide donne donc une série de sels différenciés par un ensemble de caractères bien tranchés. Ces trois acides et leurs combinaisons de tous genres ne sont ni homologues, ni isomères, ni isomorphes.

Si nous avons insisté sur la différenciation de ces trois acides et de leurs sels comme espèces chimiques, c'est parce que, au point de vue médical et thérapeutique, ils ne peuvent être substitués les uns aux autres ; et cependant dans un pur intérêt mercantile, on cherche à établir la confusion dans l'esprit du médecin sur leurs propriétés, en faisant croire à une analogie qui n'existe pas, permettant de substituer indifféremment, un corps à l'autre. Ainsi, par exemple, on ne doit pas confondre les pyrophosphates de soude, de fer, etc., aux phosphates de soude et de fer ordinaires ; les seconds sont des phosphates physiologiques doués, comme tels, de propriétés thérapeutiques bien marquées, tandis que les premiers, que l'organisme ne peut assimiler, sont absolument dénués de toutes propriétés. Si cependant des praticiens ont reconnu aux pyrophosphates une action thérapeutique, cela tient uniquement à ce qu'on a employé des produits impurs, à bon marché, qui peuvent contenir jusqu'à trente pour cent de phosphates ordinaires.

Emploi thérapeutique de l'acide phosphorique normal ou orthophosphorique.

L'acide phosphorique normal est sous la forme d'un liquide sirupeux. A cet état il agit sur tous les tissus comme un poison corrosif ; son action diminue à mesure qu'on l'additionne d'eau. Dilué dans une boisson aqueuse, il exerce une action thérapeutique bien marquée, sans autre inconvénient que l'acidité qui peut avoir une action plus ou moins irritante sur l'estomac, préalablement enflammé ; c'est d'ailleurs le plus grave reproche qu'on puisse lui adresser.

Il a été largement employé par de nombreux médecins et dans les cas les plus variés. Les effets obtenus ont été très souvent excellents et s'il n'est pas resté inscrit dans la thérapeutique moderne, cela tient uniquement, croyons-nous, à ce que son emploi, étant tout à fait empirique, on n'a pas su en apprécier la valeur réelle parce qu'on n'avait pas l'explication de ses succès.

Donné soit sous forme de limonade, d'une agréable

acidité, soit en potion à la dose d'un gros pour 4 onces de véhicule, ou ajouté par 20 ou 30 gouttes à la fois, dans un verre d'eau sucrée répété de 3 en 3 heures, il a été employé avec succès, en Allemagne, surtout, dans des cas *d'hémorrhagies passives* de l'utérus principalement (Lutzelberger, Hildbonghausen) ; de *phtisies* même ulcérées sans complication inflammatoire (Lentin); de *marasme*, *d'exostoses*, de *concrétions tophacées*, etc. Un ami de Réveillé Parise a vu guérir avec une étonnante rapidité, pendant son emploi, des *scrofules* portées au plus haut degré. Siemerling à Stralsund (1830) l'a recommandé contre la *phtisie*, les *hémorrhagies asthéniques*, la *carie*, le *rachitisme*, les *névroses*, la *fièvre nerveuse* tendant au prolapsus ; enfin, les *sueurs symptomatiques* ; il l'administre à la dose de 1 gros dans 6 onces d'eau de framboises donné par cuillerée à bouche de 2 heures en 2 heures.

Lobstein, dont nous avons déjà parlé à propos de l'emploi thérapeutique du phosphore, a également employé l'acide phosphorique. Il le conseillait à la dose de 20 à 30 gouttes dans un verre d'eau distillée et sucrée toutes les trois heures dans la phtisie pulmonaire, exempte de toute complication inflammatoire. Il faisait boire du lait sucré après chaque dose. Il en a retiré de grands avantages.

Bertrand Pelletier rapporte qu'un homme, livré sans réserve aux plaisirs de l'amour, avait tous les symptômes de la consomption dorsale et était arrivé au plus haut degré d'épuisement ; il se mit à l'usage d'une tisane préparée avec l'acide phosphorique et le miel et, dans un espace de temps très court, il reprit ses forces et se livra de nouveau sans mesure à ces mêmes plaisirs.

Alphonse Leroy a connu des personnes qui, de temps en temps, faisaient usage d'une limonade composée avec de l'acide phosphorique, du sucre et de l'eau de fleurs d'oranger. Elles croyaient avoir en ce remède un moyen de conserver leur santé, leurs forces et même de prolonger leur vieillesse. Il donnait cette limonade dans les fièvres putrides malignes et il la préférait à elle qui est faite avec l'acide sulfurique.

Sédillot a vu guérir avec une étonnante rapidité des scrofules avec caries portées au plus haut degré par l'emploi de l'acide phosphorique.

Nous verrons plus loin, à l'article or, qu'on doit encore lui attribuer une bonne part dans les succès qu'ont obtenus au moyen âge les préparations appelées or potable, Elixir de Cagliostro, etc.

A l'extérieur, l'acide phosphorique a été surtout expérimenté dans le traitement des ulcères accompagnés de carie par Lentin qui l'étendait de 8 parties d'eau ; par ce moyen, dit-il, les ulcères perdaient leur fétidité, prenant un meilleur aspect, et l'exfoliation des os s'opérait avec une facilité extrême, résultats confirmés dans la thèse de Renard sur le même sujet. Le Dr Hartenkeil rapporte aussi l'avoir administré avec succès dans un cas de carie syphilitique et Wolf (*Journal d'Hufeland*, nov. 1820) a vu chez une jeune fille l'application de cet acide favoriser la reproduction presque complète d'une phalange, à la suite d'un panaris. Siemerling l'a employé avec succès, incorporé à une poudre dentifrice contre la carie des dents. Hacké, médecin à Stralsund ayant assuré qu'il diminue la fétidité des cancers ulcérés de l'utérus, Alphonse Leroy fils l'a essayé à l'hôpital Saint-Louis et il a vu 4 à 5 gouttes seulement de cet acide, injectées dans un véhicule abondant, procurer plus de soulagement que tous les narcotiques. (Fourcade. Dissert. sur le cancer de l'utérus, an XIII.)

A partir de 1830 les publications périodiques ne parlent plus de l'acide phosphorique.

Propriétés physiologiques de l'acide phosphorique.

En 1871, l'action physiologique de l'acide phosphorique a été soumise à une étude sérieuse par le Dr Andrews Judson, si l'on en juge par le trop court résumé que nous possédons de ce travail. C'est après avoir étudié sur de nombreux malades et sur lui-même que l'auteur a formulé ses conclusions.

L'acide phosphorique médicinal est administré à différents malades à des doses qui varient entre 4 et 12 grammes. Le pouls est examiné au sphygmographe un quart d'heure après l'ingestion du médicament et jusqu'à plus d'une heure après ; il indique un accroissement notable dans la force des pulsations, sans changement sensible dans leur nombre. Cet accroissement est plus marqué une heure après l'administration du remède et ce n'est qu'au bout de plusieurs heures que le pouls revient à son état normal.

A cette même dose variable, l'acide phosphorique produit sur le cerveau une sorte d'excitation comparable à l'excitation alcoolique, en même temps qu'un peu de céphalalgie frontale. A plus haute dose, il survient de l'assoupissement et une grande répugnance à tout effort intellectuel ; ces phénomènes persistent pendant plusieurs heures.

L'acide phosphorique est donc *un stimulant général, qui s'adresse plus spécialement au système nerveux ; il augmente la force du cœur ; il influence manifestement le système vaso-moteur ; enfin, on peut le considérer comme un tonique des nerfs.*

Il paraîtra certainement que les doses d'acide phosphorique employées dans l'étude précédente sont excessives et que les malades ont dû éprouver une grande répugnance à ingérer une telle quantité d'acide en raison de sa saveur styptique désagréable, même quand il est dilué dans une certaine quantité d'eau. Mais il ne faut pas oublier que c'était une étude physiologique ; qu'il fallait obtenir des effets rapides et bien nets, afin qu'ils ne puissent pas être attribués à d'autres causes et fixer par ce moyen les propriétés de cet agent.

La conclusion que l'acide phosphorique est un stimulant général portant son action spécialement sur le système nerveux restait sans explication à l'époque ou elle a été formulée. Aujourd'hui nous en trouvons la raison dans la constitution minérale extrêmement phosphatée des tissus nerveux et l'acide phosphorique agit comme stimulant nerveux, parce qu'il apporte à ce système un élément essentiel de sa constitution minérale.

Secondairement, il fait cesser la douleur, parce que, pouvant se reconstituer avec l'acide phosphorique apporté, le système nerveux redevient calme, régulier, et l'harmonie est rétablie dans les fonctions, après le retour à l'état constitutif normal.

Action comparative des trois acides métaphosphorique, pyrophosphorique et orthophosphorique ou acide phosphorique normal physiologique.

Quand nous avons écrit l'histoire de l'acide phosphorique, précédemment, nous avons fait remarquer que, si les trois acides métaphosphorique, pyrophosphorique et orthophosphorique appartiennent à la même famille ; que si par l'action de la chaleur seule ou combinée à celle de l'eau, on peut passer de l'une de ces trois formes dans les deux autres, ils n'en constituent pas moins trois acides différents nettement caractérisés par une basicité et des propriétés chimiques différentes. Nous avons fait ressortir que l'acide phosphorique ordinaire ou tribasique était le seul physiologique, parce que seul il se rencontrait chez les êtres vivants.

Le Dr Gamgée a étudié comparativement l'action physiologique de ces trois espèces d'acide. Voici les conclusions qu'il a présentées au congrès de Glascow en 1876 :

L'acide orthophosphorique es inoffensif ;

L'acide métaphosphorique est vénéneux ;

L'acide pyrophosphorique se trouve entre les deux par ses propriétés ; en d'autres termes, *il est moins vénéneux que l'acide métaphosphorique, mais il l'est certainement.*

CHAPITRE VI

Acide phosphovinique, acide mono-ethyl-phosphorique ou éther phosphorique acide. Elixir phosphovinique.

L'acide phosphorique normal étant un acide tribasique ; de même qu'avec une même base il peut former trois espèces différentes de sels, selon qu'il se combine avec un, deux, ou trois équivalents de cette base, de même, aussi, il peut avec l'alcool former trois espèces d'éthers selon qu'il fixera une, deux ou trois molécules d'alcool. Il existe donc trois éthers phosphoriques.

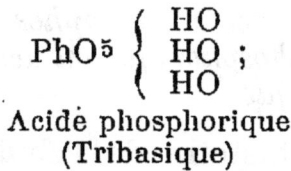

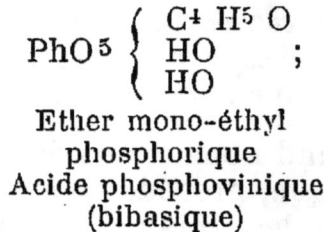

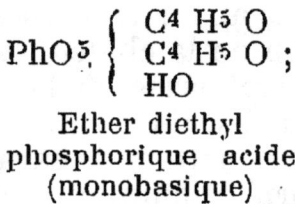

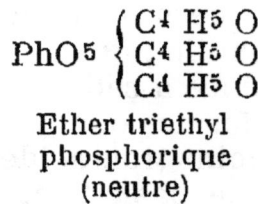

$$PhO^5 \begin{cases} HO \\ HO \\ HO \end{cases} ; \qquad PhO^5 \begin{cases} C^4 H^5 O \\ HO \\ HO \end{cases} ;$$

Acide phosphorique
(Tribasique)

Ether mono-éthyl
phosphorique
Acide phosphovinique
(bibasique)

$$PhO^5 \begin{cases} C^4 H^5 O \\ C^4 H^5 O \\ HO \end{cases} ; \qquad PhO^5 \begin{cases} C^4 H^5 O \\ C^4 H^5 O \\ C^4 H^5 O \end{cases}$$

Ether diethyl
phosphorique acide
(monobasique)

Ether triethyl
phosphorique
(neutre)

Le premier terme d'éthérification de l'acide phosphorique est le plus intéressant au point de vue physiologique. Étant le plus voisin de l'acide phosphorique ordinaire, il s'en rapproche le plus par ses propriétés physiologiques.

Les nombreux malades qui, à l'heure actuelle, ont fait usage de l'acide phosphovinique nous ont permis de constater que ses propriétés sont identiques à celles de l'acide phosphorique et d'une intensité égale. De plus, en raison de sa nature chimique d'éther, il jouit de propriétés sédatives très marquées sur le système nerveux.

Son acidité est beaucoup plus agréable que celle de l'acide phosphorique pur. Ayant observé que l'acide phosphovinique en dissolution alcoolique s'améliore beaucoup en vieillissant ; que son acidité s'atténue de plus en plus et devient plus agréable ; ayant constaté, aussi, qu'en raison de son action puissamment stimulante, il doit être donné aux malades à dose minime en commençant, pour l'élever ensuite graduellement, nous lui avons donné la forme d'une solution alcoolique titrée au dixième que nous avons dénommée *Elixir phos-phovinique*. C'est sous cette forme que nous l'avons expérimenté. Chaque gramme, correspondant à 40 gouttes, renferme donc un décigramme d'acide phosphorique en combinaison éthérée.

Elixir phosphovinique.

En étudiant une formule d'or potable que son possesseur affirmait avoir été remise à sa famille par Cagliostro lui-même, formule qui, disait-il, jouissait de propriétés remarquables, il nous a semblé que deux sortes de principes devaient surtout lui donner ses propriétés, à savoir : de l'acide phosphorique en dissolution alcoolique, qui, à la longue, devait prendre, en plus ou moins grande proportion, la forme d'éther phosphorique acide ou acide phosphovinique et de l'or.

Sans recourir à la méthode empirique de préparation qui nous était donnée, nous nous sommes appliqué à préparer l'acide phosphovinique à l'état de pureté, afin de l'expérimenter isolément et ensuite combiné à l'or, quand nous serions arrivé à préparer le phosphovinate d'or.

L'acide phosphovinique préparé en solution alcoolique titrée au dixième sous le nom d'*Elixir phosphovinique*, comme nous l'avons dit plus haut, est la forme que nous avons adoptée pour le soumettre à l'expérimentation. C'est avec la collaboration du Dr P. Bouland que ce travail a été fait et les résultats ont été insérés dans les bulletins de la Société de médecine pratique de Paris.

Au début, il a été donné empiriquement à toute espèce de malades. Les effets observés peuvent être rangés en trois catégories : 1° L'action sur les affections nerveuses ; 2° sur la menstruation ; 3° sur les affections osseuses.

Ayant établi dans notre ouvrage. — *Les phosphates —* que les cellules du tissu nerveux, cerveau, moelle épinière, etc., sont les plus largement approvisionnées en phosphates minéraux ; Byasson, antérieurement, ayant démontré que dans le travail cérébral l'organisme élimine par la voie urinaire une quantité d'acide phosphorique moitié plus élevée que celle qu'il dépense par le travail musculaire ; la clinique ayant établi, d'autre part, que la phosphaturie urinaire qui précède ou accompagne les troubles nerveux est toujours un symptôme aggravant : nous avons conclu, théoriquement, que les maladies nerveuses sont produites par une dépense phosphatée supérieure à celle fournie par l'alimentation. L'emploi de l'*Elixir phosphovinique* a démontré l'exactitude de notre déduction.

Administré pendant plusieurs mois, à des tout jeunes enfants qui avaient été atteints plusieurs fois de convulsions, celles-ci n'ont plus reparu.

Chez les jeunes gens et les adultes il a amélioré rapidement tous les troubles nerveux si variés que l'on désigne sous l'expression générique de neurasthénies. Il a exercé une action sédative sur les douleurs, a ramené et régularisé le sommeil beaucoup mieux que tous les narcotiques employés dans ce but. Il a excité les fonctions digestives, la nutrition générale et produit une stimulation qui indiquait un relèvement remarquable de l'énergie vitale.

Le mode d'action sur la menstruation semblerait paradoxal si nous ne connaissions pas ses effets sur le système nerveux, lequel exerce une action si puissante sur les fonctions utérines. C'est le plus parfait régulateur de la menstruation. A la dose de 40 gouttes 3 fois par jour il enraye rapidement les hémorrhagies en cours. Pris à dose progressive jusqu'à 40 gouttes 2 fois par jour et pendant plusieurs mois, il fait disparaître sans retour la tendance aux règles hémorrhagiques, même celles occasionnées par l'existence de fibromes. Il régularise le flux menstruel et fait disparaître les douleurs chez les dysménorrhéiques bien mieux que l'apiol. Il favorise l'établissement ou le rappel de la menstruation sans provoquer de douleur, ni de fatigue.

Nous avons observé qu'il active l'ossification chez les enfants et nous avons obtenu par son usage des guéri-

2.

sons de caries osseuses avec plaies suppurantes datant de plus de 2 ans.

Dans son application spéciale au traitement des maladies nerveuses, l'élixir phosphovinique a donné d'excellents résultats dans la majorité des cas, lorsqu'elles étaient légères, surtout chez les sujets jeunes, enfants ou adultes, n'ayant pas dépassé 30 ans.

La solution de phosphovinate d'or, contenant la même proportion d'acide phosphovinique et en plus 5 milligrammes d'or par gramme, a été expérimentée dans des conditions identiques chez les malades atteints d'affections nerveuses spécialement, parce que l'or exerce une action stimulante particulière sur le système nerveux. Son action, dans tous les cas, s'est manifestée plus rapide et plus puissante. Elle nous a donné des améliorations et des guérisons chez les malades âgés, là où l'élixir phosphovinique seul ne produisait rien.

Dans l'élixir phosphovinique, comme dans le phosphovinate d'or, le principe actif sédatif et reconstituant nerveux, c'est l'acide phosphovinique ; mais, l'addition de l'or, stimulant nerveux et antiseptique très puissant, agit sur la nutrition intracellulaire histologique, comme nous le verrons plus loin, et donne des résultats plus rapides pour cette raison et aussi dans les cas où l'affection nerveuse est greffée sur une constitution altérée.

Si nous voulons condenser les résultats de nos expériences comparatives, nous dirons :

Que l'*Elixir phosphovinique* donne des résultats excellents dans les affections nerveuses légères, chez les malades jeunes.

Que le *phosphovinate d'or* plus actif est le spécifique des affections nerveuses graves et aussi de celles d'apparences momentanément légères chez les adultes ayant dépassé 30 ans.

CHAPITRE VII

Acide phosphoglycérique.— Glycérophosphates.

Acide phosphoglycérique, acide glycériphosphorique, acide glycérophosphorique sont trois synonymes pour désigner le même corps ; nous les avons indiqués par ordre d'ancienneté.

L'acide phosphoglycérique, comme l'acide phosphovinique, dont nous avons parlé précédemment, appartient à la classe des éthers. C'est de l'acide phosphorique tribasique dans lequel une molécule d'eau est remplacée par une molécule de glycérine. On peut écrire sa formule de la manière suivante (vieux style) :

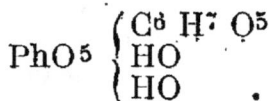

$$PhO^5 \begin{cases} C^6\ H^7\ O^5 \\ HO \\ HO \end{cases}$$

Il est bibasique, c'est-à-dire qu'il peut se combiner à deux équivalents de base ; mais les sels préparés par saturation à froid ne contiennent qu'un seul équivalent de base. On les appelle sels neutres, parce qu'ils n'ont aucune action sur la teinture du tournesol.

Cet acide n'est pas employé en thérapeutique à l'état acide, mais sous la forme de glycérophosphate de potasse, de soude, de chaux, etc.

Il y a très longtemps, déjà, Gobley a découvert l'acide phosphoglycérique dans les lécithines appelées aussi graisses phosphorées. Elles ont été étudiées ensuite par Diakonow et en dernier lieu par Kingzett. Au mois d'avril 1894, le Dr A. Robin a fait à l'Académie de Médecine une communication sur l'emploi des glycéro-phosphates dans le traitement des maladies nerveuses ; il a surtout employé le glycéro-phosphate de chaux. Nous étudierons spécialement cette méthode de traitement au chapitre des maladies nerveuses.

A la suite de cette communication, de nombreuses préparations de glycérophosphate de chaux ont vu le jour et l'ont mis à la mode. Sans préjuger de leur valeur thérapeutique, nous voulons faire ressortir ici que selon le mode de préparation employé, on doit avoir des produits jouissant de propriétés différentes. Nous ne connaissons jusqu'alors aucun moyen qui permette de différencier ces divers produits.

Nous avons vu précédemment qu'il existe trois acides phosphoriques qui diffèrent par leurs propriétés chimiques et non moins profondément par leurs propriétés thérapeutiques, le dernier seul, l'acide phosphorique tribasique, étant l'acide physiologique.

On peut obtenir un acide glycéro-phosphorique par l'un des trois moyens suivants :

1° En faisant réagir l'anhydride phosphorique sur la glycérine ;

2° Par l'action de l'acide phosphorique vitreux, qui est de l'acide méta-phosphorique sur la glycérine ;

3° En combinant l'acide phosphorique tribasique à la glycérine.

Il est certain que les acides glycéro-phosphoriques préparés par les deux premiers procédés doivent être différents de celui obtenu par le 3e. Leur histoire chimique reste à faire. Le 3e seul donne un produit physiologique ; mais, comme sa préparation exige plus de temps qu'avec les deux autres moyens, il est probable que l'on doit trouver dans le commerce, indistinctement, les produits préparés par les trois procédés ; et nous n'avons aucun moyen de les distinguer les uns des autres. Le fait suivant nous confirme dans notre opinion : Depuis plus de 10 ans, nous avons toujours préparé tous les glycéro-phosphates alcalins que nous employons ; or, nous les avons toujours obtenus cristallisés avec facilité, tandis que certains fabricants prétendent n'obtenir à l'état cristallisé le glycérophosphate de potasse que très difficilement et le glycéro-phosphate de soude plus difficilement encore.

Glycéro-phosphate de chaux. — C'est une poudre blanche, grenue présentant une texture cristalline. Il est soluble dans 15 parties d'eau froide et très peu soluble dans l'eau bouillante, insoluble dans l'alcool.

La préférence que lui accorde le Dr A. Robin pour le traitement des affections nerveuses ne repose sur aucune donnée scientifique ; elle est en contradiction avec les résultats de toutes les analyses des tissus nerveux.

Glycéro-phosphate de potasse. — Tandis que le phosphate neutre de potasse est très soluble, déliquescent, difficilement cristallisable, le glycéro-phosphate est beaucoup moins soluble, nullement déliquescent et cristallise facilement en prismes rectangulaires.

Le phosphate de potasse existant dans les cendres du tissu cérébral en quantité 36 fois plus considérable que le phosphate de chaux ; c'est au glycéro-phosphate de potasse que nous donnons la préférence et c'est lui qui, depuis plus de 10 ans, entre dans toutes nos préparations phosphatées alcalines.

Glycéro-phosphate de soude. — Ses caractères physiques sont diamétralement l'opposé de ceux du phosphate neutre. Ce dernier, modérément soluble, est efflorescent à l'air ; le glycéro-phosphate est beaucoup plus soluble et ses cristaux sont un peu déliquescents.

Il est moins actif que le sel de potasse.

Glycéro-phosphate de fer. — Personne jusqu'à ce jour n'a étudié le glycéro-phosphate de fer ; nous n'avons donc aucun document à présenter relativement à ses propriétés chimiques et nous ne connaissons aucune étude de ses propriétés thérapeutiques.

CHAPITRE VIII

Phosphate de Chaux.

Le phosphate de chaux est, de tous les phosphates, celui qui est répandu dans tout l'organisme en plus grande abondance. Il entre dans la proportion de 80 pour 100 de la totalité des éléments minéraux qui constituent les os. On le trouve aussi en proportion variable dans tous les tissus et en quantité progressivement plus élevée dans céux des animaux plus âgés.

Si l'on considère qu'un être humain du poids moyen de 63 kilogrammes donne à l'incinération environ 5 kilogrammes de cendres minérales dans lesquelles le phosphate de chaux entre pour près de 4 kilos, il est logique de penser que cette substance a une importance considérable dans la constitution humaine.

La charpente osseuse est chez le jeune enfant le département organique qui réclame le plus impérieusement sa minéralisation ; d'où il résulte que, dès le premier moment de sa procréation, pour ainsi dire, le nouvel être a besoin de phosphate de chaux. Si l'on considère, d'autre part, que chez l'homme la charpente osseuse met de 20 à 25 années en moyenne pour arriver à son complet développement; que la nutrition dans le système osseux ne s'arrête pas cependant malgré une immobilité apparente ; que le mouvement nutritif se traduit par l'apposition de couches osseuses externes nouvelles, la résorption des couches internes anciennes, et se continue d'une manière lente et régulière pendant toute la durée de l'âge adulte, on comprend que le phosphate de chaux est d'un besoin incessant, mais dont la quantité diminue progressivement avec l'âge.

On a constaté aussi, par l'analyse, que l'urine renferme toujours une quantité notable de phosphate de chaux, mais variant dans de larges limites.

Alors, en s'appuyant sur toutes ces données, on a fait du phosphate de chaux le pivot de la nutrition et l'on a expliqué son action d'une façon ingénieuse en disant : *que le phosphate de chaux allait s'emmagasiner dans le tissu osseux pour être ensuite dynamisé et distribué à tout l'organisme.*

Le système osseux a été considéré comme le grenier d'abondance à phosphate de chaux de l'organisme et la vitalité générale de l'économie devait être corrélative de la richesse phosphatée calcaire.

Il y a 25 ans environ que cette théorie a été émise et, depuis cette époque, le phosphate de chaux est largement employé. Des millions de sujets en ont fait usage et il ne paraît pas que le niveau de la santé générale et la vigueur de la race se soient relevés, au contraire.

Le phosphate de chaux a été largement expérimenté également sur les animaux sous les diverses formes et les résultats ont été non seulement négatifs, mais parfois même désastreux. Nous pourrions citer les expériences d'André Sanson, Professeur de zootechnie, à Grignon, celles de W. Edwards en Angleterre, de Lehmann, Von Gohren, Weiske, etc., en Allemagne ; nous nous bornerons à rapporter celles de M. Chery-Lestage, qui ont été exécutées au laboratoire de chimie biologique de la Faculté de médecine de Paris, sous la direction du Professeur A. Gautier, parce qu'elles sont d'une précision remarquable et mettent parfaitement en évidence l'action dénutritive du phosphate de chaux sous toutes ses formes (1). Il a nourri pendant deux mois et demi des cobayes, les uns avec du son pur, les autres avec du son mélangé à l'une des quatre substances suivantes : Phosphate de chaux tribasique, chlorhydro-phosphate de chaux, lacto-phosphate de chaux, glycéro-phosphate de chaux.

Le tableau suivant indique l'influence de chacun de ces régimes phosphatés calciques sur le développement de ces animaux :

	Augmentation de poids au bout de 2 mois 1/2
Son pur............	167 grammes.
— additionné de chlorhydrophosphate de chaux....	109 —
— — de glycérophosphate de chaux.........	108 —
— — de phosphate de chaux tribasique..	105 —
— — de lactophosphate de chaux............	12 —

(1) Thèse inaugurale. Paris, 1874.

Ainsi, tandis que le son pur élève en deux mois et demi de 167 grammes le poids des cobayes, chiffre que nous pouvons considérer comme normal et prendre comme l'expression qui représente la moyenne d'accroissement de ces animaux soumis à un régime convenable :

Le chlorhydrophosphate de chaux
    leur fait perdre .... 167 — 109 = 58 gr.
Le glycérophosphate de chaux.. 167 — 108 = 59 —
Le phosphate de chaux tribasique 167 — 105 = 62 —
Le lactophosphate de chaux .... 167 — 12 = 155 —

Ces expériences démontrent que le phosphate de chaux solubilisé ou insoluble est un obstacle à l'accomplissement des actes nutritifs.

Comment pouvons-nous alors concilier les besoins impérieux de l'organisme en phosphate de chaux et l'effet désastreux de toutes les formes de phosphate de chaux sur la nutrition ?

Le phosphate de chaux n'est assimilable sous aucune forme pharmaceutique, qu'il soit solubilisé ou insoluble, l'expérience le prouve. Il ne l'est que quand il est intégré dans une combinaison avec les matières albuminoïdes, comme dans la caséine du lait, les albumines végétales et animales, la fibrine, etc. Or, ces matières n'en renfermant jamais qu'une très faible quantité ; il en résulte que le phosphate de chaux n'est assimilé directement qu'en quantité excessivement minime, insuffisante pour les besoins de l'organisme, dans une foule de cas.

L'inassimilabilité du phosphate de chaux donné en nature tient à son insolubilité absolue dans tous les liquides physiologiques dont la réaction est toujours neutre ou alcaline. Ce sel ne fait pas pour cela défaut à l'organisme, celui-ci ayant la faculté de fabriquer de toutes pièces les phosphates dont il a besoin, pourvu que les éléments qui constituent ces phosphates soient fournis en quantité suffisante. Nous pourrions rappeler ici les expériences si concluantes de Chossat, de Boussingault, etc., nous nous contenterons d'emprun-

ter au Professeur Sanson une citation assez explicite :
« Lorsque nous voulons, en zootechnie, hâter le développement du squelette et fabriquer des animaux précoces, ce n'est point aux préparations pharmaceutiques que nous avons recours pour augmenter, dans
leur ration alimentaire, la proportion des éléments de
phosphate de chaux nécessaire, l'expérience nous
ayant démontré que ce serait en vain. Nous demandons le surcroît d'acide phosphorique assimilable,
d'abord à un allaitement plus abondant et de meilleure
qualité, puis à l'addition, dans la ration alimentaire,
d'une quantité suffisante de semences de céréales, lé-
gumineuses ou oléagineuses. »

Or, si nous consultons la teneur minérale des graines, en général, nous constatons que le phosphate de
potasse y est de beaucoup prédominant.

Mais, a-t-on dit, dans les différents cas physiologiques et pathologiques où l'organisme a besoin à courte
échéance de quantités relativement assez considérables de phosphate de chaux, ne peut-il pas y avoir utilité à lui présenter cette substance sous forme de solution artificielle ? C'est dans cette pensée qu'ont été élaborées toutes les préparations de phosphate de chaux
soluble.

Les expériences de Lehmann, de von Gohren, de
Weiske, d'André Sanson, de W. Edwards, de Chery-
Lestage, d'A. Gautier, ont jugé sans appel la valeur
thérapeutique du phosphate de chaux.

Cependant ces solutions comptent à leur actif des
observations qui affirment leur efficacité ; nul doute
qu'elles aient été utiles dans plus d'un cas.. Mais ce
qu'il importe de bien établir, c'est leur mode d'action
dans les cas heureux. Or, dans notre ouvrage — Les
Phosphates — nous avons démontré que, dans l'intestin, les solutions acides de phosphate de chaux, sous
l'influence des alcalis biliaires et intestinaux qui satu-
rent les acides libres, se scindent en deux parties ; la
moitié de l'acide phosphorique de la solution phosphatée calcaire se transforme en phosphate de soude soluble et assimilable et l'autre moitié passe à l'état

de phosphate de chaux insoluble qui est éliminé avec les déjections solides.

Le médecin croit faire prendre du phosphate de chaux à son malade, et c'est du phosphate de soude que celui-ci assimile. Or, tous nos travaux démontrent l'importance des phosphates alcalins dans l'organisme et l'insuffisance de ce principe dans nos aliments, en raison de ces besoins.

Nous avons démontré que les préparations pharmaceutiques de phosphate de chaux sont inassimilables ; qu'elles sont inutiles ; il existe de nombreux exemples qui prouvent qu'elles peuvent être dangereuses. Nous donnons la parole au Dr Bergeret, médecin de l'Hôtel-Dieu de Saint-Etienne.

« Lorsque les phosphates terreux sont en excès dans l'organisme, leurs dissolvants peuvent être en quantité insuffisante pour les maintenir dissous ; ils se précipitent alors, partout où ils se trouvent pour y déterminer, sous forme d'encroûtements, de sable, de gravier, ou de calcul, les processus morbides les plus divers (congestions, inflammations, apoplexies, etc.). »

« Il n'est aucune partie du corps, aucun organe, aucun tissu (artères, veines, reins, vessie, glandes salivaires, glandes du pharynx, amygdales, foie, muscles, péricarde, plèvres, péritoine, etc.), qui n'ait été rencontré encroûté de phosphates terreux. »

Nous pourrions multiplier les citations et fournir des preuves empruntées à la presse scientifique.

CONCLUSIONS

Nous résumerons tous les faits qui précèdent dans les conclusions suivantes :

1º Le phosphate de chaux aussi bien dans la structure des os que dans la constitution des éléments anatomiques, est un agent de sustentation architecturale, un phosphate de maçonnerie ;

2º En raison de sa fonction passive, son insolubilité

absolue dans les liquides physiologiques neutres ou alcalins est une qualité essentielle ;

3° Cette insolubilité absolue rend invraisemblable l'action dynamisante du phosphate de chaux à travers l'organisme ;

4° L'organisme fabrique à pied-d'œuvre le phosphate de chaux dont il a besoin ;

5° Le phosphate de chaux administré en nature à l'état insoluble ou dissous, fait obstacle à la nutrition ;

6° Toutes les préparations pharmaceutiques de phosphate de chaux sont inassimilables, en tant que phosphate de chaux ;

7° Sous l'influence des alcalis intestinaux, le phosphate de chaux dissous se scinde en deux parties : moitié de son acide phosphorique se transforme en phosphate de soude soluble et assimilable, l'autre moitié repasse à l'état de phosphate de chaux insoluble, inassimilable et anosmotique ;

8° Quand les préparations de phosphate de chaux exercent une action thérapeutique utile, c'est par le phosphate de soude auquel elles donnent naissance ;

9° Les préparations de phosphate de chaux peuvent être utilement remplacées par des préparations de phosphate de soude ;

10° Les préparations de phosphate de chaux sont inutiles dans tous les cas ;

11° Elles peuvent être dangereuses par les encroûtements calcaires qu'elles peuvent déterminer dans les vaisseaux qu'elles rendent fragiles, dans les tissus et les organes, les poumons, dans la tuberculose exceptée.

CHAPITRE IX.

Phosphate de fer.— Phosphate de fer hématique Michel. — Pyrophosphate de fer.

À ce chapitre, nous arrivons à la pierre angulaire de tous nos travaux. Nous touchons à l'un des facteurs minéraux les plus importants de la vie chez les animaux supérieurs. La fonction dynamisante phosphatée que l'on a attribuée sans aucune preuve au phosphate de chaux, c'est au phosphate de fer qu'elle est dévolue chez l'homme et les animaux supérieurs.

En 1873 nous avons démontré que *le fer existe dans les globules du sang à l'état de phosphate et seulement sous cette forme.*

Depuis cette époque aucun travail chimique n'est venu détruire notre conclusion. On a épilogué, on a opposé des négations pures et simples à nos conclusions ; ce sont des moyens à la portée de tout le monde. Les hibous se contentent de fermer les yeux quand ils ne veulent pas voir la lumière.

Dans notre volume — *Les Phosphates* — après avoir indiqué tous nos procédés opératoires, nous avons analysé tous les travaux antérieurs contraires à nos conclusions : ceux de Hoppe-Seyler, en particulier, faisant entrer le fer métal comme élément constituant de l'Hémoglobine. Nous avons fait ressortir que les quelques centigrammes de produit cristallisé sur lesquels le savant auteur avait effectué ses analyses étaient insuffisants pour déceler la présence de l'acide phosphorique ; mais qu'en opérant sur une quantité un peu plus élevée d'hémoglobine de sang d'oie il avait indiqué la présence de cet acide.

Nous avons encore démontré que, si l'on chauffe pendant quelque temps au rouge sombre les phosphates de fer préparés artificiellement dont la couleur est bleue, verte ou blanc jaunâtre, ceux-ci prennent une couleur rouge qui les fait ressembler à de l'oxyde de fer. Pendant l'incinération, les substances minérales du sang ne sont-elles pas soumises à cette température ; la couleur rouge des cendres, la présence du fer étant établi, n'a-t-elle pas suffi pour que les chimistes aient conclu à son existence sous forme d'oxyde ?

Pour de plus amples détails nous renvoyons à notre ouvrage — *Les Phosphates.*

Que le fer soit à l'état de phosphate dans les globules

du sang, comme nous l'avons établi, ou qu'il soit à l'état de métal intégré dans l'hémoglobine comme le veut Hoppe-Seyler ; la question pouvait paraître d'intérêt très secondaire à l'époque où nous avons posé nos conclusions, puisque le fer métal seul était considéré comme l'agent actif. Il ne peut plus en être de même aujourd'hui, alors que, comme on le verra au chapitre Anémie, nous établissons que le phosphate de fer des globules est le pivot de la nutrition minérale histologique ; que l'élément actif est l'acide phosphorique, tandis que le fer métal est sans utilité directe.

Si l'on veut bien se rappeler que le plus grand nombre des cliniciens, aujourd'hui, dénient aux ferrugineux toute action thérapeutique dans l'anémie, parce qu'il sort de l'organisme autant de fer qu'il en entre, notre théorie n'est-elle pas d'accord avec l'expérimentation clinique, en expliquant ses insuccès ? Mais, pour être exact, nous dirons qu'il y a dans cette négation de toute propriété aux ferrugineux une exagération contraire à la vérité. Les ferrugineux donnent tantôt des succès bien évidents, tantôt des insuccès complets, inexplicables, quand on considère le fer comme agent actif. Si l'on veut bien analyser les faits, on constate que les insuccès se produisent, surtout, dans les catégories de malades dont l'alimentation est plus riche, plus carnée ; tandis que les succès se rencontrent dans les classes dont l'alimentation est plus végétale. Or, ces résultats sont en opposition avec toutes les idées admises, sur la valeur comparative des deux genres d'alimentation carnée et végétale. Nous pouvons donner une explication logique à ces résultats si opposés. L'organisme peut fabriquer toutes les espèces phosphatées dont il a besoin, quand on lui en fournit les matériaux. L'alimentation végétale, peu azotée, fournit à l'organisme des phosphates alcalins en notable quantité ; par l'adjonction d'un ferrugineux quelconque, il peut donc former le phosphate de fer dont il a besoin. Avec l'alimentation carnée, très azotée, l'apport de phosphates est beaucoup moins grand ; il y a dans l'organisme pénurie d'acide phosphorique, le phosphate de fer ne se formant pas, le ferrugineux n'exerce pas d'action thérapeutique durable.

Il y a longtemps déjà que Cl. Bernard a lancé cet aphorisme qui a tant étonné ses contemporains : *Les hommes et les plantes se nourrissent de la même manière, mais vivent différemment*. Or, depuis que nous avons fait du phosphate de fer un des dispensateurs principaux de l'organisme en acide phosphorique ; les agriculteurs ont employé le sulfate de fer comme engrais dans les terrains peu ferrugineux. Ils ont conclu que : *l'emploi du sulfate de fer comme engrais des plantes a pour résultat de les enrichir en acide phosphorique*. Ne trouvons-nous pas dans cette conclusion une preuve de l'exactitude de notre conception du rôle du phosphate de fer dans les deux règnes ; et en outre l'exactitude de l'aphorisme de Cl. Bernard ?

En chimie on connaît deux phosphates de fer : un phosphate de protoxyde qui est blanc au moment de sa formation par précipitation, mais qui bleuit rapidement à l'air ; un phosphate de sesquioxyde de fer qui est blanc et reste blanc jaunâtre après dessiccation. On peut obtenir des phosphates de fer de nuances vertes variées qui sont des mélanges en proportions diverses de phosphates de protoxyde et de sesquioxyde de fer.

Les phosphates de fer sont insolubles dans l'eau pure ; mais ils sont solubles dans certains mélanges salins, même à réaction alcaline. Cette solubilité des phosphates de fer dans certains milieux salins se produit dans les espaces inter et intra-cellulaires de l'organisme, où s'opère sa mise en liberté après dissociation des globules. Elle permet les mutations dans les groupements statiques minéraux et l'acide phosphorique peut entrer dans un état de combinaison conforme aux besoins du milieu dans lequel il se trouve.

Cette solubilité spéciale du phosphate de fer est donc une qualité essentielle pour sa fonction dynamisante active, de même que l'insolubilité absolue du phosphate de chaux dans les milieux physiologiques alcalins est nécessaire pour sa fonction architecturale passive.

Les phosphates de fer sont solubles aussi dans les acides ; mais ils sont précipités de leurs dissolutions par les alcalis fixes. Dans ces cas, il n'y a pas simple précipitation, il y a décomposition du phosphate de fer. La moitié de son acide phosphorique passe à l'état de phosphate alcalin ; l'autre moitié reste à l'état de phosphate de fer qui se précipite mêlé à la portion d'oxyde de fer qui a perdu son acide phosphorique. C'est pourquoi ce précipité a toujours une coloration rouge. Ce phénomène est identique, comme on le voit, à celui que subit le phosphate de chaux dans les mêmes conditions.

Ayant démontré : *que le fer existe dans les globules à l'état de phosphate ;*

Que les globules du sang sont les fournisseurs nutritifs de la nutrition histologique ;

Que l'acide phosphorique du phosphate de fer est seul l'agent servant aux éléments anatomiques, l'oxyde de fer n'étant pas employé ;

On peut conclure :

Qu'il n'y a qu'un seul ferrugineux physiologique : LE PHOSPHATE DE FER.

Phosphate de Fer Hématique Michel.

L'application utile du phosphate de fer à la thérapeutique est absolument subordonnée à sa solubilisation dans un milieu salin, état sous lequel il ne peut être précipité, ni décomposé par un acide ou par un alcali, ce qui facilite sa diffusion et le rend vraiment assimilable. Ce résultat est réalisé dans la préparation dénommée *Phosphate de fer hématique Michel.*

Le plasma sanguin renferme aussi un phosphate qui certainement joue un rôle important dans la nutrition histologique ; c'est le phosphate de soude. Nous l'avons associé au phosphate de fer.

Le phosphate de fer hématique Michel présente la composition suivante :

Phosphate de fer... ⎫
Phosphate de soude. ⎬ de chaque parties égales.
Dissolvant salin... ⎭

Il est sous forme de poudre rougeâtre, absolument neutre, extrêmement soluble et hygrométrique. La solution n'est décomposée ni par les acides, ni par les alcalis.

Nous le délivrons sous deux formes :

1o En poudre, pur, accompagné d'une petite cuillerette-mesure qui contient 10 centigrammes de chacun des deux phosphates. Une ou deux cuillerées à chaque repas pour les adultes, une demi-cuillerée pour les enfants au-dessous de 12 ans. Il se prend pendant le repas dissous dans le premier verre de boisson.

2o En poudre granulée sucrée et aromatisée. La dose pour un adulte est de une ou deux cuillerées à café dissous dans l'eau ; on le prend quelques minutes avant les deux principaux repas. Pour les enfants une demi-cuillerée à café.

Cette forme de phosphate de fer est celle qui plaît le mieux aux enfants.

Avis important. — Le Phosphate de fer Michel ayant pour but de parer à l'insuffisance minérale phosphatée alimentaire, on comprend qu'il est nécessaire d'en faire un usage à peu près régulier pendant tout le temps de la croissance, de la grossesse et de l'allaitement. Nous reviendrons sur ce sujet au chapitre de l'anémie.

Pyrophosphate de fer.

Les pyrophosphates, ainsi que leur nom l'indique, sont des phosphates transformés par l'action du feu.

Le phosphate neutre de soude renferme deux équivalents de soude et un équivalent d'eau basique, plus de l'eau de cristallisation. Soumis à une calcination prolongée, il perd toute son eau de cristallisation et de constitution et se transforme en pyrophosphate de soude qui jouit de propriétés physiques et chimiques toutes différentes de celles du phosphate de soude dont il dérive. Le pyrophosphate de soude sert à préparer tous les pyrophosphates, dont celui de fer.

Si l'acide pyrophosphorique diffère chimiquement de l'acide phosphorique normal, le Dr Gamgée (1) a démontré qu'il n'en diffère pas moins physiologiquement. Ne jouissant pas des mêmes propriétés, ils ne peuvent donc pas être substitués l'un à l'autre.

Ce qui a fait le succès des pyrophosphates en médecine, c'est qu'on les a présentés comme reconstituants du sang par leur élément fer et du système osseux par leur acide pyrophosphorique. Pour cela, on a eu l'habileté d'établir et d'entretenir à leur égard une confusion qui ne pouvait que leur être avantageuse, en faisant confondre l'acide pyrophosphorique avec l'acide orthophosphorique. Aujourd'hui, certains commerçants les présentent nettement comme préparations phosphatées.

Graham a bien démontré que le pyrophosphate de soude en solution aqueuse se conserve très longtemps sans se modifier ; nous nous sommes demandé si dans l'organisme la transformation en orthophosphate ne s'opérerait pas plus facilement. L'expérimentation a répondu négativement (2).

Cependant, de nombreuses observations signées de noms médicaux honorablement connus ont attesté l'efficacité du pyrophosphate de fer comme reconstituant. Comment concilier ces attestations avec les résultats fournis par l'expérimentation ? Nous avons analysé huit échantillons de pyrophosphates provenant de maisons différentes ; or, tous ces produits qui nous ont été livrés comme des produits de vente courante et parfaitement purs contenaient une proportion d'acide phosphorique non transformé variant de 5 à 30 pour 100 du poids de l'acide total.

Nous pouvons donc affirmer :

Que les pyrophosphates n'étant pas des phosphates

(1) Page 26.
(2) *Les Phosphates*, page 522.

physiologiques et ne pouvant pas servir à en former, ils ne peuvent produire aucun effet thérapeutique utile ;

Que si, parfois, le pyrophosphate de fer a donné des résultats curatifs indéniables, ceux-ci ont été produits par du phosphate de fer normal qui existait dans le pyrophosphate employé.

IODE

___

CHAPITRE X.

Confusion relativement aux propriétés physiologiques et thérapeutiques attribuées à l'iode.

Depuis son introduction dans la matière médicale, l'iode a été administré sous un nombre considérable de formes différentes. Si la vertu curative d'un agent thérapeutique dépend souvent du mode d'administration et du dosage, il repose encore dans une bonne préparation et dans la forme sous laquelle il est administré. Ce point, sur lequel il nous paraît utile d'insister, pour ce qui regarde les préparations iodiques, mérite au plus haut degré toute notre attention. La suite de notre étude démontrera suffisamment l'exactitude de cette assertion.

Les opinions les plus contradictoires ont cours dans la science relativement à l'action des iodiques sur la nutrition. Pour les uns, ce sont des *excitants généraux* de toutes les fonctions, d'où résulte une suractivité générale avec augmentation des combustions organiques, tous ces phénomènes se traduisant par l'amaigrissement ; pour d'autres, ce sont des modérateurs de la nutrition générale, des *altérants* à la façon des arséniaux, d'où la conclusion qu'ils font engraisser.

Nous sommes disposé à admettre que chacune de ces affirmations repose sur des expériences concluantes ; mais alors, dans l'exposition de ces résultats contradictoires, il y avait lieu de tenir compte de l'état physiologique et pathologique des malades, de leur susceptibilité à l'égard de l'agent thérapeutique, de la nature chimique du médicament employé, de la dose administrée, etc. Or, ce sont là tout autant de points que l'on a généralement négligé de faire connaître, lesquels ont cependant une importance capitale, puisqu'ils peuvent produire des effets tout à fait inverses.

Pour dégager la vérité de ces opinions si divergentes, nous nous proposons d'analyser tous les faits concernant l'action de l'iode métallique, ainsi que celle de ses composés minéraux et organiques sur l'économie. C'est seulement après cette étude que nous pourrons établir ses propriétés chimico-physiologiques et thérapeutiques et indiquer les formes sous lesquelles il peut être administré, selon les effets que l'on veut obtenir.

CHAPITRE XI.

Action générale de l'iode sur l'organisme.

Avant d'étudier l'action intime de l'iode sur l'organisme, il est utile de signaler plusieurs points particuliers de ses propriétés, lesquels ont une grande importance sur ses effets thérapeutiques. Nous voulons parler de la rapidité avec laquelle il se diffuse dans l'économie, de la promptitude non moins grande avec laquelle il est éliminé et de sa localisation dans certains organes.

Diffusibilité. — Lorsque l'iode est administré à dose thérapeutique, il est absorbé directement et en totalité. Il passe dans le torrent circulatoire et arrive soit par les conduits naturels, soit par imbibition ou endosmose dans les liquides de sécrétion, la salive, les larmes, le lait, etc., et dans ceux d'excrétion, la sueur, l'urine, etc.

L'absorption de l'iode se fait avec une rapidité extraordinaire. Le Dr Marchal de Calvi s'est assuré que l'iodure de potassium commence à paraître dans les urines au bout de 25 à 30 minutes, même quand il est administré à faible dose. Sur un chien empoisonné par l'iode, O'Shanguessy l'a découvert dans l'urine 4 minutes après l'ingestion. Ces expériences ont été répétées fréquemment, et les résultats ont toujours été rapprochés des précédents.

La sécrétion rénale n'est pas le seul émonctoire qui donne issue à l'iode dans l'économie. Si l'on administre cette substance à une nourrice, on la retrouve dans le lait et même dans l'urine de l'enfant qu'elle allaite. Wœhler a fait l'expérience sur des chiens. M. E. Péligot l'a répétée sur des ânesses ; nous pouvons citer pour mémoire les essais qui ont été faits sur les vaches dans un but pratique. Nous ferons remarquer qu'une partie seulement de l'iode ingéré se retrouve dans la sécrétion lactée.

Élimination. — Il est non moins remarquable de constater avec quelle rapidité l'iode est éliminé de l'organisme. Le Dr Scharlau, de Stettin, a trouvé 345 centigrammes d'iodure de potassium dans l'urine d'un malade auquel il en faisait prendre 350 centigrammes. Le Dr Kramer a constaté sur lui-même qu'après un traitement de 50 jours par l'iodure de potassium, 6 jours suffisent pour l'élimination de ce sel. Cependant, Cl. Bernard a démontré que si, au bout de quelques jours, on ne trouve plus d'iodure de potassium dans l'urine des chiens auxquels on en administre, on constate encore sa présence 3 semaines après dans la salive et le suc gastrique. L'iodure est condensé dans la glande salivaire, mélangé aux aliments, il passe dans l'estomac, puis dans l'intestin grêle et de là, au lieu d'être éliminé, il serait repris par l'organisme, condensé à nouveau dans les appareils glandulaires et ramené dans la salive ?

Nous ferons remarquer que les expériences sur l'élimination de l'iode ont été faites uniquement avec l'iodure de potassium.

Localisation dans les glandes, le système ganglionnaire lymphatique et dans le tissu nerveux.

Les expériences de Cl. Bernard que nous venons de citer ont établi la localisation de l'iode et son séjour pendant un temps assez long dans les glandes salivaires, quand il a disparu de toutes les excrétions ; d'autres recherches ont établi qu'il se condense aussi dans toutes les glandes du système lympatique. Ceci explique pourquoi l'iode est le plus puissant modificateur des engorgements ganglionnaires lymphatiques.

Il résulte encore d'expériences récentes du Dr Thudicum, de Londres, que l'iode a aussi la propriété de se condenser dans le système nerveux en formant une véritable combinaison avec un des principes immédiats qu'il renferme.

Action physiologique de l'iode sur l'organisme.

L'iode métallique en poudre, ou dissous dans l'alcool, appliqué sur la peau ou sur une muqueuse, produit d'abord une action irritante qui devient plus ou moins rapidement caustique, selon la quantité appliquée et la sensibilité plus ou moins grande du tégument.

Quand on administre à l'intérieur de l'iode à l'état de teinture diluée dans l'eau ou dans tout autre véhicule, en supposant que la dissolution soit parfaite, mais qu'il reste partiellement libre au moins, il arrive à irriter plus ou moins rapidement la muqueuse stomacale, jusqu'à produire l'intolérance. Pour cette raison, il ne peut être administré sous cette forme, qu'en quantité très minime et insuffisante généralement, pour produire des effets thérapeutiques marqués. A dose extrêmement faible, l'action est simplement excitante.

Il n'est pas vénéneux à proprement parler ; les phénomènes d'intoxication qui ont pu être provoqués par des doses exagérées d'iode sont plutôt le résultat de son action caustique.

L'absorption de l'iode, sa solubilisation, ou la solubilité de ses composés alcalins, sa diffusibilité et son élimination s'opèrent avec une grande rapidité ; de sorte qu'il n'y a jamais accumulation, quand les diverses voies d'élimination fonctionnent normalement.

Lorsqu'on administre de la teinture d'iode à la dose de quelques gouttes, dans un véhicule approprié, on constate, au bout de quelques jours, que toutes les fonctions sécrétantes et excrétantes sont notablement augmentées. Chez les personnes atteintes de catarrhes et chez les tuberculeux on voit quelquefois les expectorations augmenter dans une telle proportion, que les malades en sont ennuyés ; mais cet effet n'est que momentané et de très courte durée.

L'appareil digestif reçoit aussi une vive impulsion qui se traduit par une augmentation notable de l'appétit, en même temps que les digestions sont rendues plus faciles.

L'effet de l'iode, sur la circulation générale, n'est pas moins marqué ; la circulation pulmonaire qui se trouve aussi très activée augmente la respiration ; le sang devient plus rutilant, les oxydations et les échanges gazeux sont plus abondants.

Sur l'appareil nerveux directeur et régulateur de toutes les fonctions organiques, l'excitation est très sensible également. Chez certains sujets affaiblis, on constate une hyperesthésie nerveuse plus ou moins marquée ; quelquefois aussi l'action se porte sur le sommeil. Il n'y a pas d'insomnies à proprement parler ; mais il est moins régulier, interrompu par des temps de réveil plus ou moins prolongés, répétés plusieurs fois durant la nuit. Ces phénomènes s'observent surtout chez les personnes dont le ystème nerveux est malade. Nous avons rencontré autrefois des malades chez lesquels l'excitation produite par l'usage de l'iode était tellement fatigante qu'on a dû en cesser l'emploi. Mais, lorsque nos recherches sur le rôle des phosphates chez les êtres vivants nous ont permis d'établir que le fonctionnement du système nerveux se traduit par une élimination notable de phosphates, nous avons pensé que l'excitation iodique, exagérant cette dépense, la fatigue éprouvée devait être la conséquence directe de cette perte excessive de phosphates. En associant alors le phosphoglycérate de potasse constituant spécial du système nerveux, à l'iode, de manière à combler cette dépense phosphatée anormale, nous avons vu cesser tous ces symptômes fâcheux. Nous pouvons donc dire, dès maintenant, et nous le prouverons plus tard : que les phosphates sont indispensables à l'action de l'iode sur l'organisme et qu'ils sont complémentaires de son efficacité thérapeutique.

L'action stimulante générale que détermine l'usage de l'iode se porte sur les éléments anatomiques qui constituent chacun de nos organes. Mais cette excitation est-elle limitée à l'activité fonctionnelle ; ou bien est-elle généralisée et s'étend-elle à l'activité vitale nutritive et régénératrice ? Ces différents points méritent que nous nous y arrêtions. La suractivité fonctionnelle est suffisamment établie par les manifestations visibles dans tous les départements organiques. La suractivité nutritive nous semble également indiquée par un apport plus considérable de matériaux nutritifs, des combustions plus élevées se traduisant par l'augmentation des éliminations gazeuses carboniques et des déchets solides plus abondants.

L'expérimentation a aussi établi l'action de l'iode sur les proliférations cellulaires pathologiques ; celles-ci disparaissent petit à petit remplacées par des productions normales. Comment l'iode agit-il dans ces cas ? Par sa présence dans les milieux *inter* et *intra*-cellulaires, influe-t-il sur le mode vital dévié pour le ramener à l'état normal ? Modifie-t-il les qualités nutritives des matériaux protéiques en se combinant avec eux ? Se combine-t-il avec les produits morbides ptomaïnes et leucomaïnes toxiques en les annulant ; produits qui font dévier le mode vital anatomique normal ? Tout cela est probable ; mais nous ne pouvons que formuler des hypothèses, lesquelles, cependant, reposent sur les effets visibles produits par l'action de l'iode et en donnent des explications plausibles.

Voici de quelle façon le Dr Boinet s'exprime dans son traité d'iodothérapie à l'égard des propriétés stimulantes générales de l'iode sur l'organisme : « Ce que personne ne pourra nier, c'est l'excitation générale des fonctions éliminatrices, et probablement, par une conséquence nécessaire, l'excitation se répercute sur le système absorbant, et les forces assimilatrices sont accrues, de telle sorte qu'on a le spectacle d'un organisme entier, travaillant avec activité à un renouvellement complet, fixant les matériaux assimilables et expulsant les produits morbides. *Il faut avoir été témoin de ces espèces de miracles, il faut avoir vu avec quelle vigueur et quelle énergie, dans quelques circonstances, se relève un organisme débilité, usé par la cachexie qui le ruinait; il faut avoir assisté à ces sortes de résurrections, pour savoir ce qu'il y a de véritablement reconstituant dans ce médicament précieux.* »

CHAPITRE XII.

Action de l'iode sur les liquides physiologiques et pathologiques, sur les matières albuminoïdes.

En 1854, Duroy, pharmacien de Paris, désirant connaître l'action qu'exerce l'iode sur les liquides animaux, institua un certain nombre d'expériences *in vitro* qui donnèrent de précieux résultats.

Du pus provenant d'un abcès, mélangé d'iode et exposé à l'air libre dans un vase ouvert, se conserva pendant plus d'un mois sans altération ; tandis qu'une autre partie de ce même pus pur, placé dans les mêmes conditions était en pleine décomposition au bout de 24 heures. De l'iode ajouté à ce pus altéré en arrêta immédiatement la décomposition.

Dans une autre série d'expériences le même auteur constata que du sang, du lait, de l'albumine d'œuf, du gluten humide additionnés d'un centième d'iode se trouvaient encore en parfait état de conservation au bout d'un mois ; tandis que d'autres parties des mêmes substances non additionnées d'iode se trouvaient en pleine décomposition au bout de quelques jours. Le sang, le lait, l'albumine d'œuf n'étaient pas coagulés. Une certaine quantité d'iode peut être absorbée par les matières albuminoïdes sans modifier d'une façon sensible leurs propriétés physiques, ni leur réaction.

De l'ensemble de ces expériences, M. Duroy tira un certain nombre de conclusions, dont voici les principales :

L'iode est un puissant antiseptique ; il arrête et prévient la fermentation putride ; il manifeste cette propriété envers les solides et les humeurs de l'organisme animal, même en présence de l'air.

Il se combine chimiquement aux matières animales (chair, sang, albumine, lait, etc.), sans altérer sensiblement leurs caractères physiques. Il se comporte de la même façon en s'unissant au gluten.

L'iode pur ou en solution iodurée aqueuse fluidifie les liquides animaux, le sang en particulier, ainsi que l'avait déjà établi Poiseuille.

Miahle, de son côté, fit les expériences suivantes. Nous lui laissons la parole (1) ; « Lorsqu'on met dans un verre à expérience un mélange d'eau albumineuse parfaitement transparente et d'iode en poudre, on remarque qu'au fur et à mesure que l'iode se dissout, il tend à coaguler l'albumine ; mais cette coagulation ne devient possible que lorsque toute l'alcalinité qui est inhérente à l'albumine a été complètement saturée par l'iode. Alors seulement, la coagulation devient de plus en plus manifeste ; car si, de même que le chlore, l'iode ne coagule pas instantanément les liquides albumineux, cela tient uniquement à sa moindre solubilité dans les liqueurs aqueuses.

(1) Chimie appliquée à la physiologie.

« La preuve qu'il en est ainsi, c'est que, lorsque l'on augmente le pouvoir dissolvant de l'eau sur l'iode à l'aide d'une proportion d'alcool assez faible pour ne pas agir sur l'albumine à titre de coagulant, on constate que cette teinture hydralcoolique d'iode coagule instantanément l'eau albumineuse.

« Il suit de ces faits que l'iode appartient à la classe des coagulants, comme le chlore et le brome. »

Les conclusions de ces deux expérimentateurs, contradictoires en apparence, sont cependant vraies, mais seulement pour les conditions précises dans lesquelles chacun d'eux s'est placé.

Si l'on n'ajoute qu'une petite quantité d'iode, un centième, à un liquide albumineux, comme l'a fait M. Duroy, il n'y a pas coagulation. Il est possible aussi que l'iodure de potassium, qui est ajouté en vue de la solubilisation de l'iode, forme obstacle à la coagulation albumineuse, étant liquéfiant par lui-même.

Si, au contraire, comme a opéré Miahle, on ajoute un excès d'iode, on obtient au bout de quelque temps la coagulation albumineuse, lorsqu'une quantité suffisante du métalloïde s'est solubilisé. D'autre part, la coagulation est activée par l'addition d'une petite quantité d'alcool qui favorise la solubilisation de l'iode et ajoute au mélange son action coagulante, bien qu'elle soit insuffisante par elle-même dans cette proportion.

Lorsqu'en 1854 M. Duroy établissait la propriété que possède l'iode d'arrêter la fermentation putride, nos connaissances sur le chapitre des fermentations en étaient encore à la théorie catalytique de Liebig. Il était donc impossible de donner une explication satisfaisante du mode d'intervention de l'iode dans ces phénomènes, à part la propriété qu'il possède de se combiner avec les matières albuminoïdes.

Depuis cette époque, l'étude des fermentations a fait des progrès immenses, grâce aux travaux de Pasteur ; elle nous a même permis d'introduire définitivement en pathogénie le rôle des infiniment petits, dont le mode d'action est identique à celui des ferments proprement dits.

CHAPITRE XIII.

Action antiseptique et antitoxique de l'iode.

Grâce aux immenses progrès réalisés dans ces dernières années, nous connaissons les phénomènes qui se produisent dans les fermentations de tous genres, aussi bien du côté des agents qui les déterminent que des produits qu'ils forment.

D'après les travaux du Dr Miquel, l'iode est microbicide dans la proportion d'un pour quatre mille. Son action est donc énergique. Mais il faut bien retenir que c'est l'iode libre à l'état métalloïde qui possède cette propriété. Dès qu'il est entré en combinaison avec un alcali tel que : potasse, soude, ammoniaque, etc., il ne l'est plus que dans la proportion d'un pour sept ; ce qui signifie qu'elle est à peu près complètement disparue.

Presque simultanément, MM. Selmi en Italie et Boutmy en France découvrirent de véritables alcaloïdes parmi les produits de la putréfaction des matières animales ; on leur donna le nom de *Ptomaïnes*. Peu de temps après, le Dr Bouchard, en France, découvrit également des alcaloïdes parmi les produits d'oxydation des éléments anatomiques des tissus vivants ; il les appela *Leucomaïnes*. Plus tard il constata que la production de ces leucomaïnes se trouve considérablement augmentée au cours et à la suite d'un grand nombre de maladies, surtout quand elles sont de nature infectieuse.

Enfin, dans les bouillons de culture des différentes espèces microbiennes, on a aussi constaté l'existence de véritables alcaloïdes définis.

Dans tous les milieux dont nous venons de parler, indépendamment des alcaloïdes parfaitement définis comme espèces chimiques, on a aussi constaté l'exis-

tence de produits indéfinis se rapprochant des matières albuminoïdes. On les désigne sous le nom générique de *Toxalbumines*.

Tous ces alcaloïdes animaux, ptomaïnes et leucomaïnes, sont pour le plus grand nombre extrêmement
vénéneux. Le chimiste M. Griffith en a isolé un certain
nombre d'espèces, dont on a pu expérimenter sur les
animaux le degré de toxicité.

On a pu, d'autre part, étudier un certain nombre de
leurs propriétés chimiques et l'on a vu que tous ces
alcaloïdes animaux se comportent vis-à-vis des réactifs identiquement comme les alcaloïdes végétaux. Or,
parmi les réactifs qui ont la propriété de précipiter les
alcaloïdes et de former avec eux des composés absolument insolubles dans l'eau, Bouchardat a signalé
l'iode métalloïde dissous à la faveur de l'iodure de potassium.

Enfin, les expériences de Duroy et de Mialhe, qui
nous ont fait connaître l'action de l'iode sur les matières albuminoïdes altérées, démontrent également l'action neutralisante de ce métalloïde sur les toxalbumines. Nous rappellerons, incidemment ici, que le
Dr Roux utilise cette propriété de l'iode pour atténuer
les liquides virulents qu'il emploie chez les chevaux
pour rendre leur sérum antidiphtéritique.

Dans ces derniers temps M. Podgerny, de Saint-Pé-
tersbourg, a fait une étude minutieuse de l'action de
l'iode sur les microbes pathogènes. L'auteur a voulu
résoudre les deux questions suivantes :

1o L'iode possède-t-il des propriétés bactéricides ?

2o L'iode peut-il diminuer la virulence des microbes
pathogènes ?

Les expériences portaient sur des cultures dans du
bouillon des microbes suivants : le vibrion du choléra,
la bactéridie du charbon, le bacille d'Eberth, le coli-
bacille, l'actinomycose, le bacille de Löfler. Ces bouillons ont été traités par la solution aqueuse d'iode,
agissant pendant 5 minutes à une température entre
20 et 40o. Elle était bactéricide pour la bactérie charbonneuse dans la proportion de 1 pour 36.000, pour le

bacille de Löfler à 1 pour 30.000, pour le coli-bacille à 1 pour 20.000, pour le vibrion cholérique à 1 pour 16.000, pour le bacille d'Eberth à 1 pour 12.000 et enfin pour l'actinomycose à 1 pour 4.800.

Une solution d'iode à 1 pour 200, ajoutée à du bouillon du vibrion cholérique, et injecté immédiatement n'est plus mortel. Les cultures de bactéries additionnées de solution d'iode à 1 pour 2.500 perdent instantanément leur virulence. La bactérie charbonneuse perd sa virulence dans un bouillon iodé dans la proportion de 1 pour 3.600.

Les observations cliniques les plus récentes ayant établi que, dans les infections microbiennes, ce sont principalement les toxines qu'ils sécrètent qui exercent sur l'organisme l'action destructive de la vitalité : nous avons donc dans l'iode un microbicide et un antitoxique des plus puissants.

CHAPITRE XIV.

Sous quel état l'iode agit-il sur l'organisme ?

Dans la première période de son usage en thérapeutique, l'iode n'a été employé qu'à l'état de métalloïde libre, sous forme de teinture alcoolique que l'on faisait prendre par gouttes dans un véhicule quelconque. Mais l'action irritante qu'il exerce sur l'appareil gastro-intestinal, aggravée souvent par l'ingestion inconsidérée de doses relativement fortes, ont provoqué des états inflammatoires parfois graves qui ont amené le rejet complet de l'iode sous cette forme médicamenteuse. On préconisa l'iodure de potassium ; nous savons tous que son emploi offre quelques inconvénients plus ennuyeux que graves, aussi est-il encore, à l'heure présente, le composé iodé le plus employé. Ce qui a le plus frappé les premiers expérimentateurs, c'est la dose élevée à laquelle il peut être absorbé, sans provo-quer d'accident sérieux et, par conséquent, la propor-tion énorme d'iode qui peut entrer dans l'organisme sous cet état, alors qu'en solution alcoolique on n'en pouvait guère faire prendre plus de 10 à 15 centigram-mes au maximum dans les 24 heures.

Jusqu'à ces derniers temps, l'iode n'a pour ainsi dire été employé que sous les deux états de métalloïde ou d'iodure alcalin (l'iodure de fer étant un médicament à part) ; on s'est demandé si c'est à l'état métalloïde ou sous forme d'iodure alcalin que l'iode exerce son ac-tion thérapeutique ? Partant de ce fait constaté par l'a-nalyse chimique que l'iode administré sous forme mé-tallique, dissous dans l'alcool, s'élimine constamment à l'état d'iodure alcalin, on a conclu que l'iode n'agit que quand il est à l'état d'iodure de potassium, de so-dium, etc. ; c'est-à-dire que lorsqu'on administre l'iode en nature, il faut qu'il se transforme en iodure alca-lin pour produire son action thérapeutique spéciale. Mialhe, qui est l'auteur de cette théorie, encore admi-se aujourd'hui à peu près unanimement dans la scien-ce, conclut : « qu'il faut reléguer ce corps simple dans la classe des médicaments spécialement destinés à l'u-sage externe, et, encore, ferait-on mieux, à notre avis, de s'en tenir presque toujours, dans les deux cas, à l'usage de l'iodure de potassium, toutes les fois, du moins, que l'iode est destiné à agir dynamiquement. » Si séduisante que paraisse cette théorie, est-elle bien d'accord avec les faits observés ?

La teinture d'iode s'administre à la dose de 6 à 12 gouttes par jour, lesquelles contiennent 1 à 3 centi-grammes d'iode métallique ; l'iodure de potassium s'em-ploie à la dose de 1 décigramme à 5 grammes et plus par jour. Or, tandis que 10 à 12 gouttes de teinture d'iode produisent une action stimulante bien marquée sur tout l'organisme au bout de 8 jours, par exemple, un décigramme d'iodure de potassium qui contient deux fois plus d'iode (sept centigrammes) est absolu-ment sans action. Il faut employer 50 centigrammes d'iodure de potassium pour obtenir un effet appréciable ; or, ils renferment 38 centigrammes d'iode, c'est-à-dire 12 fois plus que les 12 gouttes de teinture d'iode. Il ressort donc nettement de ces effets comparatifs,que l'iode métallique libre agit à dose 12 fois plus faible que quand il est intégré dans une combinaison saline stable.

Si la théorie de Mialhe était exacte, l'expérimentation aurait dû prouver que 5 centigrammes d'iodure de potassium administrés chaque jour exercent une action visiblement plus puissante que 12 gouttes de teinture d'iode qui renferment la même quantité de métalloïde, mais non combiné. Or, puisqu'il faut ,sous forme d'iodure, une quantité d'iode 12 fois plus considérable qu'à l'état de liberté, on est autorisé à conclure : que l'iode dissimulé dans une combinaison chimique stable perd la plus grande partie de ses propriétés thérapeutiques.

Dans ces conditions, ne pourrait-on pas supposer que l'iodure de potassium n'exerce une action thérapeutique que par la quantité d'iode qui peut être rendu libre, pour un temps déterminé, pendant son séjour dans l'organisme ? Ce phénomène est-il possible ? Nous allons essayer de l'établir.

Nous savons que l'iodure de potassium se diffuse dans l'organisme avec une très grande rapidité ; que son élimination commence au bout d'une demi-heure et qu'elle se continue pendant 5 à 6 jours au moins. La plus grande partie est éliminée dans les deux premiers jours ; puis elle s'abaisse considérablement dans les 3 ou 4 autres jours,

En raison de l'effort que fait l'organisme pour éliminer les corps étrangers à sa constitution, ou dépassant ses besoins plus l'iodure de potassium est donné à dose élevée, plus grande est la quantité éliminée rapidement et moins il en reste dans l'organisme diffusé à travers tous les tissus. Il ressort donc de ce fait qu'une partie seulement de l'iodure ingéré reste assez longtemps dans l'organisme pour avoir l'occasion d'y exercer une action thérapeutique. Ceci explique la nécessité où l'on se trouve de l'administrer à dose assez élevée.

Cet iodure de potassium se trouve nécessairement diffusé dans tous les liquides physiologiques qui baignent *intus et extra* les éléments anatomiques de tous les tissus. Chaque organe présentant alternativement une période d'activité pleine pendant laquelle son milieu est acide, puis une autre de repos relatif pendant laquelle il est neutre ou alcalin, dans le premier temps l'iodure de potassium subira l'action des acides urique, sarcolactique, inosique, carbonique, etc., formés dans ces milieux, son iode sera mis en liberté. Il restera dans cet état tant que durera l'état acide et il exercera, sur tous les éléments anatomiques qu'il baigne, une action excitante dont l'intensité sera proportionnelle à la quantité d'iode libre. Puis, quand à l'état acide succédera l'état alcalin, par osmose, l'iode se reconstituera à l'état salin et sera éliminé tel, tandis qu'une quantité nouvelle de la substance saline viendra baigner à son tour les tissus. Il résulte donc de ces réactions intra-organiques changeantes que, chez l'individu ingérant de l'iodure de potassium, chaque organe subit d'une manière intermittente l'action de l'iode devenu libre en totalité. Cette action en masse peut avoir son utilité dans certains cas ; mais, c'est à elle aussi que nous devrons attribuer ces accidents classés sous la désignation commune d'iodisme.

On ne peut pas dire que cette action des acides sur l'iodure de potassium soit une vue de l'esprit, une hypothèse, puisque ces mêmes acides produisent ce résultat *in vitro*.

Il nous semble ressortir des détails physiologiques dans lesquels nous sommes entré que, contrairement à la théorie émise par Mialhe, *les iodures n'exercent une action thérapeutique que par la portion d'iode métalloïde qui peut être mise en liberté, durant leur passage à travers l'organisme, quoiqu'il soit finalement éliminé sous forme d'iodure alcalin.*

4

CHAPITRE XV.

Iodisme.

Sous ce nom, on a réuni tous les accidents, légers ou graves, auxquels peut donner lieu l'usage de l'iode ou de ses diverses préparations.

En thèse générale, tout médicament a ses qualités et ses défauts, ses vertus utiles et ses dangers ; et l'on sait que les agents les plus précieux de la thérapeutique peuvent devenir aussi les plus dangereux, lorsqu'ils sont maniés d'une manière inconsidérée. L'iode comme tous les agents actifs n'échappe pas à cette règle générale.

Sans entrer ici dans tous les détails de cette intéressante question, nous dirons que tous les faits d'iodisme dépendent généralement d'idiosyncrasies extrêmement susceptibles. Ainsi, nous connaissons une dame qui, après une prise de 25 centigrammes d'iodure de potassium, est, dans les 24 heures, couverte d'un érythème par tout le corps ; faut-il conclure, pour cela, que l'iode produit toujours et chez tous les malades, une affection érythémateuse ? Il est établi que les personnes qui ont une tendance aux affections cutanées voient souvent celles-ci s'exagérer sous l'influence de la médication iodée. Il doit en être ainsi. Le plus grand nombre des affections cutanées appartiennent à la classe des maladies arthritiques caractérisées par une production exagérée d'acide urique. Cet acide peu soluble s'élimine partiellement par la peau ; on peut voir, en effet, que la sueur est toujours acide ; il peut s'accumuler dans les glandes sudoripares et y déterminer de l'irritation. L'iodure de potassium excrémentitiel s'élimine partiellement aussi par la peau ; venant à se trouver en contact avec l'acide urique ac-

cumulé dans les glandes sudoripares, une partie de
l'iode est mis en liberté par l'action de cet acide sur
l'iodure, et c'est cet iode qui ajoute son action irritante
à celle de l'acide urique et l'augmente. Le chlorure de
sodium pris en excès comme condiment exerce une
action analogue sur les glandes sudoripares ; c'est
pourquoi on recommande à tous les arthritiques de ne
pas manger salé. Supposons que, malgré cela, le malade continue sa médication iodée ; par suite de la suractivité imprimée à l'organisme par l'action excitante
de l'iode, toutes les combustions sont activées et, comme conséquence, il se produit moins d'acide urique.
D'où il résulte que, si au début l'iode augmente l'irritation cutanée, elle diminue spontanément par la persévérance du traitement. C'est à la suite de l'emploi de
l'iodure de potassium que ces éruptions ont été obser-
vées ; mais on n'a pas indiqué les proportions qui
étaient ingérées chaque jour ; ce point a une très grande importance. Comme dans la suite de ce travail nous
recommanderons l'usage de l'iode sous une forme où
il est employé à une dose beaucoup moins élevée,
les inconvénients de la médication iodée seront donc
moins intenses. En présence de ces accidents, médecins et malades devront, ce nous semble, examiner si
les avantages à retirer de la médication autorisent à
la suspendre ou engagent à persévérer, sachant que
les inconvénients ne sont que passagers.

Enfin, disons, pour terminer ce chapitre, que les cas
d'iodisme se manifestent surtout chez les sujets qui
font usage de l'iodure de potassium lorsque l'accumulation, dans un département organique, est favorisée, soit par le mauvais état des reins déterminant une
rétention d'urine plus ou moins grande, soit par une
circulation sanguine irrégulière dépendante d'une affection cardiaque. Nous pouvons préjuger que ces accidents ne se produiront pas en faisant usage de composés iodés qui ne se comportent pas à la façon des
iodures en présence des acides.

CHAPITRE XVI.

L'iode est-il un altérant ?

Tous les ouvrages de thérapeutique disent que l'iode est un altérant et on l'enseigne dans toutes les chaires officielles. Parmi toutes les propriétés que nous venons de passer en revue, aucune cependant ne nous le fait supposer. Nous affirmons que l'iode n'est pas un altérant et nous le démontrerons.

Comme nous avons à faire la même démonstration pour l'or, dont nous recommandons l'emploi dans le traitement des maladies nerveuses, nous avons placé cette étude dans un chapitre collectif après l'or.

CHAPITRE XVII.

Les iodures métalliques employés en pharmacie. Iodures de potassium, de sodium, de calcium, de fer.

Iodure de potassium.

L'iodure de potassium est la combinaison métallique d'iode la plus employée en médecine.

Envisagé comme sel de potasse, l'iodure de potassium est un produit étranger à l'organisme ; aussi, lorsqu'on le lui administre, fait-il effort pour s'en débarrasser le plus rapidement possible. Il est diurétique, comme la plupart des sels de potasse employés, tels que le sulfate, le nitrate, l'acétate, etc. Etant extrêmement diffusible et ayant une affinité élective reconnue pour les organes glanduleux et ganglionnaires, il passe rapidement dans toutes les glandes sécrétoires et en exalte les fonctions. C'est probablement à cause de ces propriétés qu'il agit comme sialagogue, provoque le larmoiement et le coryza.

Il est établi aussi que les sels de potasse sont toxiques à dose relativement peu élevée. Partant de là, depuis quelque temps, on tend à substituer l'iodure de sodium à celui de potassium. Nous ne contesterons pas cette assertion ; mais nous ne pouvons pas oublier qu'en 1860, pendant notre internat, nous avons vu fréquemment certains chefs de service à l'Hôpital du Midi, employer couramment l'iodure de potassium à des doses de 10, 15 et même 20 grammes par jour pendant des mois et sans provoquer d'accidents toxiques. Cela doit tenir probablement, d'une part, à ce que ce sel était administré progressivement, et que, d'autre part, étant très rapidement diffusible, une notable partie était éliminée avant d'avoir pu produire des phénomènes d'intoxication. Mais il faut pour cela que les reins fonctionnent bien.

Quand il y a lieu de rechercher des effets thérapeutiques prompts et énergiques, c'est toujours à l'iodure de potassium qu'il faut recourir. Il a sa posologie et ses indications bien déterminées. Mais il sera toujours inférieur aux préparations iodées végétales quand il faut, par une médication qui peut durer des années, agir sur la nutrition histologique, modifier les constitutions des malades et les ramener à l'état normal.

Il a de plus l'inconvénient de fatiguer rapidement l'estomac, chez un grand nombre de malades.

Iodure de sodium.

L'iodure de sodium possède des propriétés analogues à celles de l'iodure de potassium. Il est facilement décomposable comme lui, mais il fatigue moins. Cela tient probablement à la nature de la base, la soude étant l'alcali des animaux. Il est tout aussi diffusible.

Quoique un peu plus riche en iode, l'iodure de sodium doit être administré aux mêmes doses que l'iodure de potassium pour produire des effets thérapeutiques égaux. Etant aussi un corps étranger à l'organisme, celui-ci fait effort également pour l'éliminer le plus vite possible.

Iodure d'ammonium.

La volatilité de l'ammoniaque rend cet iodure beaucoup plus instable que les deux précédents. Il jaunit rapidement par la mise en liberté d'une certaine quantité d'iode. Dans ce cas, il exerce une action irritante sur l'appareil digestif.

Iodure de calcium.

Cet iodure est également d'une instabilité très grande, sa base, la chaux, ayant une très grande affinité pour l'acide carbonique. Il offre les mêmes inconvénients que l'iodure d'ammonium.

Iodure de fer.

L'iodure de fer jouit d'une grande vogue en médecine. On emploie surtout le protoiodure, qui correspond aux sels de protoxyde. Comme composé chimique, le protoiodure de fer est un corps très instable. En présence de l'air, le fer se peroxyde rapidement et une partie de l'iode devient libre.

Au contact des muqueuses de l'appareil digestif, il produit une action astringente des plus énergiques comparable à celle qu'exercent les chlorures de fer (proto et per), les sulfates, etc.

Les deux formes sous lesquelles on l'administre, sont : la forme solide (pilules) et la forme liquide (sirop).

Le sirop de protoiodure de fer renferme 10 centigrammes d'iodure de fer par cuillerée de sirop (20 grammes). Il est administré à jeun généralement, c'est-à-dire quand l'estomac est à l'état de repos. Le liquide qui lubrifie les muqueuses de l'estomac au repos est neutre ou légèrement alcalin.

Lorsque l'iodure de fer arrive dans cet organe, il exerce immédiatement son action astringente, laquelle a pour effet de contracter les glandes pepsiques. Il forme un obstacle, faible d'abord, à la sécrétion du suc gastrique ; mais les effets augmentent progressivement sous l'influence des doses répétées du médicament ingéré. Ce mode d'action est commun à tous les ferrugineux dont l'élément électro-négatif (acide ou haloïde) est de nature métalloïdique. Les éléments alcalins des liquides organiques agissent consécutivement sur l'iodure ferreux et le décomposent ; il se forme de l'iodure alcalin et l'oxyde de fer est mis en liberté. L'iodure de fer se comporte donc comme si l'on administrait simultanément un iodure alcalin et un sel de fer à acide minéral, c'est-à-dire possédant le maximum d'astringence de cette classe de médicaments.

Si l'iodure de fer qui pénètre dans l'estomac, rencontre un suc gastrique acide, il est décomposé. L'iode libre mis en liberté *en masse* produit une vive irritation. L'oxyde de fer recombiné d'autre part à l'état de chlorure ou de lactate (peu importe) exerce une action astringente énergique. On peut alors, au bout de quelque temps, observer une constipation opiniâtre et quelquefois même des phénomènes d'intolérance gastrique.

Quand l'iodure de fer est administré en pilules, la désagrégation ne s'opère généralement que dans l'intestin, c'est-à-dire dans un milieu à peu près alcalin, ou très faiblement acide. Dans ces conditions, il est décomposé en iodure alcalin et en oxyde de fer ; mais auparavant, en tant que sel ferrugineux, il produit aussi son action astringente sur l'intestin jusqu'au moment où il est décomposé.

Il résulte de ces décompositions diverses que subit l'iodure de fer dans l'organisme et des produits variés qui prennent naissance selon l'état neutre, acide ou alcalin des milieux, que les effets physiologiques sont variables et que, de plus, ils sont accompagnés de l'action énergiquement astringente propre aux sels de fer à acides minéraux.

Si l'on considère que l'iodure de fer doit être employé longtemps, pour produire des effets marqués et durables ; qu'il produit alors de la constipation et quelquefois des phénomènes d'intolérance ; on conclura que : *comme composé iodé, c'est un agent thérapeutique dont le mode d'action est variable, mais semblable à celui des iodures alcalins.*

D'autre part, dans notre ouvrage sur les phosphates, nous avons établi que les ferrugineux sont le plus souvent sans action physiologique utile, quand ils ne sont pas combinés à l'acide phosphorique ; nous conclurons que : *l'iodure de fer considéré comme sel ferrugineux est une mauvaise préparation produisant fréquemment des effets nuisibles.*

CHAPITRE XVIII.

Combinaisons iodées organiques.

Les combinaisons iodées organiques que nous nous proposons d'étudier peuvent être rangées en deux catégories qui comprennent des composés stables et des composés instables. Nous considérons comme composés stables ceux qui retiennent leur iode avec une certaine énergie, ou qui sont difficilement décomposés dans l'organisme ; comme composés de ce genre, nous étudierons l'iodoforme et l'iodol. Parmi les combinaisons iodées instables ou combustibles, nous examinerons l'iodure d'amidon, le composé iodotannique et les extractifs iodés.

Iodoforme.

L'iodoforme est la combinaison organique qui renferme la plus forte proportion d'iode ; il en contient 96 pour 100 de son poids ; c'est pour cette raison qu'il est entré dans la thérapeutique. On a cru trouver dans ce composé d'une richesse exceptionnelle en iode, un corps pouvant le présenter à l'organisme dépouillé de toutes ses propriétés irritantes. Nous verrons jusqu'à quel point ce phénomène se trouve réalisé.

Comme composé chimique, l'iodoforme est un homologue du chloroforme et du bromoforme ; comme eux, il possède des propriétés anesthésiques, mais beaucoup moins apparentes peut-être, en raison de son état solide, de sa volatilité et de sa diffusibilité très faibles. Il possède une odeur pénétrante qui, bien que n'ayant rien d'absolument désagréable, devient cependant répugnante pour un grand nombre de malades, à cause de sa persistance. Tous les moyens conseillés pour le désodoriser sont restés inefficaces.

L'iodoforme est un composé assez stable quand il est à l'état solide. Il est insoluble dans l'eau, moyennement soluble dans l'alcool, dans la glycérine, dans les huiles et très soluble dans l'éther. L'iodoforme en dissolution alcoolique ou éthérée prend, au bout de quelque temps, une coloration rouge, surtout lorsqu'il y a exposition à la lumière solaire ; elle est due à la décomposition d'une petite quantité d'iodoforme avec mise en liberté d'un peu d'iode métalloïde qui donne en se dissolvant la coloration au liquide.

Les acides de puissance moyenne sont sans action sur lui ; ce n'est qu'à la longue qu'ils finissent par produire une décomposition partielle. Il paraît se dissoudre dans les alcalis, mais ce n'est pas une dissolution véritable ; c'est une décomposition qui s'opère sous l'influence de l'alcali, il y a formation de formiate et d'iodure alcalin.

L'iodoforme est employé depuis 8 ou 10 ans en chirurgie et son usage s'est progressivement étendu de plus en plus. On l'a employé en poudre répandue à la surface des plaies, en dissolution dans l'éther, l'alcool, la glycérine et l'huile, sous formes de linges, gaze, charpie, etc., iodoformés. Pour les uns, l'iodoforme est un antiseptique d'une valeur réelle ; d'autres, lui refusent toute espèce de propriété antimicrobienne. Ces deux opinions complètement opposées s'appuient cependant sur des expériences. Le Dr Miquel dit que l'iodoforme est antiseptique à la dose de 0 gr. 70 par litre de liquide. Notre but étant l'étude du rôle de l'iode pris à l'intérieur. Nous ne nous occuperons pas des effets résultant de son usage externe.

Emploi interne de l'iodoforme. — L'exaltation des propriétés antiseptiques de l'iodoforme à l'extérieur a conduit naturellement à l'essayer à l'intérieur, surtout dans le traitement de la tuberculose. A-t-on obtenu de sérieux résultats ? C'est ce que personne n'oserait encore affirmer, d'autant plus qu'on l'associe le plus souvent à la créosote.

On continue quand même à l'administrer ; mais nous pensons que son emploi tend plus à diminuer qu'à s'étendre.

Malgré les expériences négatives de Heyn, Rovsing, Ruyter, Lubbert, Tilanus, il jouit encore de la faveur des chirurgiens. Les vénéréologistes déclarent que l'iodoforme ne guérit plus aujourd'hui le chancre mou et ses complications, alors qu'on croyait au début avoir trouvé dans cette substance un spécifique de la chancrelle.

Dans le cas particulier de la tuberculose, les injections d'éther iodoformé pratiquées par le professeur Verneuil paraissent avoir donné de bons résultats dans les cas de tuberculose locale. On peut même avancer que c'est là la principale preuve en faveur de l'action antibacillaire de l'iodoforme. En effet, personne n'est encore venu nous apporter de résultats favorables de son action interne dans la tuberculose. Par contre, nous pourrons encore ici enregistrer des accidents occasionnés par l'usage interne de ce corps. Le Dr Dujardin-Beaumetz a constaté que l'usage prolongé de l'iodoforme à l'intérieur détermine fréquemment des douleurs d'estomac même à des doses inférieures à 1 centigramme. Il provoque souvent aussi des renvois désagréables dans lesquels l'odeur de l'iodoforme est fortement développée sous l'influence de la température du corps. Rappelons, en passant, que l'iodoforme insoluble dans l'eau est difficilement diffusible.

Nous avons dit, en commençant, que l'iodoforme n'est pas attaqué par les acides de puissance moyenne, tandis que sous l'influence des alcalis il se décompose en formiate et en iodure alcalin. Alors, quand on ingère de l'iodoforme, la partie qui passe dans un milieu acide restant à peu près indécomposée, elle n'exerce aucune action comme agent iodique ; la portion qui séjourne dans un milieu alcalin se transformant en iodure, elle agit comme ces corps.

Nous avons vu précédemment que les iodures alcalins n'exercent une action thérapeutique sensible qu'autant qu'on les administre à la dose de 50 centigrammes environ ; or, comme l'iodoforme ne s'emploie guère au delà de 2 décigrammes par jour, il en résulte que la quantité d'iodure alcalin auquel il donne naissance ne peut jamais atteindre la dose de 2 décigrammes, laquelle est trop faible pour produire des effets thérapeutiques appréciables. Faut-il s'étonner, alors, si l'iodoforme n'a pas donné jusqu'à ce jour de résultats curatifs manifestes à la suite de son emploi à l'intérieur.

Iodol.

Parmi les produits pyrogénés de la distillation des matières animales, on trouve un produit liquide dont l'odeur rappelle un peu celle du chloroforme, bouillant à 133°, auquel on donne le nom de *pyrrol*.

Le pyrrol a pour formule $C^4 H^5 Az$; on le considère comme le dérivé amidé d'un carbure $C^4 H^4$ appelé tétrol.

Le pyrrol chauffé avec de l'iodure de potassium en excès donne naissance, à de l'acide iodhydrique et à du *tétra iodo pyrrol* $C^4 I^4 Az H$ ou *iodol*.

L'iodol a été découvert à Rome, dans le laboratoire du Professeur Cannizaro, par MM. Silber et Ciamician. C'est une substance cristalline brune qui se colore à la lumière, parce qu'elle n'est pas complètement pure, presque insipide et d'une odeur faible rappelant un peu celle du thymol. A 100° l'iodol est encore fixe ; mais si l'on élève la température, il se décompose avec production de vapeurs d'iode, et il reste un charbon volumineux.

L'iodol est excessivement peu soluble dans l'eau (1 p. pour 5000), mais très soluble dans l'alcool absolu (1 p. pour 3) ; il est également soluble dans l'éther, le chloroforme, l'acide phénique ; il cristallise dans ce dernier, par refroidissement, en aiguilles. La solution alcoolique additionnée d'eau laisse déposer l'iodol, elle supporte une addition de glycérine à parties égales sans se troubler ; enfin, l'iodol se dissout dans l'huile d'olive dans la proportion de 15 pour 100.

L'iodol renferme 90 pour 100 de son poids d'iode. Les premiers médecins qui l'ont expérimenté l'ont trouvé supérieur comme antiseptique, à l'iodoforme dont il n'a pas l'odeur désagréable, ni les propriétés toxiques. Il a été surtout employé comme antiseptique externe en France, soit en poudre ou en solution sur les plaies.

Tout porte à croire qu'il exerce son action antiseptique par une petite quantité d'iode qui est facilement mise en liberté par l'action combinée de la température du corps et des sécrétions des plaies.

Comme médicament interne l'iodol a été expérimenté surtout à l'étranger. Les effets généraux qu'il produit sur l'organisme prouvent bien qu'il est décomposé partiellement, qu'une petite quantité d'iode est mis en liberté et c'est ce métalloïde qui exerce son action spéciale sur l'économie. Employé chez les enfants à la dose de 0 gr. 50 à 1 gr. 50 par jour et chez les adultes entre 1 gr. et 3 gr., il a toujours été bien supporté en général, ne provoquant aucun trouble du côté de l'appareil gastro-intestinal : l'appétit est augmenté.

Le Dr Dante Cervesato a étudié l'action de l'iodol dans toutes les formes de la scrofulose. Il agit rapidement contre les formes torpides, les tumeurs périphériques et profondes des ganglions bronchiaux et mésentériques. Contre les affections scrofuleuses des muqueuses nasales et pharyngiennes, dans les otites purulentes son action est plus lente. Après 3 mois de traitement, son action n'a pas paru bien marquée sur

les dermatoses scrofuleuses, ni sur les affections osseuses.

Dans la tuberculose et autres maladies broncho-pul-
monaires, l'iodol a été employé à l'intérieur et en inhalations, suspendu à l'état de précipité impalpable par
l'eau sur la dissolution alcoolique (0,50 d'iodol pour 15
gr. d'émulsion glycérinée). Cette médication a donné
d'excellents résultats dans les laryngites catarrhales
aiguës et chroniques, les bronchites, les tuberculoses
laryngees primitives ; mais dans les cas de tuberculose
avancée son action a été nulle.

La guérison d'ulcères gommeux syphilitiques du
pharynx, du palais et du voile du palais a été obtenue
en 2 mois et demi environ par l'usage simultané de
l'iodol à l'intérieur et en badigeonnages. A l'intérieur,
il était administré à la dose de 2 à 3 grammes ; en badigeonnages on a employé une partie d'iodol dissoute
dans 16 parties d'alcool et 34 de glycérine.

Les doses relativement élevées auxquelles l'iodol a
été administré, aussi bien chez les enfants que chez les
adultes, rapprochées des effets généraux obtenus, démontrent bien que c'est comme agent iodique qu'il a
agi ; mais qu'une très faible quantité seulement du
métalloïde était mise en liberté. On peut donc dire, dès
à présent, que c'est un agent iodique dont l'action est
faible et l'emploi dispendieux.

Nous pourrions citer encore divers composés organiques iodés tels que l'*aristol* (diiodothymol), l'*airol*
(oxyiodogallate de bismuth), etc., aucun travail bien
sérieux ne les a imposés jusqu'à ce jour à notre attention.

Composés iodés organiques instables.

Iodure d'amidon.

L'iodure d'amidon a été découvert par Gaultier de
Claubry et Collin. Si, à 10 parties d'amidon que l'on
hydrate, c'est-à-dire que l'on transforme en empois au
moyen de l'eau bouillante, on ajoute un gramme d'iode

5

dissous dans l'alcool, on obtient un corps d'un bleu intense qui est l'iodure d'amidon. En soumettant cette
masse à une digestion de plusieurs heures dans un
ballon fermé, la dissolution s'opère et on obtient un liquide bleu.

Un certain nombre d'auteurs considèrent l'iodure
d'amidon comme une simple association de l'iode à
l'amidon à la façon des laques ; d'autres, avec Payen,
le considèrent comme une combinaison définie dans la
proportion de 10 atomes d'amidon pour 1 d'iode. Nous
rappellerons, en passant, qu'il suffit d'une très faible
quantité d'iode pour donner à une forte proportion
d'empois d'amidon une coloration bleu intense.

La question débattue, à savoir si l'iodure d'amidon
est une combinaison ou une laque, a donné lieu à un
grand nombre de recherches et d'expériences curieu-
ses parfois. Aussi, pour toute personne qui cherche la
vérité sans parti pris, on est amené à conclure qu'une
part de vérité se trouve dans chacune des deux opinions opposées ; c'est-à-dire que, dans l'iodure d'amidon l'iode se trouve sous deux états différents : à l'état
de combinaison substituée dans laquelle une partie
d'hydrogène est remplacée par de l'iode et à l'état de
laque iodée dans laquelle l'iode n'est que très faiblement retenu. Ainsi, sous l'influence de la chaleur seule,
l'iode à l'état de laque peut être volatilisé et la combinaison devient incolore ; elle reprend la coloration
bleue par le refroidissement, s'il reste seulement quelques traces d'iode soit dans le liquide, soit sur les parois du vase dans lequel s'est faite l'expérience, autrement, elle reste blanche et l'on a l'iodure d'amidon
blanc.

Dans l'iodure bleu d'amidon, la plus grande partie de
l'iode peut être enlevée par ses dissolvants ordinaires
tels que l'éther, le chloroforme, la benzine, etc., ou
même simplement par l'insufflation de l'air dans la
masse liquide légèrement chauffée. Cette expérience
démontre bien que la plus grande partie de l'iode est
libre dans l'iodure d'amidon bleu.

Ce composé iodé a été expérimenté en médecine par

le Dr Buchanan, de Glascow, en 1837. Il faisait mélanger un gramme d'iode dissous dans l'alcool à 30 gr. d'amidon en poudre et laissait sécher. Cette poudre, que l'on appelait iodure d'amidon insoluble était employée à la dose de 2 à 10 grammes par jour. On la faisait bouillir dans l'eau et l'on ingérait le liquide sous forme de tisane.

On a également préparé un sirop avec l'iodure d'amidon soluble ; on l'administrait à la dose de 30 à 100 grammes par jour.

Dans ces deux préparations l'iode libre pouvait exercer son action irritante sur l'appareil gastro-intestinal ; seulement elle se trouvait plus ou moins atténuée, momentanément, par l'empois d'amidon. L'iodure d'amidon n'a généralement pas été employé d'une manière prolongée ; il est complètement oublié aujourd'hui, ce qui semblerait indiquer que les praticiens n'en ont pas obtenu de résultats bien satisfaisants.

Combinaison iodo-tannique.

On sait, depuis longtemps, que l'iode a la propriété de former avec le tannin une combinaison dans laquelle il peut être complètement dissimulé à ses réactifs ordinaires. Il faut de 6 à 8 grammes de tannin ou d'un extrait très astringent comme le ratanhia pour intégrer complètement un gramme d'iode. Avec une quantité moindre, il reste une partie d'iode libre qui peut irriter l'appareil digestif. Nous ne connaissons pas la nature de la combinaison qui se forme en pareil cas ; mais il est certain que les propriétés astringentes des tannins n'ont pas disparu complètement. Or, ce fait a une grande importance.

Le tannin et une foule de matières astringentes similaires ont la propriété de resserrer lentement tous les tissus, de former un obstacle de plus en plus marqué à toutes les sécrétions physiologiques et autres ; ils les tannent, en d'autres termes. Quand on fait usage à l'intérieur d'un médicament astringent, on observe invariablement une diminution progressive de l'intensité des fonctions digestives stomacales, au point de les enrayer presque complètement si l'emploi en est suffisamment continué. Ces effets sont fréquemment observés à la suite de l'abus du vin de quinquina. Au commencement, l'appétit est augmenté et les fonctions digestives plus actives sous l'influence des alcaloïdes qui agissent comme excitants amers. Mais pendant ce temps, l'action astringente du rouge cinchonique s'exerce sur la muqueuse stomacale et arrive bientôt à contre-balancer l'effet stimulant des alcaloïdes ; puis elle la domine et les digestions sont devenues plus pénibles qu'auparavant.

Les combinaisons iodo-tanniques agissent exactement de la même manière. L'action stimulante de l'iode est d'abord prépondérante sur les fonctions digestives ; mais l'astringence tannique produit quand même ses effets. Si atténuée qu'on la suppose, elle amènera toujours l'apepsie stomacale au bout d'un temps plus ou moins long. Nous avons également observé tous ces inconvénients avec une association de l'iode à l'extrait de quinquina.

Dans le nouveau mode d'emploi de l'iode que nous préconisons, emploi qui peut durer plusieurs années quelquefois et toujours plusieurs mois au moins ; il est nécessaire, dans le choix d'une préparation iodée, de tenir un compte égal des effets immédiats et des effets lointains. Nous savons, pour l'avoir constaté trop souvent, que l'on n'a pas l'habitude de procéder ainsi : c'est pourquoi nous insistons sur ce point. Cela d'autant plus que tous les vins et sirops iodés en vogue appartiennent tous aux composés iodo-tanniques, extrêmement astringents. Nous n'hésitons pas à dire qu'ils doivent être écartés pour les traitements iodés à longue portée, même pour les tuberculoses. Chez ces malades on a beaucoup vanté le tannin contre les sueurs nocturnes et contre la diarrhée ; une expérimentation sérieuse, large et prolongée par de nombreux expérimentateurs, en a démontré l'inefficacité. Il n'y a donc aucune raison utile qui puisse justifier leur emploi.

Extractif iode.

Les principes immédiats végétaux mal définis qui se trouvent dans le produit complexe que l'on appelle extractif des plantes jouissent aussi de la propriété de se combiner à l'iode. Quelques-uns peuvent absorber une quantité d'iode bien plus élevée que la proportion de 1 à 6 que nous avons indiqué pour les combinaisons iodo-tanniques précédentes. Le vin, le cidre, le poiré contiennent également des principes qui peuvent se combiner avec l'iode et le dissimuler.

La famille des tannins est extrêmement vaste ; le plus grand nombre des plantes en renferment, constituant presque, chez chacune d'elles, une espèce particulière ; de sorte que l'on pourrait dire que la combinaison de l'iode avec les matières extractives est une combinaison iodotannique.

Au point de vue des applications thérapeutiques, nous devons ranger tous les tannins en deux classes : 1° ceux dont les propriétés tannantes sont énergiques ; ils tannent les membranes animales et coagulent toutes les matières albuminoïdes ; 2° ceux dont les propriétés tannantes sont extrêmement faibles ou nulles ; qui, par conséquent, sont sans action sur les matières animales et ne coagulent pas les albuminoïdes.

Tous les vins et sirops iodotanniques employés jusqu'alors sont préparés avec trois tannins appartenant à la première classe ; ce sont le tannin proprement dit, ou tanin de la galle de chêne, le tannin deratanhia (extrait) et le tanin du quinquina (acide cinchotannique). C'est leur action astringente et apeptique sur les muqueuses de l'appareil digestif qui doit les faire proscrire pour les médications de longue durée ; ce qui constitue la majorité des cas.

La matière extractive à laquelle nous avons donné la préférence, pour servir de base à notre composé iodé, est l'extrait des feuilles de noyer. Son tannin est sans action sur les matières animales. Notre choix n'a été fixé définitivement qu'après des expériences comparatives qui ont duré plusieurs mois. 1 centigrammes d'extrait de noyer sont suffisants pour dissimuler complètement 25 milligrammes d'iode. Les matières extractives iodées introduites dans l'organisme par l'appareil digestif s'y diffusent rapidement ; oxydables dans l'économie, la réaction du milieu (acide ou alcaline) est sans influence sur cette combustion. L'iode qui se trouve occlus est mis en liberté d'une manière continue par l'effet des oxydations successives et toujours en petite quantité à la fois ; son action sur l'organisme étant incessante, les effets, insensibles au début, apparaissent bientôt avec une énergie qui correspond aux doses et à la durée du traitement.

Chez une jeune fille qui prenait chaque jour une pilule renfermant 25 milligrammes d'iode, nous avons constaté la présence de l'iode dans l'urine dès le 3ᵉ jour.

Chez un malade très sensible à l'action de l'iodure de potassium, l'iode administré à dose progressive en augmentant de 5 centigrammes chaque semaine jusqu'à 80 centigrammes par jour, ne l'a pas incommodé un seul instant pendant un traitement ininterrompu de 3 mois à cette dose.

Actuellement, nous avons de nombreux malades qui ont suivi le traitement iodé pendant plusieurs années, sans avoir éprouvé aucune fatigue organique et parmi eux se trouvent des enfants de l'âge le plus tendre. Quelquefois, cependant, nous avons observé une éruption cutanée au début du traitement, ou une exagération de celles qui existaient, comme il arrive avec tous les autres agents iodés. Il est extrêmement rare que ces éruptions n'aient pas disparu en continuant le traitement, surtout en augmentant les doses quand elles étaient très faibles. Cet inconvénient est bien minime et bien négligeable, si on le compare à la grandeur des services que seules les préparations iodées peuvent rendre.

L'iode métalloïde en combinaison organique instable avec l'extractif des plantes ne contenant pas de tannin de la première classe est, jusqu'alors, la meilleure forme pharmaceutique qui, en supprimant son action irritante et apeptique dans l'appareil digestif, lui conserve toutes ses propriétés thérapeutiques et en font un agent d'une innocuité absolue.

CHAPITRE XIX.

Formes pharmaceutiques. Pilules et vin iodo-phosphatés du D𝗋 Foy.

Nécessité d'associer des phosphates à l'iode.

Dans un vieux formulaire du D𝗋 Foy, fondateur de notre maison et contemporain des Biet et des Lugol, nous avions trouvé, il y a 25 ans, un certain nombre de formules de préparations iodées, vins, sirops, etc. Nous avons, depuis cette époque, expérimenté un vin iodé comme succédané de l'huile de foie de morue, puisque, jusqu'à ces derniers temps, on n'a guère vu dans les préparations d'iode métalloïde qu'un succédané à ce corps gras. Il nous a certainement donné beaucoup de succès ; mais pas aussi constants qu'on pouvait l'espérer. Nous n'en trouvions pas la raison.

A la suite de nos travaux sur les phosphates, lorsque nous avons voulu contrôler nos conclusions par l'expérimentation thérapeutique, nous avons aussi rencontré un certain nombre d'insuccès, quoique l'état des malades indiquât nettement le besoin de phosphates. Nous avons pu constater que, c'était dans les anémies greffées sur des constitutions lymphatiques ou des états diathésiques que nos insuccès étaient à peu près constants ; c'est-à-dire dans les cas où l'iode est également indiqué par tous les ouvrages de thérapeutique. Faisant alors prendre ce vin iodé concurremment, tantôt avec les phosphates hématiques, tantôt avec d'autres, les succès ont été réguliers et rapides. Selon l'âge des sujets et les indications symptomatologiques, nous avons expérimenté successivement tous les phosphates physiologiques avec l'iode. Le phosphoglycérate de potasse est celui qui nous a donné les résultats les plus marqués dans tous les cas ; même dans ceux où le phosphate de chaux était indiqué, comme dans la période d'ossification chez les enfants par exemple. Il est facile de trouver l'explication de ces résultats. L'iode étant un stimulant vital et fonctionnel puissant de l'organisme, le système nerveux directeur et régulateur en subit les effets, qu'il transmet partout, et sa dépense se trouve augmentée de ce fait. Alors, si, on ne lui apporte pas en même temps son principe constituant spécial, le phosphoglycérate de potasse, pour remplacer celui désassimilé ; on le fatigue, on l'épuise et il cesse bientôt de répondre à l'impulsion qu'on provoque. D'autre part, le phosphoglycérate de potasse excédant peut, après décomposition, servir à former du phosphate de chaux pour les os ; tandis que le phosphate de chaux donné exclusivement ne peut pas servir à former du phosphoglycérate de potasse constituant nerveux.

Le Dr A. Robin a affirmé, sans donner de preuves, ce qui lui eût d'ailleurs été impossible, que c'est le phosphoglycérate de chaux qui est le phosphate essentiel du système nerveux, alors que les analyses de Bread, celles d'un grand nombre d'autres chimistes et les nôtres ont établi que c'est le sel de potasse qui est prédominant en quantité 40 fois plus considérable. D'ailleurs, l'expérimentation n'a pas confirmé son assertion, attendu que l'emploi du glycérophosphate de chaux dans le traitement des affections nerveuses a donné des résultats si peu marqués, qu'ils peuvent bien être considérés comme nuls. L'engouement que l'on a pour le phosphoglycérate de chaux ne repose donc sur aucune donnée scientifique sérieuse.

L'expérimentation nous a montré la nécessité d'associer à l'iode des phosphates physiologiques. Deux suffisent et répondent à tous les besoins de l'organisme : le phosphoglycérate de potasse constituant nerveux et le phosphate de fer constituant des globules, ce dernier à dose homœopathique de quelques milligrammes seulement. Nous donnerons le pourquoi de ces additions au chapitre de la nutrition altérée.

Vins et pilules iodo-phosphatés du Dr Foy. Sirop de Juglandine iodée.

Pour l'emploi thérapeutique de l'iode suivant notre méthode, nous avons adopté deux formes pharmaceutiques : le *vin iodo-phosphaté* et les *pilules iodo-phosphatées* qui sont destinées à être employées quelquefois isolément, mais le plus souvent simultanément, leur composition étant combinée de manière à se compléter l'une par l'autre. Nous avons conservé à ces deux préparations le nom du Dr Foy, sous lequel le vin est connu depuis de longues années, quoique nous ayons fait subir à sa composition une modification profonde, nous appuyant, en cela, sur les progrès de la science.

Vin iodo-phosphaté du Dr Foy. — Le vin est le seul véhicule qui nous permette de conserver indéfiniment en dissolution le glycéro-phosphate de potasse, sans qu'elle devienne le siège d'une abondante végétation de microphytes. Les vins de liqueurs ayant, par eux-mêmes, la propriété d'absorber une notable proportion d'iode, l'addition de matière extractive peut être réduite dans de larges proportions sans nuire à ses propriétés thérapeutiques. Notre vin iodo-phosphaté renferme 25 milligrammes d'iode et 10 centigrammes de glycéro-phosphate de potasse par cuillerée à potage. La dose maximum que nous conseillons pour les adultes est 4 cuillerées à potage qui renferment 40 centigr. de glycéro-phosphate de potasse, quantité suffisante pour l'organisme.

Ce vin iodo-phosphaté d'une saveur des plus agréables nous permet de faire prendre facilement l'iode aux plus jeunes enfants qui sont tributaires de cette médication. Avec la chaux contenue dans les aliments et les boissons, ce phosphate alcalin permet à l'enfant de fabriquer à pied-d'œuvre le phosphate chaux dont il a besoin. N'est-ce pas ainsi d'ailleurs que procède l'organisme pour s'approvisionner de phosphate de chaux insoluble dans les liquides physiologiques alcalins.

Pilules iodo-phosphatées du Dr Foy. — Afin de pouvoir augmenter la quantité d'iode sans recourir à des doses exagérées de vin, nous préparons des pilules dont chacune renferme 25 milligrammes d'iode combiné à 10 centigrammes d'extrait de noyer. Nous avons apporté tous nos soins à la confection de ces pilules de manière à ce qu'elles puissent se désagréger facilement dans les intestins ; malgré leur dureté apparente, elles se laissent facilement entamer par l'ongle. On n'a donc pas à craindre qu'elles puissent traverser l'appareil digestif sans être attaquées. Il est arrivé quelquefois que l'on a retrouvé les pilules paraissant intactes dans les garde-robes. On a constaté qu'il n'en restait, pour ainsi dire, que la carcasse composée de poudre absorbante de réglisse et que l'extractif iodé avait été complètement dissous et entrainé. Il ne faut donc pas s'inquiéter si l'on retrouve dans les déjections les pilules ayant conservé leur forme, le principe actif en a été enlevé.

Au cours de nos études expérimentales sur les applications de l'iode au traitement des maladies, nous avons constaté que dans tous les cas où son emploi est indiqué, les globules du sang n'offrent pas leur constitution normale et donnent aux malades un teint particulier.

Bien que cet état du sang ne soit pas une anémie véritable, nous avons constaté que l'addition à l'iode d'une très petite quantité de phosphate de fer qui est, d'après nos travaux, le phosphate constituant des globules du sang, donnait les plus heureux résultats. Considérant, d'autre part, que les tuberculeux étant les malades chez lesquels l'iode doit être pris à la dose la plus élevée ; que si les ferrugineux leur sont utiles, ils ont souvent pour effet de provoquer des hémoptysies ; tenant compte de ces indications, nous avons limité à quatre milligrammes par pilule la quantité de phosphate de fer. Alors, à la dose de 12 pilules par jour que nous faisons prendre à ces malades, la quantité de phosphate de fer ingéré n'excède pas cinq centigrammes par jour ; il ne faut pas oublier, en outre, que c'est au bout de deux mois seulement qu'ils arrivent à cette dose. Cette quantité de phosphate de fer, bien suffisante pour donner chez les tuberculeux les plus heureux résultats, n'a jamais provoqué d'hémoptysies, même chez les personnes qui y avaient été sujettes antérieurement.

Nous conseillons aussi l'iode comme régénérateur des mauvaises constitutions (rhumatismales, goutteuses, cancéreuses, etc.), comme adjuvant du phosphovinate d'or dans les maladies nerveuses graves. Dans ces différents cas, c'est le plus souvent à des hommes que nous devons appliquer les pilules iodées ; or, on considère que l'homme n'est jamais anémique ; qu'il n'a, par conséquent, nul besoin de phosphate de fer ; c'est encore là une grave erreur. Dans tous les cas d'altération constitutionnelle, tributaires de l'iode, les globules du sang, au même titre que les autres éléments cellulaires, ont perdu une partie de leur provision phosphatée. Si l'aspect anémique n'est pas perceptible chez l'homme, cela tient à son teint halé et bistré habituel qui masque la moindre coloration du sang ; cela ne prouve donc pas que cet état n'existe pas. Nous ajouterons, d'ailleurs, que nous avons des centaines de malades hommes qui, depuis plusieurs années, font usage des pilules iodo-phosphatées à la dose de 8 et 10 par jour et jamais un seul n'a été congestionné par les 3 ou 4 centigrammes de phosphate de fer que renfermaient ces pilules. Tous, au contraire, ont constaté un relèvement de l'énergie vitale très marqué et un accroissement remarquable des forces physiques.

Nous pouvons donc affirmer que, dans aucun cas, l'addition, aux pilules iodées, de phosphate de fer dans la proportion de 4 milligrammes par pilule n'a provoqué d'accidents, si légers qu'ils soient, chez aucun malade, homme ou femme.

Nous rappellerons ici que, dans le phosphate de fer, élément constituant et prédominant des globules sanguins, c'est l'acide phosphorique qui est le principe actif ; qu'il n'agit pas, par conséquent, comme les autres ferrugineux.

Sirop de Juglandine iodée.— Dans les cas d'athrepsie, de diarrhée infectieuse persistante chez les jeunes enfants, l'amaigrissement rapide qui se produit est la preuve irrécusable de l'altération nutritive histologique, due à l'intoxication d'origine intestinale. Or, la mortalité excessive qui frappe les enfants athrepsiques est surtout due à cette intoxication.

La cause des insuccès, si nombreux dans ces cas, tient à ce que les agents antidiarrhéiques, quels qu'ils soient, ne sont pas destructeurs des poisons formés ; que leur action est par conséquent incomplète, étant localisée à l'intestin.

Il est de la plus haute importance d'administrer simultanément de l'iode. Pour cela, nous préparons un sirop dans lequel l'iode est combiné à l'extrait de noyer. Il est dosé à 5 milligrammes d'iode par cuillerée à café. Il peut être ajouté au lait dont il n'altère pas sensiblement le goût. On commence par 2 cuillerées à café de ce sirop par jour ; tous les trois jours on augmente d'une cuillerée à café jusqu'à 5, selon l'âge de l'enfant.

OR

___

CHAPITRE XX.

L'Or et les Alchimistes (1) au Moyen-Age.

C'est une des grandes faiblesses intellectuelles de notre époque de vouloir juger les hommes et les choses du passé d'après les idées d'aujourd'hui que demain effacera. Lorsque nous envisageons la science dans l'antiquité nous sommes assez disposé à traiter avec un souverain mépris les théories anciennes qui, cependant, passionnaient nos pères. Bon nombre d'entre nous considèrent les alchimistes du Moyen-Age

(1) La chimie, en tant que science, est très ancienne ; elle se confond dans l'antiquité avec l'art d'extraire les métaux et de les adapter aux besoins de l'humanité. Son nom lui a été donné par les Grecs chez qui cet art a été transporté d'Egypte par Démocrite d'Abdère environ 500 ans avant J.-C. Lorsque, dans les premiers siècles de l'ère chrétienne, la civilisation Romaine eut disparu, à la suite des invasions successives des barbares, les sciences et les lettres disparurent d'Europe pour un temps. Les Egyptiens continuèrent à les cultiver avec succès et Alexandrie devint le centre et le foyer des Arts, des Sciences et des Lettres. L'Egypte tombait bientôt après entre les mains des Arabes ; mais ceux-ci, au lieu d'y introduire leurs connaissances, s'initièrent rapidement aux arts des vaincus et ils cultivèrent leurs sciences avec passion. Parmi celles-ci, ils considérèrent la chimie comme la science par excellence ; elle fut pour eux *l'alchimie*.

comme des fous ou des fripons ; c'est d'ailleurs l'opinion que l'on portait déjà sur eux à la fin du siècle dernier, ainsi que nous l'apprend Lémery. Rabelais, après avoir conduit Pentagruel et Panurge dans l'Ile de la Quinte-Essence, leur montre les adeptes s'occupant de travaux absurdes et ridicules comme de laver des briques, de tondre les ânes pour en avoir de la laine, de traire les boucs, de jeter des filets en l'air pour y prendre des écrevisses, de tirer des pets d'un âne mort pour les vendre à l'aune, etc. Toutes ces railleries ne pouvaient changer des convictions acquises, nourries et fortifiées pendant si longtemps. Aussi bien dans l'antiquité que de nos jours, est-ce que dans tout art, dans toute science, à côté des adeptes consciencieux, qu'ils soient ou non dans l'erreur, on n'a pas trouvé des charlatans ? Est-il juste de les englober dans une même formule de réprobation ?

Nous savons aujourd'hui, de source certaine, que le point de départ des théories alchimiques du Moyen-Age se trouve dans les travaux des prêtres Egyptiens de Thèbes et de Memphis, repris et développés par des magiciens alexandrins du IVe siècle de l'ère chrétienne. Elles furent introduites chez toutes les nations où les Arabes portaient le triomphe de leurs armes. Au VIIIe siècle elle pénétra avec eux en Espagne, qui devint, en peu d'années, le plus actif foyer des travaux alchimiques ; du IXe au XIe siècle, tandis que le monde entier était plongé dans la barbarie la plus profonde, l'Espagne conservait seule le précieux dépôt des sciences. Le petit nombre d'hommes éclairés disséminés en Europe allait chercher dans les écoles de Cordoue, de Murcie, de Séville, de Grenade et de Tolède la tradition des sciences libérales, et c'est ainsi que l'alchimie fut peu à peu répandue en Occident. Aussi, quand la domination arabe se trouva anéantie en Espagne, l'alchimie avait déjà conquis sur le sol de l'Occident une patrie nouvelle. Arnaud de Villeneuve, Raymond Lulle, Roger Bacon, etc., avaient puisé chez les Arabes le goût des travaux hermétiques. Les nombreux écrits de ces hommes célèbres, l'éclat de leur nom, la renommée de leur vie, répandirent promptement en Europe une science qui offrait à la passion des hommes un aliment facile. Au XVᵉ siècle l'alchimie était cultivée dans toute l'étendue du monde chrétien. Le XVIIIᵉ siècle vit l'apogée de son triomphe ; mais descendue alors des écrits et du laboratoire des savants dans l'ignorance et l'imagination du vulgaire, elle préparait sa ruine par l'excès de ses folies.

Les théories alchimiques prirent pour base un système d'idées qui a joui d'un crédit absolu dans la philosophie du Moyen-Age ; ils comparent la formation des métaux à la génération animale. « Les alchimistes, dit Boerhave, remarquent que tous les êtres créés doivent leur naissance à d'autres de la même espèce qui existaient avant eux ; que les plantes naissent d'autres plantes, les animaux d'autres animaux, les fossiles d'autres fossiles..., etc. » Pour former un métal de toutes pièces, il suffisait donc de découvrir la semence des métaux. On professait en outre, au sujet de la génération des substances métalliques, une idée qu'il importe de signaler. La formation des métaux vils, tels que le plomb, le cuivre, l'étain, était considérée comme un pur accident. La nature s'efforçant de donner à ses ouvrages le dernier degré de perfection, tendait constamment à produire de l'or, et la naissance des autres métaux n'était, selon les alchimistes, que le résultat d'un dérangement fortuit survenu dans la formation de ce corps. L'opinion relative à la génération des métaux établissait donc en principe le fait de la transmutation, mais, pour l'accomplir, il faut le concours d'une substance à laquelle on donne le nom de *pierre* ou *poudre philosophale*. Ce n'est qu'au XIᵉ siècle qu'il est clairement question de la pierre philosophale.

La propriété de guérir les maladies et de prolonger la durée de l'existence humaine a été accordée à la pierre philosophale par Artéphius vers le XIᵉ siècle également. Il a écrit un traité sur cette matière. Il est probable, suivant l'observation judicieuse de Boerhave, que cette croyance s'introduisit chez les alchimistes de l'Occident, parce que l'on prit à la lettre les expressions figurées et métaphoriques qu'affectionnent les auteurs orientaux. Lorsque Gebert dit, par exemple : « apporte-moi les six lépreux, que je les guérisse », il veut dire « apporte-moi les six métaux vils (1), que je les transforme en or ».Quoi qu'il en soit, cette seconde propriété attribuée à la pierre philosophale a ouvert une carrière nouvelle que les adeptes devaient dignement parcourir.

CHAPITRE XXI

Médecins et Alchimistes au Moyen-Age.

A partir du moment où l'on attribue à la pierre philosophale la propriété de guérir les maladies et de prolonger l'existence humaine, un curieux phénomène se produit : Les alchimistes se font recevoir médecins, tandis que des médecins se font alchimistes. Ajoutons que, dès lors, il se forme deux classes d'alchimistes : les uns poursuivant toujours le problème de la transmutation des métaux vils en or ; les autres cherchant les applications de la pierre philosophale à la guérison des maladies.

Raymond Lulle de Mayorque, d'abord alchimiste, se fit recevoir médecin. Disciple d'Arnauld de Villeneuve, il est un des premiers auteurs qui ont écrit sur le Remède Universel pour toutes les maladies du corps humain et sur la Pierre philosophale, dans son traité de la *Quinte-Essence.*

Basile Valentin, moine alchimiste était aussi médecin.

Paracelse exerça, dit-on, d'abord la médecine sans beaucoup de succès ; il se fit ensuite alchimiste. Ayant

(1) Les anciens ne connaissaient que 7 métaux : l'or, l'argent, le cuivre, l'antimoine, le plomb, l'étain et le fer. Le mercure était connu, mais n'était pas considéré comme un métal pur.

eu, dit Boerhave, le bonheur de rencontrer et d'étudier sous tous les grands maîtres de son temps dans la philosophie des adeptes, il acquit ensuite une grande réputation que de nombreux voyages dans tous les pays d'Europe contribuèrent à étendre.

Van Helmont, médecin et professeur à Louvain, remarquant l'insuffisance des remèdes qu'on prescrivait dans les écoles, abandonna la médecine et s'adonna à la chymie. Il éprouva dans sa personne, dit son historien, combien la méthode que suivaient les docteurs scolastiques, dans les cures qu'ils entreprenaient était peu sûre ; ayant mis les gants d'une personne qui avait la gale, il contracta cette maladie contre laquelle tous les remèdes qu'on lui prescrivit échouèrent. Il n'en fut guéri que par le soufre des alchimistes. Il ne reprit la médecine que lorsqu'il eut découvert quelques remèdes chimiques capables de guérir certaines maladies.

Boerhave nous donne la raison du succès des alchimistes comme médecins : « Dans ce tems, la médecine ne consistait presque que dans de subtiles fixions des Ecoles et dans un jargon vuide de sens ; elle était déjà devenue depuis longtems entièrement Galénique et soumise uniquement à la médecine des Arabes. Ainsi, n'employant que la saignée, la purgation et un petit nombre de remèdes qui avaient quelqu'efficace, elle fut hors d'état de domter les maladies vénériennes qui commençaient alors à faire beaucoup de ravages, et elle fut obligée, par là, de céder aux remèdes violens que fournissait la chymie, ce qui augmenta les trophée de cette dernière science. Carpus en se servant du vif-argent l'emporta sur tous les scolastiques. Par là, la condition des anciens médecins semblait être réduite à un état très facheux. »

Vers cette époque aussi, une division bien nette s'opère ; à côté des alchimistes uniquement préoccupés de la transmutation des métaux en or, et jouissant plus ou moins de la faveur des rois dont les caisses sont trop fréquemment vides, nous trouvons une autre classe d'adeptes travaillant dans le demi-jour, à l'ombre des premiers. L'objet de leurs travaux est la découverte d'une médeciné universelle, d'un breuvage de vie, d'une panacée à tous les maux : « Guérir par la science tous les maux, tel est le secret de l'Alchimie », a dit un adepte du XVIe siècle.

CHAPITRE XXII.

L'Or, panacée universelle.

Nicolas Grosparmy, auteur du *Traictez de la Pierre*, manuscrit du XVIIe siècle, dit ceci : « Il se trouve une pierre de grande vertu (pierre philosophale), qui est dite pierre et qui n'est pas pierre ; elle est minérale, végétale et animale, et se trouve en tous lieux, en toutes personnes.

« La pierre proprement dite n'est qu'une quinte essence très pure, qui abonde plus en l'or qu'en autre chose. L'or vulgaire est mort et n'est que terre, dans laquelle pourtant est caché l'or des philosophes, qui est la dite quinte essence, qui est la vie et l'âme de l'or vulgaire. » (Manuscrit de la bibliothèque de Rennes.)

« La quinte essence n'est autre chose que la vertu de la nature, extraite de manière à ce que tous ses principes soient réduits en un mélange tempéré, dans lequel on ne trouve plus rien de contraire, rien de corruptible ». (Paracelse.)

« Cette pure essence est triple : animale, végétale et minérale. Dans les animaux elle est très subtile et conséquemment volatile, combustible et destructible ; dans les végétaux, elle réunit les mêmes attributs et elle est, de plus, corruptible ; mais, dans les minéraux et surtout dans les métaux parfaits elle est fixe et incorruptible. » (Un médecin de Louis XIV.)

Telles sont, en quelques mots, les légendes qui ont conduit à l'emploi de l'or comme médicament, et servi de guide à la préparation de l'or potable et des élixirs de vie.

On a dit qu'il se mêlait des sortilèges à ces préparations d'or potable ? D'abord, chaque adepte jaloux du secret de sa composition et de son mode opératoire, s'enfermait avec le plus grand soin pour accomplir son opération, laquelle durait plusieurs jours. Ensuite, la divulgation de ces secrets entraînait la damnation éternelle, ni plus ni moins. Voici, en effet, la recommandation qu'adresse Nicolas Grosparmy, déjà cité, à son fils :

« Te défendons, sous peine d'anathématisement et malédiction divine, que ce secret ne veuilles révéler à nul homme vivant, ainsi comme a nous a été en charge de qui nous le tenons... Si vous laissez par négligence tomber ces écrits, des mains des méchants, malheur sur vous viendra et à mon grand péril, j'en répondrai devant le juge souverain. »

Il ressort de la lecture des livres et manuscrits alchimiques que l'on a employé des préparations d'or fort diverses. Un auteur prescrit son or potable à la dose d'un grain de moutarde ; quelques autres vont jusqu'à un gros, et enfin, un médecin permet une once par jour, mais en recommandant, pendant ce temps, de boire peu de vin. D'autre part nous voyons un autre médecin, Herman, qui considère certaines préparations d'or potable comme dangereuses, parce qu'elles contiennent des menstrues corrosives ; mais il reconnaît l'utilité de l'or convenablement préparé et administré à doses prudentes.

La dissolution de l'or dans l'eau régale servait de base ou de point de départ à presque tous les *ors potables* et *élixirs de vie*. Selon que l'on avait plus ou moins évaporé la dissolution d'or, il restait peu ou beaucoup des acides en excès qui donnaient aux préparations des propriétés corrosives plus ou moins accentuées et nuisibles.

Chaque préparateur de ces remèdes ayant sa formule et son mode opératoire, il en résultait des produits offrant la composition la plus variable ; les uns renfermaient de l'or dissous à l'état de chlorure ; dans d'autres il était réduit à l'état métallique et pulvérulent ; les uns en contenaient peu ; d'autres beaucoup et d'autres, enfin, pas une trace.

Au siècle dernier, l'*Or potable de Mlle Grimaldi* était, pour ainsi dire, la préparation officielle ; elle était inscrite au formulaire de l'Académie de Médecine de cette époque. Pour l'obtenir, on agitait une solution de chlorure d'or avec de l'huile essentielle de romarin, jusqu'à complète décoloration du liquide aqueux ; l'huile surnageante décantée était additionnée d'esprit de vin. Il fallait la conserver dans des flacons colorés et dans l'obscurité.

L'*Or potable d'Helvétius*, qui jouissait également d'une certaine célébrité, se préparait comme la liqueur de Mlle Grimaldi ; seulement, on l'exposait au soleil. L'or réduit à l'état métallique se précipitait rapidement. On agitait le liquide avant d'en faire usage. Avec cette préparation, on administrait donc de l'or métallique en poudre qui, comme bien on pense, était beaucoup moins actif que l'or de Grimaldi. Si on négligeait de l'agiter, on n'ingérait alors aucune trace d'or.

Les *Gouttes d'or du général Lamotte* jouissaient, sous Louis XV, d'une telle réputation contre la goutte qu'elles se sont vendues jusqu'à un louis la goutte.

Enfin, nous citerons l'*Or des pauvres de Zapata*, qui était une simple dissolution de sucre dans l'eau-de-vie et colorée en jaune. Elle ne contenait donc aucune trace d'or et il n'en était jamais intervenu dans sa préparation.

Il nous a été communiqué une recette d'élixir vital que son possesseur considère sinon comme identique, du moins comme très rapprochée de l'élixir de Cagliostro. On sait que ce personnage, sous les différents noms de comte de Saint-Germain, d'Acharat, s'était acquis, dans la seconde moitié du siècle dernier, une réputation extraordinaire dans tous les pays qu'il a parcourus, par ses cures au moyen de l'élixir qu'il préparait en secret dans son laboratoire. Il est composé d'or, d'huiles essentielles d'alcool et d'une notable proportion d'acide phosphorique.

Nous avons vu, précédemment, que pour les alchimistes, le secret du Grand Œuvre consistait à extraire le principe de vie répandu dans toute la nature, à l'emprunter aux trois règnes et ensuite à le fixer sur une seule essence.

Or, la légende suivante accompagnait la formule de l'élixir dit de Cagliostro : L'or étant le métal le plus parfait, il représente la perfection vitale dans les minéraux.

Le phosphore retiré d'abord des urines, puis des os, que tous les tissus renferment et surtout le cerveau, constitue l'essence vitale du règne animal, principalement, quand il est combiné avec le feu et la lumière. (Pour nous, aujourd'hui, la combinaison du phosphore avec le feu et la lumière, le phosphore brûlé, c'est l'acide phosphorique.)

Enfin, l'essence de vie chez les végétaux est représentée par les parfums, les huiles essentielles, dont le caractère est la volatilité.

L'or n'a guère commencé à être employé en médecine que par les Arabes. Dioscoride et Avicenne l'administraient à l'état de métal pulvérisé. Paracelse l'unissait au sublimé comme une panacée universelle qu'il nommait *calcinatio et solutio solis*. C'est surtout pendant les XVe et XVIe siècles qu'il en a été largement fait usage. On le trouve classé dans tous les ouvrages de thérapeutique jusques au milieu du siècle dernier. Il n'est pour ainsi dire pas un livre de médecine qui n'en parle avec une sorte de respect et d'admiration ; les guérisons opérées sont racontées avec de tels détails et d'une manière tellement authentique, qu'il est impossible de douter. Ecoutez, par exemple, le comte Pic de la Mirandole :

« Il est bien prouvé qu'Antoine, notre chirurgien, il y a quelques années, a guéri en peu de jours une dame d'Imola qui se mourait de la poitrine et l'a rendue à sa première santé, seulement avec l'or potable. »

La gravité du caractère de Pic de la Mirandole, son rang élevé, sa position même comme savant le plus éclairé de son temps, ne laissent pas de doute possible.

Hermès a dit : Si tu prends de notre élixir gros

comme un grain de moutarde pendant sept jours de
suite, tes cheveux blancs tomberont et de noirs les
remplaceront, et tu deviendras jeune et robuste.

Il paraît aussi, qu'à l'époque de la naissance, l'or
n'était pas seulement employé comme *médicament*,
mais comme un moyen puissant de développer les forces vitales et qu'on le donnait même aux enfants. Ecou-
tons une anecdote de Brantôme : (1) « J'ai ouy conter à
feu madame la Seneschalle de Poitou sa mère que lorsqu'il fut tiré de nourrice on lui faisait mêler à tous
ses mangers et boires de la poudre *d'or*, *d'acier* et *de fer*
pour le bien fortifier ; remède souverain qu'un grand
médecin de Naples lui apprit quand il y fust avec le
roy Charles VIII. Ce qu'il lui continua si bien jusqu'en
l'âge de douze ans, qu'il le rendit aussi fort et robuste,
jusques à prendre un taureau par les cornes et l'ar-
rester en sa furie ; il n'y avait homme tant fort qu'il
fust qu'il ne portast par terre... Bien était il brunet ;
mais le teint fort beau, délicat et fort aimable ; et pour
ce, en son temps, fut-il bien voulu et aymé de deux
très grandes dames de par le monde que je ne dis...»

Les alchimistes cherchaient un moyen de prolonger
la vie en débarrassant l'économie d'une foule de malaises qui augmentent avec les années ; ils appelaient
cela la régénération des vieillards. Or, voici la définition que donne un adepte de la régénération des vieillards. (Grasseus. *Praxis chimica.*)

« J'appellerai régénération un nouvel état de l'esprit et du tempérament... Car le corps, qui auparavant était paresseux, lourd, impur, infirme, impuissant,
devient par la régénération semblable à l'âme et à
l'esprit.»

Nous citerons ici un fait de guérison authentique
qui fit grand bruit sous le règne de Louis XV, parce
qu'il s'agissait d'un Prince (2). Le Maréchal de Sou-
bise était gravement malade ; les médecins le trouvaient complètement épuisé et considéraient sa situa-

(1) Vie des Hommes illustres, t. III, p. 430.
(2) Louis Figuier (l'*Alchimie*).

tion comme désespérée ; ils croyaient à une fin très prochaine. En présence de cet arrêt rendu par la science, le Prince de Rohan, archevêque de Paris, son parent, manifesta l'intention de faire venir Cagliostro qu'il avait connu pendant son séjour à Strasbourg. Cette idée étant agréée par la famille, Cagliostro s'enferma avec le malade pendant plusieurs heures ; que lui fit-il ? On suppose qu'il le magnétisa, comme on disait à cette époque, (aujourd'hui nous appellerions cela une séance d'hypnotisme) ; et, comme par ce traitement, il était probablement surexcité, il lui fit prendre 10 gouttes de sa liqueur d'or potable ; le lendemain 5 gouttes seulement ; le 3ᵉ jour il demanda à manger et prit avec plaisir une aile de poulet. Au bout de 8 jours, il sortit dans les rues de Paris et l'on cria au miracle.

A l'époque de l'intrigue amoureuse de Louis XIV avec la belle Olympe Mancini, le médecin Vallot avait ordonné à son illustre client des tablettes dans lesquelles entraient de l'or et des perles. En 1663 il lui conseilla une *Eau Admirable* composée de vitriol de fer et d'or. C'est le moment où Molière fait représenter le *Médecin malgré lui* et met dans la bouche de Sganarelle cette phrase qui nous fait bien connaître les idées thérapeutiques de l'époque : « Oui, c'est un fromage préparé ou il entre de l'or, du corail, des perles et quantité d'autres choses précieuses.... »

Le vieillard qui nous communiqua la formule de l'élixir dit de Cagliostro racontait que, depuis sa tendre jeunesse, il avait toujours eu une santé extrêmement délicate, mais qu'elle était devenue meilleure qu'elle n'avait jamais été à 60 ans ; qu'il accomplissait des travaux qu'il n'aurait jamais pu exécuter auparavant, parce que depuis 10 ans il avait pris régulièrement chaque jour 10 gouttes de son élixir d'or potable.

La prétention qu'affichaient les alchimistes de modifier, au moyen de l'or potable, la machine humaine, d'exalter toutes ses facultés, de guérir tous ses maux et de prolonger l'existence était-elle si absurde qu'elle

le paraît ? Analysons les faits et nous conclurons ensuite.

Mettons de côté toutes les idées plus ou moins baro-
ques qui avaient présidé à l'emploi de l'or potable en
médecine par les alchimistes ; laissons également leurs
explications que nous qualifions de saugrenues et disons seulement qu'indépendamment de ces absurdités
théoriques et explicatives ils devaient s'appuyer sur
des faits observés ; cela paraît incontestable. Or, ju-
geons ces résultats probables selon l'état de nos connaissances actuelles.

L'or exerce sur le système nerveux une action excitante très puissante, c'est indiscutable. Toute stimulation nerveuse prolongée se transmet secondairement
à tous les départements organiques, c'est-à-dire aux
éléments anatomiques qui les constituent. Il y a donc,
du fait de cette excitation, augmentation de la vitalité ;
il se trouve que l'on corrige l'abaissement vital produit par les états diathésiques. L'or a été aussi employé
comme antisyphilitique avec un certain succès ; bien
que ses propriétés antimicrobiennes soient quatre fois
moins fortes que celles du sublimé corrosif, elles sont
très puissantes encore, cependant, et égales à celles
de l'iode ; par cette autre propriété, il peut donc agir
encore comme antidiathésique réel, améliorer les constitutions et faire disparaître une foule de malaises dépendant de ces états. Il n'est donc pas déraisonnable
de croire que des individus qui ont fait un usage prolongé d'une bonne préparation d'or potable ont pu
jouir d'une excellente santé dans leur vieillesse et, par
là, obtenir une prolongation de l'existence.

Ainsi, à part l'exagération qui n'est pas l'apanage
exclusif du passé, les assertions des alchimistes s'ac-
complissaient partiellement. Elles n'étaient donc pas
aussi folles que nous avons l'habitude de les qualifier
aujourd'hui.

Indépendamment de ces préparations dites Or potable, et Elixir de vie, l'or avait été aussi employé sous
un certain nombre d'autres formes. Ficinus, en 1529,
recommandait l'or métallique porté en amulette pour

égayer les mélancoliques et comme préservatif de la lèpre. Selon Avicenne, il corrige, mis dans la bouche, la mauvaise odeur de l'haleine, etc. Les feuilles d'or réduites en poudre entraient dans la composition de la *poudre de bezoard de Sennert*, la *poudre épileptique de Guttète*, la *poudre de Perles rafraichissantes*, la *poudre de Joie*, la *poudre Pannonique de Charas*.

L'or fulminant (oxyde obtenu en précipitant par l'ammoniaque le chlorure) sous le nom équivoque de *Crocus auri* était indiqué dans les anciennes matières médicales comme un utile diaphorétique. Croll, Hartmann, Rolfincius l'employaient contre les fièvres et les maladies nerveuses, etc. Il entrait dans le *Baume d'or* de la pharmacopée Batave ; dans les *Pilules solaires* de la pharmacopée de Vienne, etc.

Lalouette vantait contre les scrofules deux *foies de soufre solaires*.

L'or a été aussi associé à d'autres agents également actifs, par eux-mêmes. J. Colle (1621) préconisait un mélange d'or divisé et de calomel ou de mercure métallique. L'*aurum vitæ* que Campi employa contre la peste et la syphilis, la ladrerie, l'hydropisie était un mélange de même genre. Horstius (1628) employait l'*or diaphorétique* contre la syphilis (mélange d'or pulvérisé et d'oxyde blanc d'antimoine). Uçay disait ne pouvoir trop vanter contre cette maladie un or mercuriel formé d'or en poudre et d'oxyde rouge de mercure, etc.

A la fin du siècle dernier l'alchimie disparut pour faire place à la chimie. Toutes les préparations d'or tombées entre les mains du charlatan et exploitées par eux étaient abandonnées par les médecins, parce que la plupart du temps elles n'en contenaient plus trace ; aussi affirmaient-ils, pour la plupart, que l'or est sans action et que les vertus qu'on lui avait attribuées étaient dues aux substances actives auxquelles on l'avait associé.

Buffon, qui vivait à l'époque du déclin de l'emploi de l'or et qui avait dû être témoin des effets incontestables des bonnes préparations d'or, dit ceci : S'il ne

6

mérite pas tout le bien qu'en disent ses partisans, il mérite encore moins le mal que colportent ses détracteurs.

Linnée résumait les propriétés et les usages de l'or dans ces quatre mots : *Vis politica, usus œconomicus*.

CHAPITRE XXIII.

Recherches et observations sur les préparations d'or par les Drs Chrestien, Niel Legrand, etc., 1810 à 1840.

Malgré le discrédit absolu dans lequel étaient tombées les préparations d'or ; le Dr Chrestien de Montpellier rappela de nouveau sur elles l'attention des médecins vers 1810 et en vanta l'efficacité contre la syphilis, les scrofules, les dartres, le cancer, etc.

La première forme sous laquelle il employa ce métal est celle de poudre, c'est-à-dire d'or pur limé très fin. En friction sur la langue à la dose d'un grain d'abord, puis de deux et enfin de deux et demi il avait guéri une syphilis des plus rebelles. Dans d'autres cas, il constata que quatre grains de poudre d'or produisaient tantôt d'abondantes évacuations alvines et quelquefois de grandes sueurs. Le Dr Percy, de l'Académie des Sciences, chargé avec le Baron Thénard de contrôler ces expériences, constata l'exactitude des faits signalés par Chrestien. Nous insistons sur ce détail qui paraît insignifiant parce qu'il est en opposition complète avec une opinion qui a encore cours dans la Science. En effet, nous trouvons dans tous les ouvrages que l'or n'est soluble que dans l'eau régale ; or, le résultat thérapeutique précédent démontre le contraire, c'est-à-dire que l'or peut très bien être dissous par plusieurs acides réunis de l'économie, parmi lesquels on peut tout au plus citer l'acide chlorhydrique comme acide minéral énergique, alors qu'il est insoluble dans chacun d'eux séparément.

Il employa également l'oxyde d'or précipité par la potasse et celui précipité par l'étain (pourpre de Cassius) ; enfin il s'arrêta définitivement au chlorure d'or et de sodium.

L'oxyde d'or et le stannate (pourpre de Cassius) étaient généralement employés sous forme de pilules contenant 6 milligr. de composé aurique, la dose pouvait être élevée progressivement jusqu'à 10 par jour.

Le chlorure d'or et de sodium, que Chrestien appelle le chlorure Triple, d'abord mélangé à une poudre inerte, lycopode, poudre d'iris lavés à l'alcool ou poudre d'amidon, était ensuite employé en friction sur la langue et les gencives en quantité correspondante et à deux milligr. de sel d'or par jour ; on augmentait progressivement jusqu'à 25 milligrammes ; le Dr Niel a été jusqu'à 5 centigrammes. Indépendamment de la couleur violet foncé que prenaient la langue, les gencives et les dents, il se produisait quelquefois en raison de l'acidité constante du sel d'or, une irritabilité inflammatoire de la bouche souvent accompagnée d'excoriations qui obligeaient à suspendre fréquemment le traitement et s'opposaient à ce qu'il fût suivi assez longtemps, dans la plupart des cas. Malgré cela, les ouvrages du Dr Chrestien et celui de son élève le Dr Legrand, ne rapportent pas moins de 450 observations d'emploi des diverses préparations d'or.

Syphilis. — Dans le plus grand nombre des cas, le Dr Chrestien a employé l'or comme antisyphilitique. Les expériences récentes du Dr Miquel établissent que le chlorure d'or est microbicide dans la proportion d'un pour 4000 ; il n'y a donc pas lieu de s'étonner qu'il ait pu produire des guérisons de syphilis; mais comme, d'autre part, le sublimé corrosif a une propriété semblable, quatre fois plus forte, on comprend que l'or ait pu être ultérieurement remplacé par le mercure, pour le traitement des syphilis. Cependant l'action antisyphilitique de ces deux agents thérapeutiques n'est pas en tout point comparable. Indépendamment de cette propriété commune, mais de puissance inégale, chacun de ces deux produits exerce sur la vitalité une action diamétralement opposée : l'or est un excitant général de tous les phénomènes vitaux, tandis qu'au contraire, le mercure abaisse fortement la vitalité, ralentit la nutrition générale et amène rapidement un état anémique bien caractérisé. Or, en vertu de ces deux propriétés, qu'arrive-t-il ? Si l'on fait usage des préparations d'or au début de la syphilis, les manifestations pathologiques sont exagérées par suite de cette action excitante. Il y a donc à cette période de la maladie contre-indication des préparations d'or ; ce phénomène était bien indiqué par le Dr Chrestien et il recommandait de ne pas faire usage de l'or au début de la syphilis ; cette sage précaution n'a pas été observée par ses contradicteurs. Quand les accidents syphilitiques sont déjà anciens, la maladie ayant affaibli le sujet, la double action microbicide et excitante de l'or produit merveille. On ne doit donc pas être surpris de l'enthousiasme du Dr Chrestien et de ses élèves pour cette médication. Le mercure, au contraire, réussit très bien au début de la syphilis, parce qu'en même temps que son action microbicide, l'atténuation de la vitalité exerce une action analogue sur les manifestations morbides dont il diminue la durée et la violence. Plus tard, on substitue l'iodure de potassium au mercure ; or, il se trouve précisément que l'or et l'iode ont des propriétés semblables ; tous deux sont microbicides au même degré et tous deux également sont excitants de la vitalité générale.

Tous les médecins qui ont employé le chlorure d'or et de sodium avec les précautions indiquées par le Dr Chrestien, parmi lesquels nous citerons Fodéré à Strasbourg, Hufeland en Angleterre, Gozzi en Italie, Pascalis à New-York, etc., pour ne rappeler que les plus célèbres, ont obtenu des résultats identiques à ceux des médecins français Chrestien, Niel et Legrand. Le baron Percy, malgré son hostilité mal déguisée et le ton de persiflage de son rapport à l'Académie des sciences, est obligé de constater l'exactitude de toutes les assertions de Chrestien dont il se plaît à rappeler fréquemment la parfaite honorabilité scientifique, tout en plaisantant sur ce qu'il appelle *la doctrine chrestienne.*

L'emploi de l'or contre la syphilis a eu un nombre de détracteurs peut-être égal à celui des partisans. On a fait grand bruit des expériences négatives faites à l'hôpital des vénériens par Cullerier ; mais le Dr Legrand a démontré que ces expériences avaient été faites avec la plus grande négligence et que le sel d'or dont on s'était servi avait été antérieurement décomposé et réduit par la poudre inerte à laquelle il avait été mélangé. D'ailleurs, il est établi que les insuccès que l'on a opposés aux cures ont toujours été dus, tantôt aux mauvaises préparations, au mode d'emploi défectueux ou au moment mal choisi pour le traitement.

Scrofules. — Les mêmes auteurs ont encore employé avec succès les préparations d'or contre la scrofule et toutes ses manifestations cutanées, osseuses, etc. Dans des cas de rhumatismes, de tumeurs cancéreuses, de phtisie, de paralysies consécutives à la syphilis.

Nous empruntons au rapport de Percy le résultat des expériences de l'emploi de l'or chez les scrofuleux.

. . . . . « Sur douze autres individus au-dessous de l'âge de quinze ans, l'emploi alternatif et gradué des oxydes d'or et du muriate triple d'or et de soude a eu des résultats non moins considérables et variés. Chez tous il a produit plus de vivacité, plus de gaîté, une meilleure coloration de la peau, des digestions plus actives, plus de chaleur et de vivacité dans les ulcères dont plus d'un tiers est arrivé à une cicatrisation durable.

« Ce n'est pas là, nous le savons, une cicatrisation pleine et entière ; mais les écrouelles guérissent-elles radicalement en 6 mois ? Et quel est le remède qui eût pu, en si peu de temps, opérer une révolution aussi favorable ?

« Ces demi-succès nous ont prouvé, du moins, que le Dr Lalouette et ceux qui avant lui avaient conseillé l'usage de l'or dans les scrofules et les autres affections dites lymphatiques ne s'étaient pas autant trompés que l'ont prétendu les médecins qui ont fait disparaître l'or de la matière médicale où M. Chrestien a le louable dessein de le réhabiliter. »

Nous terminerons ce chapitre en donnant les conclusions de ce rapport :

. . . . . . « Il s'en faut bien que l'or et ses préparations aient l'inertie et l'impuissance dont les accusent plusieurs auteurs et praticiens modernes, d'ailleurs très recommandables.

« Ceux qui les ont loués, comme ceux qui les ont blâmés ne sont point, les uns et les autres fondés dans leur sentiment respectif, ne les ayant jugés que d'après les succès qu'ils en avaient obtenus ou d'après les revers qu'ils avaient à leur imputer ; manière toutefois fausse et dangereuse d'apprécier les choses, surtout quand la louange et le blâme sont portés trop loin et vont jusqu'à la prévention.

« Ces substances sont douées de propriétés médicamenteuses qu'on ne saurait révoquer en doute ; elles sont éminemment excitantes ; elles agissent évidemment sur l'économie et sur l'organisme, qu'elles y produisent des mouvements de perturbation faciles à constater et qu'elles provoquent des évacuations et des dépurations sensibles.

« Une observation plus approfondie des conditions de ce genre de médication, une observation plus attentive des phénomènes qui lui sont propres, une direction plus rationnelle de l'activité qui fait son essence et un renoncement plus franc aux préventions qui, de part et d'autre, ont le plus contribué à rendre problématique le mérite du remède, restitueront définitivement à l'art de guérir, un secours puissant qu'il n'a pu se décider encore à adopter, faute d'être suffisamment rassuré sur son utilité et sur son innocuité, l'une et l'autre en question et en litige depuis longtemps.

« Nous terminons en rendant à M. le Dr Chrestien, l'un des médecins les plus sages et les plus estimables de nos jours, toute la justice due à la persévérance de son zèle pour les progrès de la science ; nous l'invitons à donner à cet ami de l'humanité, déjà si honorablement connu dans son sein, les nouveaux témoignages de bienveillance et de satisfaction, qu'à notre avis il a en dernier lieu mérités de sa part. »

Signé : DESCHAMPS, THENARD, PERCY, *rapporteur*.

L'Académie approuve le rapport et en adopte les conclusions.

Certifié conforme à l'original.

Le Secrétaire perpétuel,
G. CUVIER.

Nous empruntons à *The Therapeutic Gazette* (sept. 1884) l'article suivant sur l'emploi du chlorure d'or et de sodium : Le professeur de thérapeutique de l'Université de Pensylvanie, Dr Bartholow, a constaté que ce médicament exerce une action remarquable sur la nutrition des tissus, dont il active les métamorphoses, en même temps qu'il agit favorablement sur la constitution du sang. Il signale notamment ses bons effets dans les scléroses rénale et hépatique et spécialement dans la sclérose des cordons postérieurs de la moelle. Employé avec assez de persistance au début de l'ataxie locomotrice, il a paru arrêter la marche de cette affection. Dans cette forme d'hypochondrie qui coïncide avec un début de processus dégénératif des vaisseaux cérébraux, l'auteur a observé d'excellents résultats. De même dans la débilité sexuelle, dans la dysménorrhée par menstruation insuffisante, dans la métrite chronique accompagnée de ces derniers symptômes, l'administration de ce médicament suffisamment prolongée a été suivie de très bons effets. L'auteur conclut que l'emploi des sels d'or mérite d'être étudié à nouveau et mieux que par le passé.

CHAPITRE XXIV.

Action physiologique et thérapeutique des préparations d'or.

Le Dr Miquel, qui a étudié la valeur microbicide d'un grand nombre de substances, a classé les sels solubles d'or parmi les plus puissants ; le chlorure d'or est antimicrobien dans la proportion d'1 pour 4000 ; son action est égale à celle de l'iode.

Indépendamment de cette action microbicide, l'or en possède encore une autre d'importance au moins égale : c'est celle de former avec tous les produits toxiques sécrétés par les microbes, ou engendrés par l'organisme, qu'ils soient de nature alcaloïdique ou albuminoïdique, des composés insolubles ; ce qui paralyse leur action vénéneuse et même la détruit.

Les préparations d'or, selon qu'elles sont insolubles ou dissoutes, exercent sur l'économie une action excitante générale plus ou moins intense, mais toujours bien nette, même quand on fait usage de corps insolubles.

Système nerveux. — C'est sur le système nerveux que l'or exerce l'action excitante la plus intense. Il est probable que l'exaltation fonctionnelle communiquée à tous les départements organiques dérive de l'action primordiale exercée sur l'appareil cérébro-spinal.

Les fonctions intellectuelles sont exaltées, les effets produits sont comparables à ceux que détermine une forte infusion de café.

Les organes génitaux reçoivent également l'action excitante des sels d'or ; les érections qui en résultent sont souvent gênantes, elles peuvent même être douloureuses, lorsque le canal est le siège d'une inflammation même excessivement légère.

L'action excitante produite par les préparations auriques n'est généralement pas douloureuse ; on constate cependant qu'elle peut le devenir chez les sujets fortement débilités et provoquer une fatigue excessive. Voici la raison de ce phénomène. L'analyse chimique des urines a démontré, depuis longtemps, que l'affaiblissement des individus se traduit toujours par une déphosphatisation plus ou moins profonde de l'organisme, phosphates qui constituent, comme nous l'avons prouvé ailleurs, la charpente minérale des éléments anatomiques et leur stimulant physiologique. Or, l'excitation aurique occasionnant une dépense supplémentaire que l'alimentation ne comble que d'une manière incomplète, c'est donc cette inanition partielle qui engendre la fatigue. L'analyse chimique nous indiquant que c'est l'acide phosphorique qu'il convient d'ajouter à l'or, nous nous sommes appliqué à préparer le *phosphovinate d'or*.

L'expérimentation déjà prolongée à laquelle nous avons soumis ce sel, nous a permis de constater que l'excitation produite par les sels d'or n'amène plus de fatigue, quand on fait usage du phosphovinate d'or. Quand on se trouve en présence de malades très affaiblis, il faut commencer par des doses très faibles de la préparation aurique ; et l'on augmente très lentement de manière que la reconstitution histologique puisse s'opérer en même temps que s'exerce la stimulation.

Nous nous sommes demandé si l'action excitante des préparations d'or sur le système nerveux ne serait pas due à la propriété qu'aurait ce métal de se condenser dans le cerveau, comme on l'a constaté déjà pour l'iode, pour le brome, pour le cuivre, etc. C'est une simple hypothèse que nous faisons, parce qu'il n'y a, jusqu'à ce jour, aucune expérience qui le démontre.

Appareil circulatoire. — L'action excitante des sels d'or se manifeste d'une manière très visible sur les vaisseaux sanguins, artères et veines et sur les vaisseaux lymphatiques. Ce sont de puissants emménagogues. Les expériences du Dr Souchier lui ont permis, sur plus de trente observations, de constater la supériorité des sels d'or sur tous les autres emménagogues pour rétablir la menstruation qui joue un rôle si important sur la santé des femmes.

Lorsqu'ils ont été employés d'une manière inconsidérée sur des femmes profondément débilitées par des affections graves, syphilitiques, scrofuleuses ou autres, on a pu provoquer parfois de véritables hémorrhagies. Ces effets n'ont jamais été observés avec le phosphovinate d'or. On constate souvent une plus grande abondance quotidienne du flux menstruel, mais il y a diminution sur la durée, ce qui établit une compensation.

Appareil digestif. — C'est toujours sur les organes de la digestion que se manifeste, en premier lieu, l'action excitante de l'or ; et cette action est toujours douce et bienfaisante quand elle est produite par des doses convenables. L'appétit augmente quelquefois d'une façon incroyable ; les fonctions digestives sont régularisées ; les malades éprouvent un bien-être indéfinissable ; *ils se sentent plus légers,* pour répéter leurs propres expressions.

Comme toutes les préparations qui exercent une action excitante sur l'estomac, les sels d'or doivent être pris peu de temps avant le repas ; autrement, ils provoquent quelquefois des douleurs dans cette région.

Action excitatrice de la fièvre. — On a reproché aux sels d'or de produire des mouvements fébriles, quelquefois même assez violents et fatigants. En voulant généraliser ces effets on a outrepassé la vérité. C'est toujours l'action excitatrice qui provoque ces phénomènes et l'expérimentation a démontré qu'ils sont toujours sans danger.

Par suite de la stimulation imprimée à l'organisme, il y a augmentation de la chaleur, un peu de fréquence dans le pouls ; mais il est extrêmement rare que ces accidents soient assez graves pour empêcher les malades de vaquer à leurs affaires. Tantôt ces premiers mouvements sont suivis de transpirations abondantes ou d'une augmentation du flux urinaire et des déjections alvines.

Comme nous l'avons déjà fait remarquer plusieurs fois, c'est toujours chez les individus profondément débilités que les phénomènes excitateurs amènent de la fatigue et produisent les réactions les plus violentes.

CHAPITRE XXV

Les propriétés physiologiques et thérapeutiques de l'or sont variables selon la forme de sa combinaison chimique. Chlorure. Bromure. Iodure. Arséniate. Phosphovinate.

Pour bien comprendre le but de cette étude, un ou deux exemples sont nécessaires.

Deux métaux, par le nombre de leurs combinaisons, la variété et la fréquence de leur emploi, jouent un grand rôle dans la thérapeutique moderne ; nous voulons parler du fer et du mercure. Or, quel que soit le genre de combinaison chimique sous lequel on administre un ferrugineux, en mettant de côté quelques propriétés secondaires comme l'astringence, la saveur styptique plus ou moins prononcée, etc., on retrouve toujours la propriété thérapeutique fondamentale du fer. Si c'est un sel mercuriel que l'on emploie, on fait la même constatation. Si, raisonnant par analogie, on croit qu'il en est de même pour les sels d'or, on commettra une grosse erreur.

Tous les sels d'or employés en médecine appartiennent à deux familles : Les composés haloïdes représentés par des chlorures, le bromure et l'iodure d'or ; des composés oxygénés de la famille de l'acide nitrique représentés par l'arséniate et le phosphovinate d'or.

Les deux grandes propriétés thérapeutiques de l'or sont, avons-nous dit, d'être très fortement antiseptique, et stimulant puissant de l'organisme, agissant primitivement sur le système nerveux.

Les trois corps métalloïdiques, chlore, brome et iode, qui appartiennent à la même famille chimique, jouissent de propriétés antiseptiques égales à celles de l'or ; cette propriété n'est donc pas modifiée. Mais ils diffèrent profondément entre eux, par d'autres propriétés physiologiques.

Le chlore est simplement antiseptique ; on ne lui connaît pas d'autres propriétés physiologiques personnelles, parce qu'il est gazeux et qu'il n'est pas employé sous cet état. Dans les chlorures d'or simples ou doubles toutes les propriétés de l'or restent donc intactes.

Le brome, antiseptique égal est un sédatif du système nerveux ; il produit cet effet en paralysant l'activité fonctionnelle des fibres sensitives. Dans le bromure d'or la propriété antiseptique subsiste intégralement ; mais il n'en est plus de même de l'action stimulante. L'élément or stimulant est combiné à l'élément paralysant brome ; il y a donc dans ce groupement chimique antagonisme de propriétés entre les deux composants. Par conséquent elle se détruisent mutuellement.

L'iode antiseptique égal aussi est un stimulant puissant de l'activité vitale de tous les éléments anatomiques et son action s'étend également sur tous les départements organiques. Dans l'iodure d'or les propriétés antiseptiques devraient être égales et l'action stimulante augmentée de celle de l'iode, malheureusement toutes ces propriétés se trouvent entravées et masquées par l'insolubilité de ce composé chimique.

L'acide arsénique et l'acide phosphorique appartiennent à la même famille chimique, mais leurs propriétés physiologiques sont bien différentes.

L'arséniate d'or a été introduit dans la thérapeutique il y a peu de temps. Dans ce composé chimique nous trouvons associé un poison violent, paralysant et destructeur de la vitalité histologique, l'acide arsénique à l'or stimulant. Les propriétés stimulantes de l'or sont donc non seulement détruites ; mais par cette association il devient un poison violent à dose extrêmement faible.

Considérons maintenant le *phosphovinate d'or* que nous préconisons. L'acide phosphovinique ou éther phosphorique acide qu'il renferme agit comme reconstituant des éléments anatomiques par l'acide phosphorique acide phosphorique qui fait partie intégrante de tous les tissus. Dans cette association, les propriétés de l'or ne sont pas masquées ; mais celles des deux composants sont associées en vue d'une action physiologique plus parfaite. Ainsi, par suite de l'action stimulante de l'or, l'activité vitale des cellules étant augmentée, la désassimilation phosphorique est plus grande ; mais alors elle se trouve compensée par l'apport de l'acide phosphorique auquel l'or est combiné.

De ce qui précède nous pouvons donc tirer les deux conclusions extrêmement importantes qui suivent :

1o Les différents sels d'or employés en médecine ne jouissent pas des mêmes propriétés physiologiques et thérapeutiques ;

2o Ils ne peuvent pas être employés indifféremment l'un pour l'autre.

CHAPITRE XXVI.

Phosphovinate d'or.

Nous avons déjà dit précédemment dans quelles circonstances nous avons été amené à préparer le phosphovinate d'or et à l'appliquer à la thérapeutique ; il est inutile d'y revenir ici.

Le phosphovinate d'or est une combinaison définie de l'acide phosphovinique, ou éther phosphorique acide avec l'oxyde d'or.

L'acide phosphorique étant un acide tribasique, c'est-à-dire capable de se combiner à trois équivalents de base et de former ainsi trois sels différents avec un même oxyde, il peut aussi former trois éthers phosphoriques différents qui pourront renfermer une, deux, ou trois molécules d'alcool. L'éther monoéthyl-phosphorique, qui ne renferme qu'un seul équivalent d'alcool, remplit encore les fonctions d'un acide et il est bibasique ; c'est pourquoi on lui donne le nom d'*acide phosphovinique*. Sa formule peut s'écrire de la façon suivante :

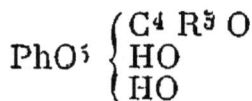

$$PhO^5 \begin{cases} C^4 R^5 O \\ HO \\ HO \end{cases}$$

– En combinant cet acide avec un équivalent d'oxyde d'or nous avons le *phosphovinate d'or* dont la composition est représentée par la formule suivante :

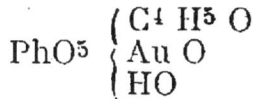

$$PhO^5 \begin{cases} C^4 H^5 O \\ Au O \\ HO \end{cases}$$

C'est une poudre d'un gris cendré pâle, insoluble dans l'eau pure et soluble dans un excès d'acide phosphovinique. Il renferme 65 pour 100 de son poids d'oxyde d'or.

Il est constant que les agents chimiques insolubles exercent une action thérapeutique moins énergique que les préparations solubles ; parce que pour agir ils doivent préalablement se dissoudre dans l'organisme. L'or n'échappe pas à cette règle générale. Il y a même sur ce sujet un fait qui mérite de fixer l'attention ; tous les ouvrages de chimie disent que l'or n'est soluble que dans l'eau régale. Il est certain cependant que l'or réduit en poudre très fine par la lime et administré sous cette forme exerce une action thérapeutique bien marquée sur l'organisme. On peut donc affirmer que l'or s'est solubilisé au moins partiellement, dans l'économie, quoiqu'il ne s'y rencontre pas d'eau régale.

En raison du prix élevé de l'or, on doit évidemment donner la préférence aux préparations solubles qui sont actives à plus faible dose. C'est aussi pour obéir à une autre raison de grande valeur que nous présentons le phosphovinate d'or en solution titrée. Dans le phosphovinate d'or pur, nous voyons que l'élément stimulant or est en quantité double de celle du principe reconstituant phosphorique ; or au point de vue des bons effets thérapeutiques à obtenir, c'est le contraire qui doit être. En conséquence, le phosphovinate d'or est solubilisé par un excès d'acide phosphovinique et les quantités sont calculées de manière que chaque gramme qui correspond à 40 gouttes renferme 5 milligrammes d'oxyde d'or et 10 centigrammes d'acide phosphorique à l'état éthéro-acide. Dans ces conditions, l'agent reconstituant est prépondérant sur l'agent stimulant.

Malgré cela, dans l'action sur l'organisme, c'est l'effet stimulant qui se manifeste d'abord, parce que nous pouvons le percevoir facilement ; tandis qu'il n'en est pas de même pour apprécier l'action reconstituante.

Le phosphovinate d'or se prend par gouttes. On commence généralement par 5 deux fois par jour dans un peu d'eau avant le repas. Chaque semaine on augmente de deux fois 5 gouttes par jour jusqu'à 40 ou 80 gouttes par jour selon la nature et la gravité de la maladie.

Contre-indication. — Notre phosphovinate d'or ayant une réaction franchement acide, il peut produire une vive irritation dans certains états inflammatoires de l'estomac, surtout ceux à forme ulcéreuse.

L'état de l'estomac qui se traduit par des aigreurs pendant la digestion n'est pas une contre-indication de l'emploi du phosphovinate d'or. Celui-ci étant pris avant le repas et la dyspepsie acide se manifestant 3 ou 4 heures après, on peut la combattre par les alcalins sans nuire à l'action du sel d'or.

CHAPITRE XXVII.

L'Or et l'Iode ne sont pas des altérants : Démonstration par la comparaison de leurs propriétés à celles du mercure et de l'arsenic.

Bouchardat et Trousseau ont donné le nom d'altérants à des agents thérapeutiques qui *dénaturent le sang et les humeurs diverses et les rendent moins propres à servir à la nutrition.* Voyons quels sont ceux de ces corps dont les propriétés répondent à cette définition.

MERCURE

Le mercure est aujourd'hui l'antimicrobien le plus énergique que nous possédions, lorsqu'il est en combinaison soluble. En raison de cette propriété, certainement, il est l'antisyphilitique le plus énergique et le plus employé au début de la maladie. Si nous examinons un individu syphilitique qui vient d'être soumis à un traitement mercuriel prolongé, on le trouve complètement anémié. Le visage, ainsi que toute la peau du corps sont complètement décolorés ; l'appétit a considérablement diminué, les digestions sont difficiles, le sommeil est irrégulier et le moral du sujet est profondément troublé. Chez les animaux que l'on a soumis expérimentalement à ce traitement, on observe que le sang a perdu ses qualités physiques ; les globules sont décolorés, déformés, aplatis, les contours sont irréguliers, ils sont visqueux ; le caillot formé par le sang est mou ; la fibrine est augmentée. Tous ces effets observés répondent bien à la définition qu'on a donnée des altérants.

ARSENIC

Deux espèces de composés arsenicaux sont employés en thérapeutique : l'acide arsénieux ou son composé salin, l'arsenite de potasse, base de la liqueur de Fowler, et divers arséniates. Tous les composés arsénicaux solubles sont des antiseptiques très faibles ; mais aussi des poisons redoutables. Ils agissent sur l'organisme en général de deux manières diamétralement opposées. Au début, il se manifeste une vive excitation générale qui trompe les observateurs superficiels ; puis, au bout d'un temps variable, selon la constitution des individus et la quantité d'agent ingéré, se produisent les phénomènes d'intoxication marqués par le collapsus avec crampes douloureuses et refroidissement des extrémités. Les différentes propriétés dont jouissent les composés arsénicaux expliquent très bien les effets opposés que produit leur emploi.

L'acide arsénieux employé en nature est un caustique escharotique. A dose faible il n'est plus qu'irritant ; enfin, à la dose, extrêmement minime, à laquelle il est employé à l'intérieur, son action sur l'appareil digestif est simplement excitante. Les arséniates jouissent aussi de cette dernière propriété. A la suite de cette action immédiate, les fonctions digestives se relèvent, l'appétit devient quelquefois considérable et les malades éprouvent un bien-être et une amélioration qu'ils se plaisent à faire remarquer. Mais pendant ce temps, d'autres phénomènes invisibles s'opèrent lentement et d'une manière progressive ; les arséniaux s'accumulent dans différents organes, parmi lesquels il convient de noter spécialement le système nerveux. Leur action toxique sur les éléments anatomiques s'accroît ; ils commencent par ralentir leurs fonctions nutritives qu'ils paralysent de plus en plus, jusqu'à amener la mort par stéatose.

Un certain nombre de communications sur la médication arsénicale, faites au Congrès de Berlin, démontrent l'exactitude de ces faits. Les Drs Laache, Stierlin, von Noorden, etc., ont vanté les bienfaits de cette médication dans le traitement de l'anémie pernicieuse. L'augmentation des globules rouges s'opère avec une rapidité extraordinaire ; on a même observé une augmentation de 210.000 globules par millimètre cube en un jour. L'observateur, le Dr Laache, a cependant fait observer que, même dans des cas de ce genre, la récidive peut survenir et entraîner la mort. Il nous semble que voici un correctif qui atténue singulièrement les merveilleuses propriétés premières. Le Dr Stierlin a observé que l'arsenic diminue le pouvoir colorant du sang chez les enfants et fait baisser le nombre des globules blancs. Il est difficile d'expliquer ces faits autrement que par une diminution du pouvoir nutritif des globules et de la fonction hémato-poiétique. Peut-on conclure alors de l'utilité de l'arsenic contre les leucémies ? Nous pourrions citer encore des communications dont les conclusions concordent avec celles-ci :

Le Dr Ritter, de la Faculté de Nancy, dans sa thèse de doctorat ès sciences, a étudié l'action de l'arsenic sur les animaux, Comme pour le mercure, il a démontré la désorganisation progressive des globules du sang ; la dégénérescence successive des éléments anatomiques des autres tissus, leur régression, leur remplacement par des dépôts adipeux ; enfin, un abondant dépôt adipeux dans les espaces intercellulaires.

Ainsi, comme premier effet de la médication arsénicale, nous observons une augmentation de la quantité d'aliments ingérés, un accroissement momentané du nombre des globules du sang qui paraît diminuer l'état anémique ; et à côté de cela une diminution des combustions organiques. De ce double effet résulte une accumulation de matières grasses dans tous les milieux organiques intercellulaires se traduisant par une augmentation de poids. Toute cette amélioration générale apparente fait croire à une reconstitution physiologique.

Puis, au bout d'un temps variable pour chaque personne et proportionnellement à la quantité de médicament ingéré, surviennent les manifestations produites par la saturation arsenicale ; c'est-à-dire les phénomènes d'intoxication. A l'excitation première des fonctions digestives succède un embarras gastrique, langue couverte d'enduit épais, nausées fréquentes, diarrhée. Les malades éprouvent une sensation de courbature générale, un affaiblissement musculaire pouvant aller jusqu'à la paralysie motrice avec abolition des mouvements réflexes ; dans tous les cas la marche est pénible et présente un caractère particulier. Le système nerveux présente des signes de névrite qui se traduisent par de l'engourdissement, des picotements dans les mains et les pieds, de la faiblesse musculaire des extrémités, des éruptions cutanées. Tous ces effets ont été fréquemment observés chez les intoxiqués d'Hyères et chez les victimes du Havre. En réalité, malgré les premiers effets produits, les résultats consécutifs dus à l'emploi des préparations arsénicales répondent bien à la définition donnée des médicaments altérants.

En résumé, les préparations arsenicales sont des poisons violents qui abaissent et paralysent progressivement, d'abord, toutes les fonctions vitales des éléments anatomiques ; puis les détruisent à mesure que leur usage se prolonge. L'amélioration qui se produit au début de leur emploi n'est donc qu'un trompe-l'œil momentané qui cache un grand danger pour l'avenir.

IODE

Voyons maintenant si l'iode, par ses propriétés, se rapproche plus ou moins de l'un ou l'autre des deux agents, mercure ou arsenic. L'iode métalloïde solubilisé est, avons-nous déjà dit, antimicrobien dans la proportion de 1 pour 4.000; si son action est 4 fois plus faible que celle du sublimé corrosif, elle est, par contre, 24 fois plus puissante que celle de l'acide arsénieux. L'iode, à faible dose est, ainsi que nous l'avons établi précédemment, un excitant dont l'action se porte sur tous les départements organiques. Les effets de cette stimulation se traduisent par une activité plus grande dans tous les organes; l'appétit est augmenté, les digestions plus faciles, les combustions plus grandes et l'élimination des déchets solides et gazeux notablement accrue. La circulation générale est plus active et le sang plus rutilant. Quand on administre de l'iode ou un iodure alcalin à un syphilitique, après le traitement mercuriel qui l'a profondément débilité; on voit, en très peu de jours, un changement radical s'opérer. L'appétit renaît, les couleurs reviennent et le moral se remonte; le sang éprouve un changement profond dans ses qualités physiques, il reprend son état normal. Quelle que soit la durée du traitement ioduré et la quantité administrée, il peut se produire de la fatigue, quelques troubles divers, de l'intolérance même; mais il n'y a jamais débilitation de l'organisme. Les propriétés physiologiques de l'iode ne sont donc comparables en rien à celles du mercure, l'action antiseptique étant mise à part.

Si les effets apparents de la médication arsénicale sont comparables à ceux produits par l'excitation iodique; les résultats intimes de ces deux actions sont bien différents. Nous avons vu que les effets combinés de la médication-arsénicale déterminent une accumulation adipeuse dans les espaces inter-cellulaires des organes. Sous l'influence de l'iode, l'activité nutritive, fonctionnelle et reproductrice des éléments anatomiques est exaltée ; le tissu adipeux, lorsqu'il était en excès, disparaît successivement résorbé et oxydé ; en même temps, toutes les sécrétions et les éliminations liquides étant augmentées, la pléthore séreuse disparaît. De ce double effet résulte, chez les obèses lymphatiques, une diminution de volume et un amaigrissement dans le sens étroit du mot. On constate en même temps qu'il y a augmentation de poids ; le Dr Boinet l'a fait remarquer dans son Traité d'iodothérapie et nous l'avons nous-même observé plusieurs fois. Non seulement il n'y a pas, dans ce cas, altération vitale, mais il y a augmentation des tissus par une prolifération cellulaire plus active sous l'influence stimulante de l'iode. Les sujets accusent en même temps une augmentation notable de force et un besoin d'exercice. Si l'on ajoute à tout cela que le teint devient plus clair et les couleurs rosées plus vives ; nous aurons un ensemble de phénomènes qu'il est bien difficile de considérer comme équivalant à une altération du sang, caractère essentiel des altérants.

OR

Puisque l'or est également placé dans la classe des altérants et que nous nous efforçons de le réintégrer dans la thérapeutique, nous croyons utile de rapprocher ses propriétés et son action de celles de l'iode.

L'or en composé salin soluble est antimicrobien à la même puissance que l'iode ; c'est-à-dire dans la proportion de 1 pour 4.000. Tous deux jouissent de propriétés stimulantes très prononcées ; mais tandis que l'iode étend également son action aux éléments anatomiques des tissus, l'or concentre la sienne sur le système nerveux et ce n'est que par acte réflexe que la stimulation produite par l'or est transmise aux éléments histologiques des autres tissus.

En raison de la propriété stimulante élective de l'or

sur le système nerveux, on nous a demandé si, comme certains métaux, le cuivre par exemple, il n'aurait pas la propriété de se condenser dans le cerveau ? Il ne nous est pas possible de répondre catégoriquement à cette question ; par ce que nous n'avons pas fait de recherches sur ce sujet. Mais nous pouvons affirmer que, connaissant des malades qui font usage du phosphovinate d'or depuis plus de 4 années, aucun symptôme de trouble dans les fonctions intellectuelles, sensitives et motrices n'a attiré l'attention.

Il ressort nettement de cette étude parallèle que ni l'iode, ni l'or, ne sont des altérants.

DEUXIÈME PARTIE

LA CELLULE

—

Ch. Robin, dans son Traité de Physiologie cellulaire, dit ceci : « Les maladies ne sont, en dernière analyse, que des troubles de la nutrition.

« Il n'y a pas d'autre *vis medicatrix naturæ* que la nutrition.

« Toute la thérapeutique doit s'adresser à l'élément anatomique et c'est en modifiant sa nutrition qu'on modifie ses actes. Mais il est de la plus haute importance de tenir compte des modifications qui peuvent être imprimées à la vie des éléments qui ne souffrent pas. »

Nous avons dans ces quelques lignes le guide le plus sûr pour l'étude thérapeutique que nous entreprenons ; comme, par ses conseils, il nous avait tracé autrefois la voie à suivre dans nos recherches de chimie biologique sur les phosphates.

Nous emprunterons à Virchow une dernière citation ; « C'est dans l'étude des propriétés de la cellule que l'on découvre les lois fondamentales de la vie et dans ses altérations les lois de la maladie.

« Il existe une transition insensible dans toute la série des phénomènes vitaux et ce sont précisément les formes les plus simples qui nous servent souvent à expliquer les parties les plus parfaites et les plus compliquées. La loi se manifeste avec le plus d'évidence dans le simple et le petit. »

CHAPITRE XXVIII.

Physiologie et pathologie.

Le protoplasma est la matière vivante sans forme définie. L'amibe est une espèce connue qui le représente.

La cellule est l'être vivant dans la forme définie la plus simple. C'est l'élément anatomique primaire dont sont constitués tous les êtres vivants végétaux et animaux. Bien que nous nous proposions d'étudier exclusivement la vie des éléments cellulaires qui constituent les organes humains, nous ferons en quelques mots une étude comparative de la cellule végétale et de la cellule animale au point de vue de l'activité nutritive et fonctionnelle.

Le protoplasma qui est la matière vivante est azoté dans les cellules végétales et animales, par conséquent identique ; c'est ce qui établit l'unité de la vie cellulaire dans toute la série des êtres vivants. L'enveloppe cellulaire est hydrocarbonée cellulosique dans les végétaux et azotée dans les animaux ; c'est ce qui différentie les deux classes de cellules. Mais l'enveloppe étant passive, elle n'a aucune influence sur la vie cellulaire.

La cellule végétale a pour fonction de créer, d'organiser la matière, de synthétiser et d'emmagasiner de l'énergie en la dissimulant. Elle n'emploie pour cela que des éléments minéraux : carbone, oxygène, hydrogène, soufre, phosphore, potasse, chaux, magnésie, fer, et par leurs combinaisons et leurs groupements moléculaires multiples, elle crée les substances les plus complexes : amidon, sucre, ligneux, albuminoïdes.

La cellule animale a pour fonction d'analyser, de détruire une partie des produits créés par la cellule végétale, d'en extraire l'énergie occluse et de l'utiliser. Elle transforme bien des substances pour les adapter à ses besoins ; mais elle ne les crée pas complètement de toutes pièces.

Nous pouvons résumer en disant : la cellule végétale crée ; la cellule animale détruit. Cette distinction est importante à signaler.

Selon la science actuelle, chaque organe qui entre dans la constitution humaine est une fédération d'éléments cellulaires associés pour un travail en commun, mais ayant chacun leur vie propre. De sorte que la vie humaine est le résultat de la coordination de milliards de vies élémentaires ; et ces vies cellulaires sont l'expression de l'activité, du travail de chaque cellule.

Alors, toute cause, de quelque nature qu'elle soit, qui modifiera d'une manière permanente ou seulement prolongée la vie cellulaire de la fédération humaine dans son ensemble, altérera la santé générale qui est l'expression du mode vital spécial à chaque individu. C'est par l'étude de ces modifications de la vie cellulaire que nous pourrons arriver à connaître l'état de l'organisme dans les maladies chroniques.

Constitution physiologique et physico-chimique.

L'homme étant un être essentiellement azoté, toutes les cellules qui composent ses tissus sont de nature azotée d'une origine protéique commune.

Toute cellule humaine, à quelque tissu qu'elle appartienne, est toujours composée de trois parties : une, passive, l'*enveloppe*, qui délimite extérieurement la cellule ; sa constitution physique est appropriée à la fonction qui lui est dévolue dans la fédération organique humaine. Les deux parties actives sont le *protoplasma* et le ou les *noyaux*.

La masse protoplasmique est constituée par une matière finement granuleuse de nature essentiellement albuminoïde, hyaline, molle mais non liquide et contractile. Elle est généralement condensée autour du noyau. Les granulations protoplasmiques sont appelées plastidules ; elles correspondent aux microzymas de Béchamp. Un fin réseau de filaments mobiles et con-

tractiles se croisant dans tous les sens unit les parties
centrales et périphériques du protoplasma. Sous les
influences les plus diverses, humidité ou sécheresse,
présence de substances salines, arrivée d'oxygène, action de la lumière, de l'électricité, incitations mécani-
ques, modifications chimiques de toute espèce du milieu ambiant, etc., le protoplasma change lentement de
forme à la façon des amibes. Il rétracte ses filaments,
en émet de nouveaux, se condense autour du noyau,
se creuse de vacuoles. En un mot le protoplasma est
le siège de mouvements incessants et d'une véritable
circulation. C'est dans les vacuoles que s'accumulent
les produits élaborés et sécrétés par les masses protoplasmiques et parmi lesquels on trouve des diastases.
Leur présence démontre bien que les matériaux im-
portés dans le protoplasma subissent de véritables digestions.

La quantité de protoplasma renfermée dans chaque
cellule est en rapport direct avec son activité vitale.
C'est ainsi que dans la cellule osseuse adulte dont la
fonction de sustentation est essentiellement passive,
l'enveloppe cellulaire tient la plus large place et le protoplasma est très peu abondant. Dans la cellule musculaire dont l'élasticité est le caractère propre, pour
produire de la force et du mouvement, le protoplasma
plus abondant occupe une plus large place. Celui-ci
est plus abondant encore dans la cellule nerveuse qui
commande à tout l'organisme et en reçoit les impres-
sions.

Le noyau, unique ou multiple, existe au centre du
protoplasma, quelquefois à la périphérie ; véritable petite cellule dans la grande, munie d'une membrane hyaline propre qu'enveloppe le protoplasma, le noyau contient un suc presque transparent appelé *suc nucléaire*.
Le noyau est le centre directeur qui commande à la
cellule tout entière et fait concorder vers un but commun l'ensemble des actes physico-chimiques dont elle
est le siège.

Ainsi donc, la cellule est composée intérieurement de
deux parties distinctes : l'une, le noyau, préside à l'or-

dre et à l'harmonie des fonctions de la cellule, en particulier des fonctions de la nutrition ; d'où résultent la vie et la reproduction normales de cet organisme. Le noyau dirige vers un but commun les activités de son protoplasma. Celui-ci travaille, modifie la matière ambiante par l'action des granulations plastidulaires qui sécrètent les diastases.

Ne trouvons-nous pas dans la cellule, être vivant le plus simple et le plus infime, la même organisation que chez les êtres vivants les plus compliqués : une enveloppe extérieure faisant fonction de charpente et donnant à la cellule sa forme définie ; un noyau intérieur, l'analogue du système nerveux, régulateur et directeur des fonctions vitales ; enfin, un protoplasma, appareil digestif recevant et transformant les matériaux nutritifs, les adaptant aux besoins de la cellule.

Bien que douées d'une vie propre, toutes les cellules d'un même organe sont cependant en relation immédiate par une série de filaments protoplasmiques très minces qui traversent les parois des cellules ; de sorte que chaque organe peut être considéré comme un véritable réseau protoplasmique général englobant une immense quantité de cellules, ce qui explique leur unité vitale et leur solidarité nutritive et fonctionnelle.

Toutes les cellules qui composent les tissus de l'homme sont, avons-nous dit, de nature azotée et d'une origine protéique commune. Or, si nous considérons les éléments anatomiques des trois principaux systèmes organiques de l'homme : le système osseux, le tissu musculaire et l'appareil nerveux, les cellules qui les constituent nous présentent trois types d'éléments anatomiques aussi dissemblables que possible dans leurs qualités physiques et, cependant, ils dérivent des mêmes matières albuminoïdes du sang, avec lesquelles elles n'ont plus aucune ressemblance physique.

Nous ne reproduirons pas ici les analyses chimiques que nous avons effectuées pour connaître les causes des dissemblances physiques de ces tissus et les différentes hypothèses que nous avons discutées ; on les trouvera dans notre ouvrage : « LES PHOSPHATES ». Depuis 20 ans que nous avons présenté ces recherches aux diverses Sociétés savantes, aucun travail chimique n'est venu en démontrer l'inexactitude ; tandis que les applications médicales que nous avons poursuivies et multipliées depuis cette époque ont pleinement confirmé ces travaux.

Nous avons démontré que la différence des propriétés physiques de ces trois espèces de tissus tient à ce qu'ils renferment dans leur organisation des phosphates minéraux d'espèces, de quantités et de qualités physiques différentes. Ceux que l'on rencontre dans les tissus de l'homme sont au nombre de cinq, savoir : le phosphate de potasse, le phosphate de soude, le phosphate de chaux, le phosphate de magnésie et le phosphate de fer. Tous ces phosphates sont distribués en espèces et en quantités variables dans tous les tissus et chacun d'eux est prédominant dans l'un des principaux grands systèmes organiques humains. Le phosphate de chaux, absolument insoluble dans les liquides physiologiques, est le principe minéralisateur des os dont la fonction de sustentation est absolument passive. Dans les muscles, c'est le phosphate de magnésie très peu soluble qui prédomine avec une notable proportion de phosphate de soude, afin de laisser à la fibre musculaire l'élasticité et la contractilité qui sont ses qualités essentielles. Dans le système nerveux, tissu très mou, c'est le phosphate de potasse extrêmement soluble et incristallisable qui lui donne cette consistance nécessaire à sa fonction de transmission rapide. On ne trouve le phosphoglycérate de potasse que dans les lécithines. Enfin, le phosphate de fer, soluble dans un milieu salin spécial, prédomine dans les globules du sang en quantité 12 fois plus considérable que les autres phosphates réunis. Le phosphate de soude est le phosphate constituant libre du sérum.

Les phosphates sont groupés dans tous les tissus humains de deux façons différentes : une partie fixe, architecturale est immobilisée dans la substance proprement dite des tissus ; l'autre, mobile, stimulante est condensée dans le protoplasma vivant. Tandis que les phosphates architecturaux sont invariables, les phosphates vitaux protoplasmiques peuvent varier dans des limites assez larges.

Les tissus des organes dans lesquels l'activité vitale est la plus puissante sont le plus largement approvisionnés en phosphates. C'est pourquoi le système nerveux, chez l'homme adulte, est beaucoup plus riche que les autres systèmes organiques.

En rapprochant les propriétés physiques des phosphates trouvés dans chaque système organique de la constitution physique des tissus de ces organes nous avons émis l'hypothèse : que ces phosphates minéraux devaient remplir une fonction architecturale dans la structure de ces tissus.

D'autre part, en tenant compte de l'élimination phosphatée consécutive à tout acte fonctionnel, nous avons pensé qu'une partie de ces phosphates devait se trouver à l'état mobile dans le protoplasma cellulaire de manière à pouvoir être utilisés dans les actes vitaux sans compromettre la structure des tissus organiques.

Le molybdate d'ammoniaque en dissolution dans l'acide nitrique étendu est très employé en chimie analytique pour rechercher de très minimes quantités d'acide phosphorique avec lequel il se forme un précipité jaune citron insoluble. Cette même solution peut également servir à démontrer l'existence de phosphates minéraux dans ces mêmes tissus en les colorant en jaune citron.

Le tissu coupé en lames très minces est soumis pendant 24 heures à plusieurs macérations successives dans l'eau distillée pour enlever les phosphates provenant des liquides physiologiques.

Par plusieurs macérations successives de 24 heures dans l'eau distillée additionnée d'un quart d'acide acétique nous avons enlevé les phosphates libres du protoplasma cellulaire.

Enfin, ces lames de tissu mises à macérer pendant plusieurs jours dans le réactif molybdique se colorent en jaune citron. Si on les examine au microscope la coloration apparaît formée par un innombrable pointillé donnant l'aspect d'un feutrage très régulier.

En résumé : *Tous les éléments anatomiques humains sont exclusivement formés de deux espèces de matériaux différents : les uns organiques azotés d'origine protéique ; les autres minéraux phosphatés.*

NUTRITION

La nutrition, dans les éléments anatomiques, est la fonction la plus importante ; toutes les autres lui sont subordonnées.

La nutrition proprement dite comprend deux ordres de phénomènes opposés :

L'*assimilation*, acte de création vitale, de reconstitution, de réparation ;

La *désassimilation*, acte de destruction vitale, qui correspond aux phénomènes fonctionnels des êtres vivants..

Assimilation. — L'apport des matériaux d'assimilation est fait par le sang ; ceux-ci pénètrent par osmose dans l'intérieur de la substance de chaque cellule et sont absorbés par le protoplasma qu'elles renferment. On a cru pendant longtemps que chaque cellule douée d'une faculté élective choisissait dans le milieu sanguin les matériaux tout préparés à sa convenance et les utilisait immédiatement, tels qu'elle les avait choisis. Les derniers progrès de la science ont établi qu'il ne peut pas en être ainsi.

Quels sont parmi les matériaux constituants du sang ceux qui servent à la nutrition de tissus ? Beaucoup croient que c'est l'albumine du sérum ; nous avons démontré que ce sont les globules du sang (1). L'anatomie et la physiologie nous en fournissent une preuve par la disposition des vaisseaux de la circulation locale qui sont en culs-de-sac. A certains moments, on les voit s'emplir de sang, puis se fermer ; au bout de quelque temps on trouve sur les parois les globules accolés se dissociant progressivement. La chimie nous fournit

(1) Dans notre ouvrage : *Les Phosphates.*

une autre preuve plus probante encore. Nous avons établi que le phosphate de fer est le phosphate essentiel des globules sanguins ; qu'il s'y trouve en quantité 12 fois plus considérable que les autres phosphates réunis ; or, dans tous les tissus d'animaux jeunes, en période de croissance, nous trouvons une quantité de phosphate de fer beaucoup plus élevée que celle contenue dans l'albumine et dans la fibrine du sérum ; ce phosphate ne peut donc provenir que des globules sanguins apporté avec les produits de leur dissociation.

Contentons-nous, pour le moment, de cette conclusion très importante : *que ce sont les globules du sang qui servent à la nutrition des tissus.*

Puisque les principes nutritifs fournis aux tissus sont identiques pour tous, il faut admettre que, dans l'intérieur des éléments anatomiques de chacun d'eux, ils subissent une élaboration variable avec chaque espèce de cellules, qui les rend assimilables aux différentes espèces d'éléments histologiques. S'il y a digestion intra-cellulaire, celle-ci doit s'opérer par l'action d'un principe digestif spécial à chaque cellule, d'une diastase ; or, il a été constaté, dans la plupart des tissus qu'ils contiennent, une diastase particulière. D'autre part, le professeur A. Gautier a démontré expérimentalement que dans le tissu musculaire il s'opère une digestion intracellulaire caractérisée par la présence de produits digérés.

Nous ajouterons que le Dr Lépine a démontré aussi que, dans l'intérieur des globules du sang, il s'effectue également une digestion intra-cellulaire.

Nous poserons donc une seconde conclusion dont nous ferons plus loin ressortir l'importance, à savoir que : *Dans tout élément histologique, il s'opère une digestion intra-cellulaire ayant pour but de rendre assimilables les principes nutritifs fournis par le sang.*

Nous reviendrons sur ce sujet en traitant de la nutrition altérée.

Désassimilation. — Nous n'envisageons ici que le phénomène normal. Tout organe qui fonctionne désassimile et nous pouvons poser en principe que la quantité désassimilée est proportionnelle à l'activité fonctionnelle. Nous savons que l'urine, par sa composition, représente, avec une exactitude très approchée, la marche de ce phénomène. C'est donc par l'analyse de l'urine que nous pouvons apprécier le mouvement de désassimilation.

La cellule animale est composée, ainsi que nous l'avons vu précédemment, de deux sortes de matériaux : les uns, prédominants en quantité considérable, sont de nature azotée ; les autres, en proportion plus faible, sont des principes phosphatés, minéraux ou organiques. Nous savons encore que, dans chaque genre de tissu, les phosphates minéraux s'y trouvent en espèces et en quantités variables ; les tissus dont l'activité vitale est plus considérable étant les plus phosphatés. C'est donc par le dosage de l'azote et de l'acide phosphorique que nous pouvons apprécier les dépenses résultant de l'activité fonctionnelle de l'organisme.

La détermination des espèces phosphatées urinaires ne peut avoir aucune signification, attendu que dans l'urine, liquide excrémentitiel, rien ne s'oppose à ce que les corps acides et basiques qui s'y rencontrent, provenant des différents départements organiques, se groupent selon les lois de la statique chimique. Leur prise en considération peut conduire aux interprétations physiologiques les plus fausses.

Ainsi, de ce que le phosphate de chaux entre pour quatre cinquièmes dans la constitution minérale des os ; de ce que, d'autre part, l'urine est toujours riche en phosphate de chaux ; on a attribué au phosphate de chaux des os, un rôle physiologique actif des plus importants. Les os ont été considérés comme le grenier d'abondance, la réserve phosphatée de tout l'organisme et les pourvoyeurs en phosphates de tous les tissus.

Il y a plus de 25 ans que cette théorie a été émise ; elle a été acceptée sans discussion, alors que la moindre réflexion aurait fait naître le doute. En effet, peut-on admettre que les os, organes de sustentation, auraient la solidité nécessaire, si leurs éléments phosphatés minéraux étaient dans un mouvement continuel d'entrée et de sortie.

L'acide phosphorique, déchet vital des tissus, arrive dans l'urine à l'état de Phosphate de soude, de l'avis de tous les chimistes et des physiologistes ; il y rencontre toujours en abondance de la chaux provenant des aliments végétaux et de l'eau des boissons, ces deux éléments se combinent et forment le phosphate de chaux excrémentitiel.

L'emploi thérapeutique du phosphate de chaux repose sur cette interprétation erronée des analyses. On l'emploie sous toutes les formes imaginables ; les résultats ont été et sont toujours absolument nuls, parce que son insolubilité absolue dans les liquides physiologiques toujours alcalins de l'homme s'oppose à sa pénétration dans le torrent circulatoire et à son assimilation. Cependant, grâce à l'entêtement routinier, on continue toujours à employer le phosphate de chaux en quantité énorme dans la médecine humaine ; alors que depuis longtemps il est abandonné en zootechnie.

Dans le but de connaître et de comparer les dépenses du travail musculaire et du travail intellectuel, le Dr Byasson, en 1868, s'est livré sur lui-même à des recherches expérimentales très précises. Il se soumit à un régime alimentaire rigoureusement identique pendant 8 jours ; et durant cette période il s'est adonné tantôt à des travaux musculaires, tantôt à des travaux intellectuels, toujours séparés par une période de repos.

Il a obtenu les résultats suivants :

1° Que le travail soit musculaire ou cérébral, la quantité d'urée produite peut être considérée comme sensiblement égale.

2° La quantité de phosphates désassimilés par le travail cérébral est à très peu près moitié plus élevée que celle résultant du travail musculaire.

Les résultats de la première conclusion trouvent leur explication dans la constitution complètement azotée des cellules de tous les tissus.

A l'époque où les travaux de Byasson ont été publiés,

on ne pouvait pas expliquer les résultats de la deuxième conclusion. Ce sont nos analyses de chimie biologique qui l'ont éclairée, quand nous avons démontré que les cellules nerveuses chez l'homme sont beaucoup plus largement approvisionnées en phosphates que celles des autres tissus.

Nous ferons remarquer que : *parmi les produits de la désassimilation des tissus, il existe normalement dans l'urine des poisons de diverses natures, mais en petite quantité seulement dans l'état normal de santé.* Quand les organes excréteurs fonctionnent normalement, tous ces poisons, éliminés régulièrement, sont sans action appréciable sur l'organisme. Il en est tout autrement, lorsque leur élimination s'accomplit d'une façon imparfaite, et qu'ils séjournent trop longtemps dans l'économie.

Nous reviendrons sur ce point au chapitre de la nutrition altérée.

CHAPITRE XXIX.

Des différents modes de perversion nutritive. Maladies qui en dérivent.

Cl. Bernard a dit ceci : « Tant qu'on voudra comprendre la nature de la nutrition par l'étude des phénomènes d'ensemble qui se passent dans un organisme complexe, on ne la saisira pas ; c'est en descendant jusqu'à la considération des éléments anatomiques, où jusqu'à l'étude des organismes inférieurs, que la science physiologique pourra trouver le secret des phénomènes de la nutrition. »

Quand on envisage la nutrition dans l'élément anatomique, on constate qu'elle ne peut être modifiée que de trois manières ; elle peut être exagérée, ou bien elle est abaissée, ou enfin elle peut être altérée.

Nutrition exagérée.

Pendant la croissance, l'exagération nutritive histologique répond à un besoin physiologique qui est
nécessité par une prolifération cellulaire abondante
par suite du développement des tissus. En dehors de
ce cas l'exagération nutritive cellulaire généralisée est
un phénomène rare.

L'exagération nutritive localisée donne naissance à
des formations néoplasiques. Ces effets sont toujours
dus à une influence pathologique. Ils ne rentrent pas
dans le cadre de cet ouvrage.

Nutrition abaissée.

Nous n'employons pas ici l'expression de nutrition
ralentie, parce que le Professeur Bouchard lui a donné
une signification qui correspond à ce que nous traite-
rons sous la désignation de nutrition altérée. Nous
voulons envisager les phénomènes pathologiques résultant d'une insuffisance de matériaux nutritifs de
constitution.

Par des travaux précis, on a déterminé la ration alimentaire d'entretien pour l'homme, la ration habituelle
est généralement un peu supérieure à la ration d'entretien. Il arrive chez un certain nombre de sujets,
dans les classes pauvres, que l'alimentation est insuffisante comme quantité ou de mauvaise qualité. Dans
ce cas, il y a dépression de l'énergie vitale et amaigrissement. Ces états ne sont pas du domaine de la
thérapeutique.

Dans les différentes rations alimentaires dont nous
venons de parler, on n'a tenu compte que de deux éléments : l'azote représenté par la viande, qui est l'aliment plastique ou de constitution ; le carbone représenté par la graisse, les farineux, etc., aliment de calorification transformable en force. L'homme qui s'a-
donne aux travaux musculaires a besoin d'une plus
grande quantité de carbone que celui qui n'effectue que

des travaux cérébraux. En fait, l'alimentation végétale prédomine habituellement chez les premiers et l'alimentation carnée chez les seconds. Faisons remarquer, en passant, que l'alimentation carnée est considérée comme l'alimentation riche par excellence ; grosse erreur qui, comme nous le démontrerons, est le point de départ de maladies sérieuses.

Nous avons établi précédemment que tous les tissus humains, constitués exclusivement de matériaux azotés, renferment aussi des phosphates minéraux dans leur organisation. On n'en tient pas compte, bien à tort. Si comme quantité ils ne tiennent pas une large place dans la constitution des éléments anatomiques, ils n'en remplissent pas moins une fonction tellement importante qu'on l'a résumée en ces quelques mots : *Sans phosphore, il n'y a pas d'êtres vivants possibles.*

En 1860, lorsque Pasteur voulut prouver que la fermentation alcoolique est la conséquence d'un acte physiologique, la nutrition et le développement de la levure de bière, il établit qu'il est absolument nécessaire que le liquide contienne des phosphates pour la multiplication du ferment.

Les végétaux se reproduisent par des graines ; celles-ci renferment une plante à l'état rudimentaire. Or, soit dans le voisinage de ces plantes en germes, soit dans des cotylédons, qui leur sont attachés, on trouve tous les premiers matériaux nutritifs dont la plante aura besoin dans les premiers jours de sa vie, ses organes imparfaits ne lui permettant pas de les puiser ailleurs. Et parmi ces matériaux nutritifs des phosphates minéraux se trouvent en abondance relativement à la quantité de principes albuminoïdes. Un fait très important à remarquer, c'est que parmi ces phosphates minéraux, celui de potasse prédomine ; or, quand on analyse les jeunes plantes aussitôt que le contenu des cotylédons a été résorbé, on constate que la plus grande partie du phosphate de potasse a disparu et les phosphates de chaux, de magnésie et de fer ont augmenté. On est donc en droit de conclure que ce phosphate de potasse s'est transformé, en un ou plusieurs des phosphates précédents, pour répondre aux besoins de la plante. En d'autres termes, la plante fabrique les espèces phosphatées qui lui sont nécessaires.

Dès qu'une femme est fécondée, on constate que les phosphates disparaissent des urines et cet état se continue généralement jusqu'entre le cinquième et le sixième mois de la grossesse.

Ducrest a remarqué, il y a longtemps déjà, que chez la femme, dans ce même temps, les os du crâne s'épaississent d'une manière remarquable et que les autres parties du squelette participent également à cette augmentation. A la fin de la grossesse toute la charpente a repris son état normal.

Follin a vu également qu'il se forme à la surface du bassin des concrétions ostéophytes de phosphate de chaux ; après le sixième mois de la grossesse on n'en a jamais trouvé.

L'acide phosphorique éliminé par l'urine est en majorité du phosphate de soude. Ce phosphate résorbé dans l'organisme sert donc à la formation du phosphate de chaux des concrétions ostéophytes. Nous ferons remarquer ici que l'homme, comme les plantes, a la faculté de créer de toutes pièces les espèces phosphatées dont il a besoin.

Plus récemment, M. Dastre a observé des réserves phosphatiques dans les plaques du chorion des fœtus chez un grand nombre d'espèces appartenant aux ruminants et aux pachydermes. Le plus grand développement du réseau phosphaté correspond de la quatorzième à la dix-septième semaine. Arrivée à ce summum, la production décline rapidement ; en peu de jours elle diminue et il n'en reste plus de trace au terme de la gestation.

Les quelques faits que nous venons de signaler sont suffisants pour nous autoriser à tirer la conclusion générale suivante : *Les phosphates remplissent un rôle si important dans tous les actes de création vitale, que la nature prévoyante forme des réserves phosphatiques, quand elle a besoin, à bref délai, de subvenir à des dépenses extraordinaires.*

La composition de l'urine exprimant le mouvement nutritif de l'organisme dans sa masse, les physiologistes de divers pays par leurs travaux individuels sont arrivés à ce résultat concordant : *que dans l'état normal de santé, le rapport entre l'azote et l'acide phosphorique éliminés est de 8 à 1.*

Si, dans notre ouvrage — *Les Phosphates* — on consulte le tableau de l'analyse des principaux aliments, on voit que, dans la viande la plus riche le rapport entre l'azote et l'acide phosphorique est de 12 à 1 ; dans un échantillon de viande de qualité inférieure nous avons trouvé le rapport de 67 à 1. L'alimentation exclusivement carnée fournit donc une proportion de phosphates minéraux inférieure aux besoins physiologiques normaux. Les aliments végétaux sont moins riches en principes azotés ; mais la quantité proportionnelle de phosphates est plus élevée. Il ressort donc de ces faits que l'alimentation mixte, qui laisse une large place aux légumes, répond mieux aux besoins physiologiques que l'alimentation exclusivement carnée.

L'alimentation carnée étant plus dispendieuse, elle est employée de préférence dans les classes aisées et riches et l'autre dans la classe ouvrière. Or, les classes aisées et riches sont celles parmi lesquelles on s'adonne de préférence aux travaux intellectuels (sciences, arts, industrie, finances, commerce, etc.) ; celles chez lesquelles le système nerveux est le plus fréquemment surmené de toutes les manières ; c'est-à-dire celles qui désassimilent une plus grande quantité de phosphates. Alors, par une anomalie singulière, c'est dans l'alimentation carnée en usage qu'ils en trouvent le moins. Nous allons voir que cette insuffisance phosphatée alimentaire se traduit par des maladies différentes selon les âges et les besoins physiologiques spéciaux.

Dans l'enfance, en y comprenant la vie intra-utérine, le besoin physiologique prédominant, c'est la formation de la charpente osseuse dont la phosphate de chaux est le principe minéralisateur presqu'exclusif. Nous avons vu plus haut que la nature prévoyante forme dans le bassin de la mère des réserves phosphatées calcaires pour les employer en temps utile. Comme ce sont les phosphates urinaires qui, résorbés, servent à cette formation ; on peut donc prévoir que la quantité sera correspondante à celle désassimiléc. Or, comme l'alimentation carnée est faiblement phosphatée, il peut donc arriver que, chez la jeune mère, la réserve phosphatique soit trop faible et insuffisante pour les besoins du fœtus. Dans ce cas, c'est la mère elle-même qui donne de sa propre substance en cédant du phosphate de chaux de sa charpente ; elle devient alors *ostéomalacique*. N'est-ce pas dans les familles riches que l'on rencontre ces cas, le plus fréquemment ; n'est-ce pas à leurs enfants qu'il est plus souvent nécessaire de donner des préparations de *phosphate de chaux* ?

Adolescence.—Dans l'adolescence, le phénomène physiologique prédominant, c'est la croissance. Tous les tissus, aussi bien que la charpente osseuse, subissent un accroissement rapide par une prolifération cellulaire très abondante. C'est la substance des globules du sang, après leur dissociation, qui fournit, comme nous l'avons démontré, tous les matériaux azotés et phosphatés à chaque espèce de tissu.

Pendant toute cette période, il est donc fait une dépense considérable de globules hématiques dont le phosphate de fer est le priucipe minéral prédominant. Il faut donc que le sujet trouve dans son alimentation du phosphate de fer en quantité suffisante pour fournir le support minéral nécessaire à la genèse et au développement complet de nombreux globules du sang. A la rigueur, l'organisme peut fabriquer le phosphate de fer dont il a besoin, au moyen de l'oxyde d'un ferrugineux quelconque ; mais à la condition qu'il sera apporté d'autre part des phosphates alcalins en abondance pour fournir le phosphate de fer nécessaire. Or, si l'on examine le tableau de la distribution des phosphates dans les principaux aliments (1), on constate que le phosphate de fer, de même que les phosphates alca-

(1) *Les phosphates*, page 311.

lins, se trouvent en quantité insuffisante dans la chair des animaux et que les aliments végétaux en sont la plupart beaucoup plus riches.

Il résulte donc de ces faits que : d'une part, l'organisme pendant la croissance fait une dépense considérable de globules hématiques ; que, d'autre part, dans les classes où l'alimentation est presque exclusivement carnée, c'est-à-dire dans les classes riches, il ne lui est pas fourni une quantité de phosphate de fer suffisante pour favoriser la genèse d'une quantité de globules correspondante à celle détruite. Comme conséquence, il y a *hypoglobulie*, c'est-à-dire *Anémie*. N'est-ce pas ce que l'on observe ? N'est-ce pas dans les classes riches, où l'alimentation est carnée, que l'anémie est pour ainsi dire généralisée, tandis qu'elle est plus rare dans les classes ouvrières à la ville et à la campagne où l'alimentation est plus végétale ?

De même que nous avons vu, dès le début de la fécondation de la femme, le phosphate de soude urinaire être repris par le torrent circulatoire et servir à créer de toutes pièces le phosphate de chaux des concrétions ostéophytes, réserve à l'usage du fœtus, de même, le phosphate de fer des hématies cède son acide phosphorique pour former les phosphates spéciaux nécessaires à chaque espèce de tissu et son oxyde de fer sans emploi est éliminé. Ce n'est donc pas de l'oxyde de fer qui fait principalement défaut dans l'anémie, comme on continue à l'enseigner dans les chaires officielles des Facultés de médecine, malgré les démentis infligés par les insuccès cliniques, mais de l'acide phosphorique, par suite de la pauvreté des aliments carnés.

Malgré cela, tous les tissus finissent par compléter leur provision phosphatée architecturale ; mais la réserve phosphatée stimulante protoplasmique vitale est extrêmement faible ; aussi, allons-nous voir les anémiques de l'adolescence devenir les nerveux de l'âge adulte.

La médication phosphatée physiologique de l'adolescence dont l'anémie est l'état pathologique devra donc avoir pour but de fournir les phosphates spéciaux du sang, c'est-à-dire le phosphate de fer des hématies et le phosphate de soude du sérum. Nous verrons que la préparation phosphatée qui répond à toutes ces indications est le *phosphate de fer hématique Michel*.

Age adulte. — Dans l'âge adulte l'homme travaille ; pour les uns le travail est musculaire ; pour les autres il est cérébral. Le travail musculaire ne provoque de maladies relevant de l'alimentation que quand celle-ci est insuffisante ou de mauvaise qualité. La thérapeutique n'a pas à intervenir dans ces cas.

Dans la catégorie des travailleurs cérébraux peuvent prendre place les oisifs qui, par les plaisirs, les passions, etc., etc., soumettent fréquemment leurs organes nerveux à un surmenage quelquefois excessif.

Si, dans les conditions normales de santé, le rapport entre l'azote et l'acide phosphorique éliminés est de 8 à 1 ; à la suite de surmenage nerveux, que ce soit travail ou plaisirs, il se rapproche et peut être de 7, de 6 et même de 5 à 1. Il y a longtemps que les cliniciens ont constaté que la phosphaturie urinaire est toujours un symptôme sérieux d'affection nerveuse. L'analyse chimique et l'observation clinique fournissent donc des indications concordantes.

L'âpreté de la lutte pour la vie de plus en plus intense, d'une part, la soif des plaisirs et des jouissances, qui s'accroît de plus en plus dans notre société actuelle, ont pour effet d'augmenter toujours la dépense phosphatée quotidienne. D'autre part, l'alimentation carnée la plus riche, par son rapport de 12 à 1 entre l'azote et l'acide phosphorique déjà tout à fait insuffisamment minéralisée, tend à s'affaiblir encore par les procédés d'engraissement rapide employés pour les animaux de boucherie et les cultures forcées des légumes. Donc, dépenses phosphatées tendant à croître continuellement d'une part et, d'autre part, recettes allant s'affaiblissant de plus en plus. Telle est la cause fondamentale des *maladies nerveuses* et de leur fréquence de plus en plus grande dans les classes supérieures de notre société moderne.

RÉSUMÉ.

Dans l'exposition rapide que nous venons de faire, nous voyons une cause unique *l'insuffisance phosphatée alimentaire*, démontrée par l'analyse chimique, produire dans les classes supérieures un abaissement de l'énergie vitale et selon l'âge donner naissance à des maladies différentes.

Chez les jeunes enfants, la minéralisation imparfaite de la charpente osseuse détermine l'*ostéomalacie*, laquelle peut naître antérieurement chez la mère pendant la grossesse et la période d'allaitement.

Chez les adolescents, c'est l'*anémie* qui prend naissance pendant la croissance.

Chez les adultes, enfin, ce sont les *maladies nerveuses* qui dérivent de la même cause.

Nutrition altérée.

Au commencement du chapitre de la nutrition, nous avons dit, en parlant de l'assimilation et sans entrer dans aucun détail, que c'étaient les globules du sang qui fournissaient aux tissus, pour servir à leur nutrition, les matériaux résultant de leur dissociation. Mais qu'avant de servir à cet effet, ils devaient, dans l'intérieur de chaque élément anatomique, subir une véritable digestion.

Si nous voulons nous rendre compte du mécanisme de l'altération nutritive, des nombreuses causes qui la produisent et des effets qui en dérivent, nous sommes obligé d'entrer dans quelques détails sur toutes les transformations que subissent les aliments, jusqu'au moment où ils pourront servir à la nutrition intime des tissus.

Les aliments et les principes nutritifs qui en sont extraits doivent subir trois digestions successives pour être rendus assimilables :

1º Digestion gastro-intestinale, ayant pour but de séparer et de solubiliser les principes nutritifs contenus dans les aliments ;

8.

2º Digestion intra-hématique globulaire, facilitant, dans les globules du sang, l'assimilation des matériaux alimentaires qu'ils iront distribuer ensuite à tous les tissus ;

3º Digestion intra-cellulaire ayant pour effet de rendre assimilables les matériaux résultant de la dissociation des globules hématiques.

L'existence d'une digestion dans les globules du sang est démontrée par les travaux du Docteur Lépine ; celle qui s'effectue dans l'intérieur des éléments anatomiques musculaires a été établie par le professeur A. Gautier. Enfin, des diastases, agents de ces digestions ont été isolées.

En 1872, Selmi a constaté qu'il se forme des alcaloïdes parmi les produits de la putréfaction des matières animales. M. A. Gautier, peu de temps après, en isola deux espèces parfaitement définies et cristallisées. On leur donna le nom de *ptomaïnes* du grec πτωμα cadavre. Le même savant, A. Gautier, démontra que des alcaloïdes similaires prennent naissance dans l'organisme vivant et sont des produits normaux de la cellule vivante. On a donné à cette classe d'alcaloïdes le nom de leucomaïnes du grec λευκωμα qui signifie blanc d'œuf ou d'une manière plus générale, matière albuminoïde. Alors, de même que la cellule végétale qui fabrique la quinine, la digitaline, la morphine, la strychnine, etc., la cellule animale produit aussi des alcaloïdes plus ou moins toxiques ; nous verrons, dans le chapitre suivant, que parmi ces alcaloïdes animaux il en est qui ont des propriétés comparables à celles des alcaloïdes végétaux.

Depuis, à côté des alcaloïdes définis, on a constaté l'existence de produits indéfinis, incristallisables que l'on suppose être des matières albuminoïdes altérées ; et comme elles sont vénéneuses, on les englobe sous l'expression générique de *toxalbumines* et *toxines* par abréviation.

La quantité de ces poisons qui prennent naissance normalement dans l'organisme est généralement très faible ; et, comme dans les conditions normales de santé leur élimination s'effectue facilement et régulièrement, il est probable qu'ils ne peuvent guère exercer aucune action nocive.

D'autre part, les travaux récents du Professeur Bouchard et de ses élèves ont établi que les digestions anormales des albuminoïdes, de même que la désassimilation cellulaire, sous l'influence d'actions pathologiques, intoxicantes et autres, augmentent considérablement la production des agents toxiques, dont un certain nombre ont une action pyrétogène bien marquée.

Nous allons voir que les trois digestions que nous avons signalées peuvent être troublées sous l'influence de causes nombreuses, parfois même des plus légères. Ces troubles digestifs donneront naissance à des états pathologiques variés qui, selon la nature des causes originelles, se traduiront par des maladies différentes. Dans cette classe de maladies par nutrition altérée rentrent tous états pathologiques que le Professeur Bouchard a réunis sous la dénomination générique de maladies par ralentissement de la nutrition. Si nous n'employons pas cette même désignation, c'est parce qu'aujourd'hui elle manque d'exactitude et ce sont précisément les travaux de M. Bouchard et de ses élèves qui l'ont prouvé.

Digestion gastro-intestinale. — Si variés que soient les aliments, on peut les ranger en deux catégories : Les hydrates de carbone, sucre, farineux, graisses qui sont des aliments de calorification ; les aliments albuminoïdes qui sont les aliments plastiques ou de constitution. Nous pouvons négliger ici les principes minéraux renfermés dans les aliments.

Dans l'opération de la mastication, qui précède l'introduction des aliments dans l'estomac, ceux-ci sont humectés par la salive, laquelle contient une diastase, la *ptyaline*, qui a pour but de commencer la solubilisation des farineux. Cette solubilisation consiste en une série de transformations de l'amidon insoluble d'abord en dextrine, puis en maltose, et enfin en glucose. Dans l'estomac ce sont surtout les aliments albuminoïdes, qui sont attaqués. Par l'action du suc gastrique, lequel contient une nouvelle diastase la *pepsine*, les matières albuminoïdes sont combinées à l'acide chlorhydrique que renferme aussi le suc gastrique et transformées en syntonines.

Toutes ces transformations, qui constituent la digestion stomacale, ont besoin, pour s'effectuer régulièrement, de conditions physiologiques toujours constantes ; et tout changement, de quelque nature qu'il soit, produit une perturbation plus ou moins profonde. Ainsi, un froid excessif, de même qu'une température trop élevée, troublent la digestion stomacale. Le suc gastrique acidifié par l'acide chlorhydrique doit avoir un degré déterminé d'acidité pour syntoniser normalement les albuminoïdes. Si le suc gastrique est trop faiblement acidifié, l'attaque des albuminoïdes sera incomplète ; s'il est trop acide, outre l'action irritante sur les muqueuses stomacales, il troublera surtout la digestion intestinale qui doit s'effectuer dans un milieu à peu près neutre ou très faiblement acide, en tout cas.

C'est dans l'intestin grêle que doit se terminer la digestion des aliments, avec le concours du suc pancréatique, lequel renferme deux diastases spéciales : l'une achevant la saccharification des féculents, l'autre la peptonisation des albuminoïdes. Un milieu neutre, à peu près, ou très faiblement acide, est la condition essentielle pour l'accomplissement normal de la digestion intestinale. L'hyperacidité du suc gastrique signalée plus haut troublera la digestion intestinale. Si, alors, la saccharification de l'amidon est entravée ; au lieu de glucose, il se formera de l'acide lactique qui augmentera encore l'acidité anormale de la masse alimentaire intestinale. Dans ces conditions les produits albuminoïdes imparfaitement digérés seront en partie inutilisables, et, d'autre part, d'après les travaux du Dr Bouchard, il se produira, en même temps, des produits toxiques en plus grande abondance.

L'appareil digestif humain, par la cavité buccale, est

en communication directe avec le monde extérieur ; tous les germes microbiens peuvent y pénétrer sans difficulté. Aussi la bouche et les intestins sont-ils peuplés d'une foule d'espèces microbiennes qui peuvent se multiplier avec la plus grande facilité, dans des conditions peu connues encore, mais facilement réalisables. Ces microbes intestinaux sont si abondants que l'on arrive aujourd'hui à admettre qu'un certain nombre d'espèces contribuent à la digestion normale ; mais lorsque la digestion intestinale ne s'effectue pas régulièrement, d'autres espèces microbiennes, nuisibles celles-là, se développent de préférence et donnent naissance à des ptomaïnes. Ils entravent aussi l'action des ferments physiologiques et, en modifiant la digestion des albuminoïdes, ils augmentent, dans de notables proportions, la formation des leucomaïnes et des toxines. Il est démontré aujourd'hui que l'altération de la digestion gastro-intestinale, sous l'action des causes les plus variées, est fréquente.

Nous faisons donc, beaucoup plus souvent qu'on ne le croit, de l'auto-intoxication par le mauvais fonctionnement de notre appareil digestif.

Les principes nutritifs de cette première digestion, parfois souillés de substances toxiques, passent dans le torrent circulatoire, c'est-à-dire dans les vaisseaux lymphatiques, puis dans les vaisseaux sanguins où ils vont servir à la genèse et au développement des globules du sang.

Digestion intra-cellulaire. — Il y en a deux, dont les effets viennent se surajouter.

Les principes nutritifs fournis par la digestion gastro-intestinale sont identiques pour tous les tissus. Les éléments histologiques de chacun d'eux doivent leur faire subir une élaboration particulière afin qu'ils soient rendus assimilables et appropriés à leur nature spéciale. De nombreux travaux de chimie biologique, accomplis dans ces dernières années, ont établi d'une manière indiscutable que les phénomènes d'élaboration intra-cellulaire sont de véritables digestions s'effectuant sous l'influence de diastases. A l'appui de cette assertion, nous nous bornerons à rappeler les travaux les plus récents, à savoir : ceux du professeur Lépine, de Lyon, sur le pouvoir glycolitique du sang ; ceux du professeur A. Gautier, de Paris, sur la digestion intra-musculaire. Ces travaux ont été insérés aux Comptes rendus de l'Académie des sciences de Paris.

Que les éléments cellulaires soient groupés en colonies fédératives, comme dans nos tissus ; ou qu'ils vivent isolément comme les globules du sang, les ferments, les microbes, les phénomènes nutritifs intra-cellulaires s'accomplissent d'une manière identique, les preuves en sont faites aujourd'hui.

Les ferments et les microbes jouissent de propriétés physiologiques ou pathologiques dont l'intensité, que l'on peut mesurer, est en rapport avec leur énergie vitale. Chez eux, l'accomplissement normal des phénomènes vitaux exige des conditions bien déterminées. De nombreuses expériences ont démontré que toute modification dans l'une de ces conditions, qu'elle soit d'ordre physiologique, comme une variation dans la composition des milieux ; ou physique, par un changement de température ; d'ordre chimique, par la présence d'une substance toxique, etc., altère la nutrition intra-cellulaire et abaisse l'énergie vitale, changements que l'on constate par les variations de leurs propriétés.

Si les digestions intra-cellulaires des éléments histologiques des tissus humains sont peut-être moins sensibles, en apparence, aux influences résultant des modifications peu importantes dans la composition des milieux physiologiques, ou des variations de la température ; s'il est difficile, même impossible, de constater ces altérations digestives, il serait inexact de croire qu'elles y sont indifférentes. Par contre, de nombreux exemples prouvent que la lumière solaire, pour n'en citer qu'un exemple, a une influence considérable et indispensable sur elles ; mais ce sont surtout les substances toxiques qui exercent l'action la plus manifeste.

Digestion intra-hématique. — Le sang reçoit les principes nutritifs alimentaires provenant de la digestion gastro-intestinale ; mais avant de les distribuer aux tissus, il leur fait subir une première digestion intra-cellulaire dans les globules hématiques, à la genèse et au développement desquels ils doivent d'abord servir. Or, nous avons vu que la digestion gastro-intestinale peut être facilement altérée ; dans ces cas, elle fournit donc au sang des produits imparfaitement préparés et des toxines de même provenance, qui altèrent la digestion intra-hématique globulaire et contribuent à une nouvelle création de toxines. Leur nutrition étant altérée, ils peuvent ne pas acquérir leur développement normal ; leur hémoglobine est imparfaitement élaborée et leur capacité absorbante pour l'oxygène diminuée ; autant de modifications qui auront sur tout l'organisme une répercussion profonde. De plus, elle se traduira par un changement dans la coloration de ces hématies.

Le sang n'est pas seulement la source alimentaire commune qui porte aux organes leurs matériaux de développement, d'entretien et de réparation ; c'est aussi le confluent général où chacun d'eux rejette les résidus de sa nutrition. Ainsi donc, à côté de l'altération nutritive du sang d'origine alimentaire, nous pouvons rencontrer aussi son altération par les déchets organiques.

Les troubles nutritifs intra-hématiques globulaires produisent des effets multiples. Par suite de l'altération de l'hémoglobine, le sang prend une coloration vineuse vieille de rancio ; les globules examinés au microscope sont aplatis, déprimés au centre, les bords sont déchiquetés. C'est surtout dans les maladies infectieuses à marche lente, telles que : la tuberculose, le cancer, etc., que ces altérations hématiques profondes s'observent. Entre le globule sain et le globule profondément altéré, il y a tout une gamme descendante graduée d'altérations progressives qui constituent de nombreuses variétés. Elles constituent les *fausses anémies*. Nous en faisons un chapitre spécial, plus loin.

Digestions intra-histologiques. — Les principes albuminoïdes nutritifs fournis aux tissus proviennent de la dissociation des globules hématiques ; ils pénètrent par osmose dans les éléments anatomiques. Ils sont les mêmes pour tous les tissus. Dans ces nouveaux milieux, ils doivent subir une troisième digestion, afin d'être rendus assimilables aux éléments anatomiques spéciaux de chaque tissu. Mais alors, si la digestion intra-hématique a été altérée ; si les produits constitutifs des globules ont subi une élaboration imparfaite, ils fournissent aux éléments anatomiques des matériaux plus difficilement digestibles et souillés de produits toxiques, qui vont encore entraver la dernière digestion intra-cellulaire et contribuer à la production de nouvelles leucomaïnes toxiques en plus grande quantité. Avec ces produits mal élaborés, l'assimilation est imparfaite, l'usure fonctionnelle est incomplètement comblée ; comme conséquence il y a affaiblissement de l'énergie vitale et souvent aussi amaigrissement.

Quelques causes d'altérations nutritives. — Nous nous sommes appliqué à faire ressortir les perversions digestives intestinales comme causes d'altération de la nutrition histologique, parce qu'elles sont beaucoup plus fréquentes qu'on ne le croit et que l'attention est à peine encore éveillée sur elles, malgré les travaux déjà nombreux et remarquables sortis du laboratoire des Professeurs Bouchard et Charrin.

Si nous rappelons que dans l'arthritisme (goutte et rhumatismes) l'acide urique accumulé est un poison des éléments anatomiques ; si nous signalons l'alcoolisme, la syphilis, les maladies infectieuses, les différents modes d'intoxication, le morphinisme, l'usage prolongé de toute la gamme des sédatifs, narcotiques, soporifiques, antithermiques, etc., employés chaque jour en quantité de plus en plus grande dans la médecine symptomatique ; on voit que les causes d'altération nutritive sont nombreuses. En s'appuyant sur la physiologie on constate que si ces derniers agents peuvent avoir un effet immédiat utile, ils en ont de lointains préjudiciables, quand ils sont employés d'une manière constante et prolongée, même quand on varie les espèces.

Une conséquence importante de ces troubles nutritifs généraux qu'il importe de faire remarquer, c'est l'altération profonde qui se produit dans les divers organes épurateurs de l'organisme (foie, reins, etc.), dans les organes hémato-poiétiques (ganglions, rate, etc.).

Il est encore une remarque importante que nous devons nous appliquer à faire ressortir : c'est que, si toutes les causes altérantes nutritives, si nombreuses et si variées, agissent dans le même sens sur l'organisme, leur action ne s'exerce pas avec une égale intensité. Enfin, s'il existe pour quelques agents nocifs une faculté élective d'accumulation vis-à-vis de certains organes, ceux-ci seront plus énergiquement touchés que les autres ; d'où résultera une répartition inégale dans les altérations nutritives.

Les effets résultant de ces perversions digestives et nutritives multiples conduisent à l'altération des constitutions et l'observation permet de constater que, quand ces états sont anciens, ils peuvent être transmis héréditairement à la descendance. Par suite de l'abaissement de l'énergie vitale histologique ils créent une aptitude à contracter les maladies infectieuses. Enfin, ils sont toujours une cause aggravante des maladies, rendant les unes mortelles, les autres incurables.

Les dangers de la Serumthérapie. — Les insuccès retentissants de la tuberculine de Koch avaient, petit à petit, fait abandonner l'emploi des sérums comme agents thérapeutiques. La publicité exagérée donnée aux succès des sérums antidiphtériques de Behring et de Roux ont produit un véritable emballement, aussi bien chez les médecins que dans le public, et on ne prétend à rien moins qu'à guérir toutes les maladies infectieuses au moyen de sérums spéciaux. Il y a quelques années Ferrand a signalé le sérum anticholérique ; Marmoreck nous a donné le sérum antiérysipélateux ; on cherche à obtenir des sérums antityphoïques, antisyphilitiques, etc.

9

Nous appellerons tout spécialement l'attention sur les nombreux travaux présentés par MM. Charrin et Gley à la Société de Biologie, dans lesquels ils se sont appliqués à démontrer, par l'expérimentation sur de nombreux animaux, sur les infectés tuberculeux, syphilitiques et autres, que les toxines, que les sécrétions bactériennes, introduites directement par les expérimentateurs, ou après passage dans le sang d'autres animaux comme les sérums antidiphtériques, antiérysipélateux, etc., produisent une altération profonde de la nutrition histologique des sujets infectés, ou traités, qui se traduit dans la descendance, tantôt par une mortalité excessive ou par une dégénérescence profonde.

Nous empruntons à un de leurs travaux les conclusions suivantes :

« La comparaison de tous ces faits autorise à conclure que l'infection par l'intermédiaire des sécrétions bactériennes introduites directement par l'expérimentateur, ou fabriquées par le microbe, ou venues de la mère même en dehors de toute fièvre, trouble la nutrition, s'oppose à la croissance, à l'augmentation de poids en favorisant la désassimilation ou plutôt en rendant l'assimilation moins parfaite.

« Ces acquisitions permettent de commencer à remplacer par quelques notions positives ces données relatives aux influences héréditaires, aux modifications du terrain, développées sous l'influence des virus. La réalité de ces influences néfastes, de ces modifications, se trouve imposée par la puissance de l'observation.... »

A l'engouement irraisonné des premiers moments pour le sérum antidiphtérique a succédé une appréciation plus ordonnée et plus exacte des faits apportés à la science par de très nombreux auteurs, faits déduits de l'observation la plus vaste. Or, si nous considérons seulement les phénomènes généraux observés, ils conduisent à la conclusion irréfutable : *Que tous les sérums, quels qu'ils soient, naturels ou artificiels ; quels que soient leurs effets immédiats, produisent sur l'organisme une perturbation nutritive et vitale profondes.*

Le Dr Variot a appelé l'attention sur la fièvre que provoque l'injection des sérums ; l'élévation thermique s'observe aussi quand on injecte du sérum normal chez l'homme ou chez les animaux. Cette manifestation fébrile signifie tout simplement qu'on a introduit dans les milieux physiologiques des produits étrangers et que l'organisme fait effort pour les éliminer. Cela explique pourquoi les sérums normaux ou médicamenteux provoquent une légère polyurie avec augmentation d'urée et de phosphates.

L'albuminurie est encore une manifestation consécutive fréquente des injections de sérums. A côté, viennent se placer les accidents hémorrhagiques, tels que : néphrite hémorrhagique, purpura, épistaxis, hémorrhagies utérines. En présence de ces troubles généraux, il est difficile de contester que les injections de sérums quelconques ne produisent pas une altération vitale profonde. Nous ne citons que pour mémoire les accidents mortels ; ceux-là sont des arguments trop difficiles à retorquer.

En nous appuyant uniquement sur les lois de la physiologie, que l'on piétine singulièrement dans l'emploi des sérums de tous genres, nous dirons :

Que les sérums pourront rendre *immédiatement* des services signalés dans les maladies infectieuses à évolution rapide ; mais il ne faut pas perdre de vue qu'étant des altérants de la nutrition, on devra en combattre les effets tardifs.

Dans les maladies à évolution lente, ils seront toujours nuisibles ; car il est démontré aujourd'hui que :

Les microbes ne tuent pas ; ils empoisonnent.

La dernière conclusion : que les microbes empoisonnent, nous conduit naturellement à parler des *antitoxines* auxquelles on attribue les propriétés microbicides et vaccinantes des sérums.

Si l'on considère la spécificité des sérums on est obligé d'admettre que chacun d'eux a son antitoxine propre ; d'où autant d'antitoxines que de sérums. Toutes ces antitoxines nous sont jusqu'alors inconnues, aucune d'elles n'a encore été isolée ni étudiée.

L'injection d'un sérum quelconque modifie la composition des liquides physiologiques ; celle-ci influe évidemment sur le mode vital des éléments histologiques de l'être vivant et les rend insensibles à l'action du microbe et à celle de ses toxines. D'autre part, le changement apporté dans la composition des humeurs n'est plus favorable à l'évolution microbienne ; celle-ci s'arrête en même temps que s'arrête aussi la sécrétion de leurs produits toxiques. Mais alors, les produits toxiques sécrétés antérieurement par les microbes, jusqu'au moment où l'injection de sérum est pratiquée sont-ils détruits par ces injections ?

Le mode vital nouveau imprimé aux éléments anatomiques du malade leur sera-t-il favorable dans l'avenir ; les mettra-t-il à l'abri pour un temps quelconque d'autres infections microbiennes ?

Dans l'état actuel de la science, il est impossible de formuler une réponse positive à la première question.

Il est aujourd'hui démontré par l'expérimentation que les sérums sont spécifiques, c'est-à-dire qu'ils n'agissent que sur le microbe contre lequel on a immunisé l'animal.

L'immunité produite par une injection de sérum est toujours de très courte durée.

En s'appuyant sur les connaissances acquises de la physiologie et de la pathologie cellulaire, quand il est démontré expérimentalement que les injections d'eau distillée sont nuisibles à la vie cellulaire, on est autorisé à croire que les injections de sérums l'altèrent également. La Science n'a-t-elle pas enregistré, d'ailleurs, indépendamment des accidents mortels, qui sont des preuves directes, un certain nombre de malades qui, vaccinés contre une action microbienne, ont été peu après infectés par d'autres microbes.

RÉSUMÉ

Si des faits qui précèdent nous voulons tirer des déductions pratiques, il est nécessaire de préciser en quelques lignes les effets de l'altération nutritive, afin

de voir comment ils sont passibles d'une action thérapeutique.

Dans l'altération digestive gastro-intestinale, quelle
qu'en soit la cause, atmosphérique, intoxicante, microbienne, etc., il y a toujours formation de toxines diffusibles (ptomaïnes, leucomaïnes, etc.) sur lesquelles
les antiseptiques ordinaires naphtols, salicylates, etc.,
sont sans action, d'où leurs effets incomplets ; ce
qui ne veut pas dire pour cela qu'ils soient inutiles,
loin de là.

Dans les digestions intra-cellulaires hématique et histologique, il y a encore production de nouvelles toxines, en plus grande quantité, qui agissent comme causes aggravantes des troubles digestifs. C'est même la
production de ces toxines qui perpétue ces altérations
nutritives. Ce sont donc tous ces produits toxiques
alcaloïdiques et autres que nous devons nous appliquer
à détruire. Il nous faut pour cela des agents qui soient
tout à la fois puissants, diffusibles et relativement inoffensifs. Ceux qui donnent les meilleurs résultats sont
l'iode métalloïde, quand il s'agit d'obtenir une action
généralisée à tout l'organisme, et l'or quand on veut
concentrer l'action sur le système nerveux.

CONCLUSIONS

La nutrition cellulaire ne peut être modifiée que de
trois manières ; elle peut être exagérée, abaissée, ou
altérée.

La nutrition exagérée en dehors de la croissance, étant
toujours localisée et donnant lieu à des formations néoplasiques, son étude ne rentre pas dans le cadre de
cet ouvrage.

La nutrition est abaissée par l'insuffisance de principes
nutritifs de constitution, et dans la majorité des cas ce
sont les principes phosphatés minéraux qui font défaut.
Les espèces phosphatées insuffisantes varient suivant
l'âge et les besoins physiologiques.

Dans l'enfance, c'est surtout le phosphate de chaux

qui fait défaut, et la maladie prend le nom *d'ostéoma-lacie* ; l'ossification de la charpente osseuse étant le phénomène physiologique prédominant.

Dans l'adolescence et chez les jeunes femmes, *l'anémie* nous prouve que ce sont les deux phosphates hématiques de fer et de soude qui sont insuffisants.

Dans l'âge adulte, chez les personnes dont l'activité et le genre de travail se concentrent dans le système nerveux, ce sont les phosphate et phosphoglycérate de potasse qui sont dépensés en quantité excédant les recettes. C'est là l'origine de toutes les *Maladies nerveuses.*

La nutrition altérée est le résultat de digestions défectueuses gastro-intestinale, intra-hématique globulaire et intra-cellulaire. Elles sont caractérisées par la production d'agents toxiques ; les uns, définis alcaloïdiques (ptomaïnes, leucomaïnes) : les autres, indéfinis (toxalbumines). Ils deviennent causes aggravantes des digestions altérées et les continuent longtemps après que la cause première a cessé d'agir.

Le phénomène qui domine dans la nutrition altérée c'est l'intoxication généralisée et persistante dont, jusqu'à ce jour, les deux antidotes les plus énergiques sont l'iode étendant son action à tout l'organisme et l'or concentrant la sienne sur le système nerveux.

Les conséquences de cette altération digestive et nutritive sont nombreuses et variées :

1º Les réparations de la dépense fonctionnelle ne s'opérant pas complètement, il y a abaissement de l'énergie vitale et amaigrissement plus ou moins considérable ;

2º La formation en abondance de produits toxiques qu'il faut éliminer amène l'altération des organes épurateurs du sang (foie, reins) ;

3º L'affaiblissement de l'énergie vitale crée une opportunité morbide et une aptitude à contracter toutes les maladies infectieuses contagieuses ;

4º Cet état devient encore une cause d'aggravation de toutes les maladies intercurrentes.

Altérations nutritives mixtes. — Les trois modes de

troubles nutritifs précédents ne se rencontrent pas toujours seuls chez les malades ; il en existe souvent deux agissant simultanément. Les cas de beaucoup les plus fréquents que l'on rencontre sont : d'une part, la nutrition abaissée par suite de l'insuffisance phosphatée alimentaire. D'autre part, l'altération nutritive histologique tantôt acquise, tantôt transmise héréditairement, mais modifiant si profondément certaines maladies, que l'on est obligé d'en faire des espèces nouvelles. De plus, elle provoque des insuccès thérapeutiques là ou la physiologie, appuyée par l'analyse chimique, faisait espérer des succès certains.

Chez l'enfant, à côté de *l'ostéomalacie* caractérisée par l'insuffisance phosphatée calcaire, nous avons le *rachitisme* présentant la même insuffisance minérale. Dans le premier cas, de bonnes préparations de phosphate de chaux ont rapidement raison de ces états. Dans le rachitisme, le résultat est nul ou à peu près. La nutrition des cellules osseuses étant altérée, le phosphate de chaux n'est pas assimilé ; on ne peut y parvenir qu'en redressant simultanément la nutrition histologique.

Chez les adolescents, à côté de *l'anémie* tributaire des phosphates hématiques et rapidement amendée par leur usage, nous avons la *chlorose* chez laquelle les mêmes phosphates indiqués restent sans effets. La nutrition intra-cellulaire des globules du sang est altérée, leur hémoglobine n'a pas la même capacité absorbante pour l'oxygène, son aspect physique est différent au spectroscope ; le phosphate de fer n'est pas assimilé. Et comme tous les éléments cellulaires des tissus sont dans un état d'altération similaire, les malades ont un facies spécial.

Chez les adultes atteints d'affections nerveuses, les états diathésiques goutteux, rhumatismaux, cancéreux, etc., les intoxications alcooliques, saturnines, morphiniques, etc., qui provoquent l'altération nutritive histologique, ainsi que nous l'avons établi précédemment, sont causes aggravantes de ces affections et les conduisent à la lésion incurable.

CHAPITRE XXX.

Les Poisons de l'homme.

Origines diverses. — Effets pathologiques.

« Si les cliniciens veulent arriver à une thérapeutique rationnelle spécifique, il leur faut absolument entrer dans l'étude des alcaloïdes rejetés par les excrétions de l'homme sain et de l'homme malade, le meilleur et le premier moyen pour combattre un ennemi quel qu'il soit, étant d'abord de le connaître. »

D^r Ch. DEBIERRE, de Lille.

Vers 1860, Pasteur venait de démontrer que, dans la fermentation alcoolique, la transformation du sucre en alcool était le résultat d'un phénomène vital de la levure ferment, être monocellulaire. Aussitôt il engagea cette lutte mémorable contre les partisans de la génération spontanée qu'on appelait les hétérogénistes, dont Pouchet de Rouen était le champion le plus passionné et qui se termina par la brillante victoire dont la conclusion fut : *que l'altération des substances organiques est le résultat d'une fermentation dont les semences des ferments sont apportés par l'air.*

Tel a été le prélude des immortels travaux de Pasteur sur les maladies infectieuses. L'analogie des virus et des ferments figurés, des maladies et des fermentations fut démontrée par lui vers 1865. Les méthodes qui permettent de sélectionner et de cultiver les races de levures furent la suite de ces découvertes ; elles furent appliquées à la culture des virus et à leur transformation en vaccins.

La découverte des microbes jetait un jour considérable sur l'étiologie des maladies infectieuses. Quant au mécanisme par lequel les microbes nuisibles attei-

gnent l'économie et produisent l'état pathologique général, il restait inexplicable. En 1872, Selmi en Italie et
Boutmy en France, presque simultanément, décou-
vraient des alcaloïdes dans les produits de la putréfaction des matières animales. Bientôt après, le professeur
A. Gautier arrivait à en isoler plusieurs espèces et à
établir par l'expérimentation sur les animaux que, quelques-unes d'entre elles sont extrêmement vénéneuses.
Enfin, il découvrait des alcaloïdes similaires dans les
produits des cultures microbiennes. Aujourd'hui, le
nombre des espèces découvertes de ces alcaloïdes, tant
dans les matières végétales et animales en décomposition, que dans les cultures des espèces microbiennes
est considérable. On leur a donné le nom générique de
ptomaïnes (de πτωμα cadavre). Administrés aux animaux par injections hypodermiques, l'observation des
symptômes pathologiques, de l'altération du sang et de
la cachexie profonde qu'ils produisent ont établi d'une
manière indiscutable que ce sont ces alcaloïdes vénéneux, sécrétés par les microbes, qui déterminent les altérations si profondes qui conduisent si souvent à la mort.
La preuve en a été fournie par la découverte d'un grand
nombre d'espèces de ptomaïnes dans les déjections des
malades atteints de maladies infectieuses ; et la plupart
d'entre elles ont été reconnues comme étant extrêmement vénéneuses.

La conclusion qui ressort de cette découverte, laquelle, disons-le, est admise aujourd'hui par tous les savants compétents ; c'est que : *Dans les maladies infectieuses mortelles, les microbes ne tuent pas directement ;
ils empoisonnent et favorisent la destruction organique
par les poisons qu'ils secrètent.*

Peu après la découverte des ptomaïnes, le Dr A. Gautier constatait que les cellules de nos tissus, dans l'état
normal de santé, fabriquent constamment des alcaloïdes. Ils résultent de la digestion régulière des matières
albuminoïdes. Pour cette raison on leur donne le nom
de *leucomaïnes* (de λευκωμα, blanc d'œuf) ; elles sont généralement moins vénéneuses que les ptomaïnes. Avant
cette époque, on connaissait cependant déjà quelques

9.

produits basiques, tels que la créatinine, la sarcine, la xanthine, la carnine, la guanine, etc., mais on ne leur reconnaissait pas le caractère alcaloïdique. Par contre, on avait accepté comme alcaloïdes la choline et la névrine ; encore cette dernière n'est-elle qu'un produit de décomposition de la lécithine qui n'est nullement basique.

La production des leucomaïnes dans l'organisme sain est toujours extrêmement faible et leur élimination s'accomplissant facilement, elles ne produisent pas d'effets toxiques. Mais, si l'élimination urinaire vient à être entravée par une cause quelconque, l'accumulation des leucomaïnes peut occasionner des désordres et compromettre la santé. Il y a cependant un fait très important, mais qui a besoin de nouvelles recherches pour être élucidé, c'est celui-ci : les leucomaïnes secrétées pendant le jour donnent à l'urine des propriétés *convulsivantes*, tandis que celles de la nuit sont *narcotiques*.

On a cherché à savoir si, sous l'influence des maladies, la production des leucomaïnes par les tissus était augmentée ou transformée. Jusqu'à ce jour on n'a constaté que ce seul fait, à savoir : que dans les déjections des malades, aux leucomaïnes des tissus s'ajoutent les ptomaïnes produites par les microbes infectieux, les malades sur les produits desquels on a opéré étant tous atteints d'une maladie infectieuse, et que les urines sont devenues extrêmement vénéneuses.

En 1882, MM. Bouchard et Charrin ont démontré *que la maladie résulte d'une intoxication de cause chimique, d'un poison soluble exempt de toute forme figurée ; ce poison, du reste, ayant été sécrété, soit par le microbe spécifique du virus correspondant, soit par l'organisme lui-même.*

Toutefois, les propriétés connues des ptomaïnes et des leucomaïnes ne suffisaient pas pour expliquer les désordres morbides observés. En 1883, Weir-Mitchel découvrait dans les venins des serpents les premiers agents toxiques de nature albuminoïde ; quelques années après MM. Roux et Yersin établissaient que le poison diphtéritique est aussi de nature albuminoïde ; puis les recherches de Brieger et Fränkel sur le charbon arrivaient au même résultat. Un grand nombre d'autres sont venus s'ajouter à ces premiers. On donna à cette nouvelle classe de poisons le nom générique de *Toxalbumines* et par abréviation celui de *Toxines*. L'expérimentation a démontré que les toxines sont beaucoup plus vénéneuses que les leucomaïnes.

Comme dans les sécrétions microbiennes les toxines proprement dites accompagnent le plus souvent les ptomaïnes, dans le langage courant, on emploie souvent l'expression de *Toxine* pour désigner d'une manière générale tous les poisons microbiens.

A l'heure actuelle il est donc démontré que l'organisme humain peut être altéré par trois catégories de poisons :

Les *leucomaïnes* alcaloïdes définis produits normalement par les cellules des tissus sains, mais en très petite quantité ;

Les *ptomaïnes* alcaloïdes également définis, produits microbiens des diverses maladies infectieuses issus de la digestion des éléments albuminoïdes organiques normaux par les microbes ;

Les *Toxines* ou *Toxalbumines*, poisons non définis produits dans les mêmes conditions et en même temps que les ptomaïnes.

Les toxines sont des corps extrêmement complexes, dont l'étude n'est pas encore très avancée. Un certain nombre d'entre elles se rapprochent des diverses albumines, parce qu'elles sont précipitables par les mêmes réactifs généraux ; d'autres se rapprochent plutôt des diastases (ferments solubles) par la manière dont elles se comportent. La toxine diphtéritique et celle du Tétanos rentreraient dans cette catégorie. On a constaté que chaque espèce microbienne qui a été étudiée sécrétait des toxines spéciales et différentes.

Il n'existe pas de démarcation bien nette entre les ptomaïnes et les toxines, parce qu'elles passent insensiblement des unes aux autres.

Nous ne décrirons pas les poisons qui ont été isolés

et étudiés ; leur énumération même ne serait ici d'aucune utilité. Nous nous contenterons de signaler parmi ces poisons ceux qui, par leur action sur l'organisme, se rapprochent de certains poisons végétaux ; cela permet de comprendre et d'expliquer les symptômes observés. Il y a cependant, entre les poisons végétaux et les poisons animaux, une différence très importante sur laquelle nous devons attirer l'attention. La similitude des effets pathologiques entre certains poisons animaux et des poisons végétaux n'existe qu'autant que tous deux sont introduits par la voie hypodermique. Mais, tandis que les poisons végétaux conservent leurs effets toxiques quand ils sont introduits par la voie stomacale, les poisons animaux perdent généralement les leurs ; très probablement parce qu'ils sont atteints et transformés par les ferments digestifs gastro-intestinaux.

MM. Dupré et Jones Bence (1866) retirèrent des tissus et des liquides animaux une substance alcaloïdique à laquelle ils donnèrent le nom de *quinoïdine animale*. MM. Sonnenschein et Zulzer (1869) isolèrent des liquides des macérations anatomiques de l'Institut de Berlin une base alcaloïde analogue à l'*atropine* et à l'*hyoscyamine*. En 1877, Schwanert retirait du cadavre une matière huileuse sentant la *propylamine.* Marquard et Hager isolèrent une substance analogue à la conicine. M. A. Gautier signalait, de son côté, une *coniine* cadavérique volatile. Peu après, MM. Brouardel et Boutmy trouvèrent une ptomaïne analogue à la *conicine* dans le cadavre de plusieurs personnes empoisonnées à la suite de l'ingestion d'une oie farcie, et une ptomaïne analogue à la *vératrine* dans les organes d'autres sujets. Cortez, Brugnatelli, Zenoni démontrèrent la présence de *poisons narcotiques* et d'une base semblable à la *strychnine* dans le maïs corrompu. Brieger découvrit la ptomaïne de la peptone (*peptotoxine*) qui amène la mort par paralysie cardiaque. La névrine résultant de la décomposition des lécithines agit à la façon de la *muscarine*. Mans a retiré d'organes en putréfaction diverses ptomaïnes dont une agissait à la façon de la *morphine* (poison stupéfiant) ; une autre produisait le tétanos à faible dose et tuait les animaux en une demi-heure à dose un peu plus élevée ; une troisième se comportait comme la *strychnine* (poison tétanique). Dans un autre travail le même auteur a retiré de viande saine cuite et abandonnée à la putréfaction deux alcaloïdes dont un produit rapidement des convulsions cloniques et toniques, une vive dyspnée, le ralentissement du cœur, la paralysie du mouvement, la mort par arrêt de la respiration. L'autre alcaloïde produit les mêmes effets, mais plus tardivement. Nous sommes loin d'avoir épuisé le sujet ; mais les exemples qui précèdent suffisent pour expliquer la multiplicité et la variété des symptômes que peuvent donner les différents modes d'intoxications par les produits microbiens.

Si dans quelques maladies infectieuses, telles que la diphtérie, le choléra, etc., à évolution extrêmement rapide, les phénomènes d'intoxication sont violents et entraînent souvent et rapidement la mort, dans le plus grand nombre des maladies infectieuses, l'évolution se fait avec lenteur. Les toxines créées, insuffisantes pour produire des désordres immédiatement appréciables, exercent cependant une action nuisible sur la vie cellulaire. Il est démontré que les toxines microbiennes, par les troubles qu'elles apportent dans la nutrition cellulaire, favorisent la production d'une plus grande quantité de leucomaïnes ; leur présence en quantité plus abondante dans l'urine le prouve d'une manière incontestable. Cette altération digestive intra-cellulaire se traduit encore par une perte plus ou moins grande de poids des malades, les principes nutritifs incomplètement digérés ne pouvant servir que partiellement à combler les vides de la désassimilation fonctionnelle. Enfin, comme tout vient du sang ou y va, que la maladie infectieuse soit locale ou générale, les toxines passent toujours dans le sang et s'y concentrent en attendant leur élimination ; elles exercent donc sur les hématies une action plus nocive encore que sur les cellules des tissus. Aussi, observe-t-on toujours, outre la déformation qu'elle leur fait éprouver, que leur hé-

moglobine subit une altération profonde, qu'elle prend
une coloration de vieux rancio, ce qui donne aux malades ce teint cireux si remarqué.

Les études bactériologiques nous ont appris que, lorsque les fonctions nutritives ont été altérées par une
cause étrangère dont l'action s'est continuée pendant
un certain temps, les cellules, qu'elles soient libres ou
groupées, transforment leur mode vital, le conservent
et l'impriment aux cellules qui émanent d'elles. De
sorte qu'une action temporaire, quelquefois relativement courte, imprime une modification durable et permanente, à moins qu'un agent quelconque médicamenteux ou autre vienne modifier et redresser ce trouble
vital. Sous l'influence de l'altération digestive, les cellules ont produit une plus grande quantité de toxines
et elles en continuent la production exagérée, longtemps encore après que la cause première a cessé d'a-
gir. Cette production exagérée et continue de toxines
cellulaires est certainement une des causes principales qui perpétuent l'altération vitale et font obstacle
au retour des cellules à leur mode vital normal. Il est
donc certain qu'en détruisant ces toxines, ou tout au
moins en paralysant leur action nocive, on aide puissamment la cellule à reprendre son fonctionnement régulier.

A l'empoisonnement normal quotidien par la création constante de leucomaïnes, l'organisme, dans les
conditions normales de santé, oppose, pour en combattre les effets nocifs, deux moyens : leur destruction par
oxydation et leur élimination par la voie urinaire.

De l'empoisonnement anormal par les ptomaïnes et
les toxines, créations des microbes infectieux, l'organisme se défend aussi par deux autres procédés : l'un
visant la cause originelle intoxicante — le microbe —
est la phagocytose découverte par M. Metchnikoff, c'est-
à-dire la propriété qu'ont les globules blancs (leuco-
cytes) et d'autres cellules géantes que crée l'organisme,
sous l'impulsion de l'infection, d'absorber intégralement les microbes et de les détruire en les digérant.
L'autre moyen est non moins curieux. Touchées dans

leur vitalité par les toxines microbiennes, les cellules de tous les tissus tendent à réagir et à se défendre en produisant une *antitoxine* qui combat l'effet du poison, le paralyse, mais ne le détruit pas. Cette propriété a été constatée par Behring. Il a observé, en outre, qu'elle est considérablement augmentée chez les cellules qui ont été vaccinées par un sérum spécial. C'est sur cette découverte que s'appuie la sérumthérapie.

Nous avons déjà dit ailleurs que l'on ne connaît pas la nature des antitoxines. Il est établi que, de même qu'il existe une toxine particulière à chaque microbe, il faut aussi lui opposer une antitoxine spéciale. Si l'on connaît leurs effets, on ne sait pas encore les expliquer. Mais il est deux points d'importance extrême sur lesquels l'attention doit s'arrêter et dont le praticien doit tenir grand compte :

1° *Les antitoxines ne sont pas inoffensives.* — Les accidents suivis de mort, qui ont été produits par des injections préventives de sérum antidiphthéritique à des sujets bien portants, sont des arguments qui ne comportent pas de discussions.

2° *Les antitoxines altèrent la nutrition histologique.* — Les accidents chez les sujets sains ne permettent pas de révoquer en doute leur action altérante sur la nutrition histologique. Alors même que leur action immédiate aurait été utile pour combattre une infection microbienne, cela ne suffit pas pour en contester les effets tardifs. Les recherches expérimentales de MM. Charrin et Gley le prouvent surabondamment. La prédisposition qu'acquièrent les malades à des infections d'autre nature démontrent au moins qu'elles ne régénèrent pas la nutrition histologique.

Il ressort donc de ces faits que, lorsque le médecin a préservé ou sauvé un sujet d'une maladie infectieuse par des injections de sérum, il lui reste à ramener dans le mode normal la nutrition histologique altérée. C'est, comme nous l'avons dit plus haut, la destruction des leucomaïnes qu'il faut obtenir en même temps qu'il faut faire obstacle à leur production exagérée. C'est dans la classe des réactifs généraux des alcaloï-

des, c'est-à-dire parmi ceux qui, en les rendant insolubles par précipitation, annulent leurs effets pathologiques, que nous devons rechercher les agents thérapeutiques qui nous donneront ces résultats. Il faut, pour
cela, qu'ils répondent aux conditions suivantes : il faut
qu'ils soient relativement inoffensifs dans la forme administrée, afin qu'on puisse les employer sans danger
à dose suffisamment élevée et pendant aussi longtemps
qu'il sera nécessaire ; qu'ils soient parfaitement diffusibles, afin d'aller exercer leur action dans tous les départements organiques ; enfin, que leur emploi n'incommode ni ne rebute les malades.

Parmi les principaux réactifs généraux des alcaloïdes végétaux et animaux, nous citerons :

*Les Acides phosphomolybdique, phosphotungstique, phos-
pho-antimonique,* qui ne sont pas employés en thérapeutique et desquels, par conséquent, nous ne pouvons
rien dire.

Les *Chlorures de platine et d'or* forment bien des composés insolubles avec un grand nombre d'alcaloïdes,
mais les combinaisons formées avec d'autres sont parfaitement solubles. Ils ne pourraient donc être employés utilement que dans des cas déterminés ; en outre, en raison de leur action caustique sur l'appareil
digestif, ils ne peuvent être employés qu'à très faible
dose, laquelle serait le plus souvent insuffisante.

*Le Bichlorure de mercure (sublimé corrosif), l'iodure
double de mercure et de potassium* sont de parfaits réactifs des alcaloïdes et même des toxines indéfinies. C'est
certainement à ces propriétés qu'ils doivent leurs succès contre l'infection syphilitique ; mais il ne faut pas
oublier qu'en raison de leurs propriétés fortement altérantes ils contribuent aussi à troubler la nutrition
histologique, quand on les emploie d'une manière continue pendant trop longtemps. Il est certain cependant que cette propriété altérante est très utile dans
les premiers mois de l'affection, parce qu'elle empêche les manifestations extérieures de la syphilis.

Ce sont donc des agents énergiques, mais dont l'emploi doit être limité et réservé à des cas spéciaux.

La solution d'iodure de potassium iodée, l'acide iodhydrique iodé sont aussi de parfaits réactifs des alcaloïdes, des toxines et des matières animales avariées de tous genres. C'est par l'iode métalloïde libre ou qui peut être mis en liberté qu'ils agissent comme contrepoisons en formant avec eux des composés insolubles.

C'est l'iode métalloïde que nous recommandons comme antitoxique et comme régénérateur des constitutions altérées ; c'est le plus précieux de tous. Quand, chez le syphilitique l'organisme est fatigué par le traitement mercuriel, n'est-ce pas à l'iodure de potassium que l'on a recours pour enrayer l'altération nutritive histologique et continuer l'action antisyphilitique. L'iodure de potassium ne facilite-t-il pas encore l'action des reconstituants employés simultanément ? En présence de ces résultats d'observation quotidienne, nous ne comprenons pas qu'il y ait encore des auteurs pour écrire et des professeurs pour enseigner que l'iode est un altérant.

Dans le chapitre spécial que nous avons consacré à l'étude des propriétés physiologiques et thérapeutiques de l'iode, nous avons donné les raisons qui nous ont conduit à préférer l'iode métalloïde aux iodures alcalins et le choix que nous avons fait des formes pharmaceutiques ; nous n'avons pas besoin de nous étendre plus longuement ici sur ce point.

TROISIÈME PARTIE.

CHAPITRE XXXI.

Maladies de l'estomac et des organes digestifs.

Avant d'étudier les maladies, d'après la classification que nous avons établie, nous croyons utile de nous arrêter aux maladies de l'estomac, de les examiner dans leur ensemble, car elles ont une influence directe sur la plupart des affections. Nous en parlerons bien au cours de chacune d'elles, mais nous croyons qu'il y a avantage à les réunir dans un chapitre spécial et, pour ainsi dire, préliminaire.

Fonctions digestives de l'estomac et des intestins.

L'appareil digestif est le laboratoire où s'effectue la séparation des principes nutritifs contenus dans les aliments. Sous l'expression générique de digestion, les principes nutritifs subissent des transformations chimiques qui ont pour effet de les rendre solubles, afin de faciliter leur circulation dans l'organisme et leur assimilation.

Si nombreux et si variés que soient les aliments, les principes nutritifs qu'ils renferment se groupent dans deux catégories seulement : les hydrates de carbone comprenant les fécules, les sucres, les graisses ; les principes azotés de nature albuminoïdique. Les transformations qu'ils subissent s'effectuent dans trois parties différentes de l'appareil digestif au moyen de diastases particulières.

Pendant la mastication, la salive qui humecte le bol alimentaire dans la bouche exerce, sur les fécules spécialement, une action digestive au moyen de sa diastase particulière, la *ptyaline*. Elle commence leur solubilisation en les transformant en dextrine par soudure de deux molécules d'amidon (Polymérisation) et en maltose (sucre) par fixation d'une molécule d'eau à l'amidon.

Dans l'estomac, la ptyaline salivaire continue peut-être son action sur les fécules ; mais ce sont surtout les aliments carnés et toutes les substances albuminoïdes qui subissent l'action digestive de la *pepsine*, diastase spéciale à l'estomac. Elles sont transformées en syntonine et subissent un commencement de peptonisation.

Ces deux digestions sont terminées dans l'intestin grêle au moyen de deux diastases spéciales fournies par le pancréas : l'une, l'*amylopsine*, achève la saccharification des fécules, leur transformation en glucose par la fixation de deux molécules d'eau ; l'autre, la *trypsine*, achève la peptonisation des matières albuminoïdes. Il existe aussi une troisième substance qui émulsionne les graisses.

Toutes les maladies de l'estomac ont pour cause, ou pour effet, la perturbation des fonctions digestives.

Maladies de l'Estomac.

Les maladies de l'estomac ont, le plus souvent, pour origine, un trouble vital du système nerveux ; aussi, le professeur Peter les a t-il qualifiées de « névrose circulaire de l'estomac », car elle commence au nerf pneumogastrique et y aboutit.

Dans certains cas, les maladies de l'estomac constituent un premier symptôme d'un état nerveux qui ne s'arrêtera pas là, si l'on n'y prend garde ou si on le soigne mal. D'autres manifestations nerveuses plus graves surgiront plus tard, et, quel que soit l'intervalle qui les sépare de l'époque des affections stomacales, il y aura entre les deux ordres de symptômes différents les relations originelles les plus étroites. D'ailleurs, lorsque les affections de l'estomac ont une origine nerveuse, on constate simultanément d'autres troubles nerveux généraux qui en spécifient l'origine.

Dans d'autres cas, les maladies de l'estomac ne relèvent pas d'une cause nerveuse immédiate ; mais elles y conduisent rapidement.

La digestion est une affaire d'*offre* de suc gastrique de la part de l'estomac et de *demande* de suc gastrique de la part des aliments. Si l'offre est proportionnelle à la demande, la digestion est normale ; si l'offre est insuffisante, il y a *dyspepsie atonique indolore* ; si l'offre est exagérée, il y a *dyspepsie douloureuse* ou *gastralgie*. Nous aurons donc de ce fait deux classes de maladies de l'estomac bien distinctes qui nécessiteront des méthodes différentes de traitement. Mais, dans tous les cas, il y aura quand même lieu de tenir très grand compte de l'origine nerveuse de ces affections et, par conséquent, d'agir sur cet appareil organique.

Troubles et maladies produits par l'alimentation.

Le nombre des substances qui servent à l'alimentation de l'homme est considérable ; leur emploi n'est soumis à aucune règle ; aussi en est-il souvent fait un usage irraisonné, défectueux, quelquefois immodéré, par conséquent nuisible.

Tout le monde sait que le lait est l'aliment exclusif de l'enfant, au moins pendant la première année de son existence. Quoiqu'il soit d'un prix très peu élevé à la campagne, on rencontre bien souvent des nourrices mercenaires, quelquefois des mères qui gorgent de bouillies innommables, les jeunes enfants confiés à leurs soins, pour économiser les deux ou trois sous que coûterait le lait de l'enfant. D'autres, leur donnent des laits de mauvaise qualité, vieux, aigris qui produisent des affections intestinales graves. Le nombre des existences humaines que coûtent à la France ces pratiques criminelles est effrayant.

Dans le public on se figure que la force et la santé

d'un enfant se reconnaissent à sa grosseur, à son poids. L'appétit, la quantité d'aliments absorbés constituent le thermomètre quotidien de leur santé. En un mot, on gave les enfants comme les compagnons de saint Antoine ; on croirait que le même sort leur est réservé. Par l'exagération alimentaire, on produit une dilatation d'estomac dont l'enfant ne souffrira souvent que beaucoup plus tard. Enfin, l'estomac ne peut digérer convenablement tous les aliments dont on l'a surchargé ; nous verrons plus loin les résultats de ces digestions défectueuses.

Chez les jeunes gens, les jeunes filles, les femmes obligés de pourvoir à leur alimentation, nous observons des habitudes contraires. Les jeunes gens économisent sur leur nourriture pour consacrer plus à leurs plaisirs ; chez les jeunes filles et les femmes, c'est afin de pouvoir satisfaire leurs goûts de luxe, ou encore pour avoir une taille fine, svelte, une grosse taille manquant de distinction. Cette privation alimentaire est certainement une cause importante de l'affaiblissement de la race française, de l'extension de l'anémie et des maladies nerveuses. Du côté de l'estomac, nous observerons la paresse digestive chez les unes, les gastralgies accompagnées de tout un cortège de désordres nerveux chez les autres.

Chez les adultes, nous trouvons une manière d'agir souvent toute différente ; on en rencontre beaucoup qui mangent trop, d'une manière irraisonnée, toujours nuisible. C'est ce qui a fait dire, avec juste raison, qu'il en meurt beaucoup plus de trop manger que de faim.

Des deux genres de principes nutritifs qui composent nos aliments : les principes hydrocarbonés (fécules, graisses), qui sont essentiellement calorigènes, conviennent surtout à ceux qui font du travail musculaire, parce qu'ils doivent brûler beaucoup de ces matériaux pour produire le calorique transformable en force. Les principes azotés servent à réparer l'usure vitale et fonctionnelle de nos tissus ; tout le monde en a besoin en quantité proportionnelle aux dépenses.

Abus des farineux. — Chez les personnes à occupations sédentaires ou n'accomplissant qu'un faible travail musculaire, les farineux ne doivent entrer que pour une part modérée dans l'alimentation. La partie destinée à être transformée en force et travail mécanique étant très réduite, ils n'ont besoin que de la partie devant donner le calorique nécessaire à l'entretien de la température constante du corps. On comprend que cette dernière partie doive varier avec la température ambiante ; plus forte en hiver, plus faible en été. Lorsqu'il y a excédent d'aliments farineux ingérés, ils sont tranformés en graisse et accumulés sous cette forme. Chez les individus très gras, on observe souvent une perversion du goût ; il se déclare chez eux une passion immodérée pour les farineux qui, cependant, sont contraires à leur santé.

Chez les personnes dont l'estomac est surchargé de farineux, la digestion est pénible, elle provoque au sommeil ; l'esprit est paresseux. Leur digestion est très souvent irrégulière ; une quantité notable de ces farineux se transforme en acides, indépendamment de ceux qui sont sécrétés par le suc gastrique. Ce trouble digestif se manifeste par des aigreurs, du pyrosis, etc. ; c'est la *dyspepsie acide*.

Abus de l'alimentation carnée. — On peut considérer l'abus de l'alimentation carnée comme la règle presque générale dans toutes les classes riches. La perfection dans l'art culinaire consiste à rendre chaque aliment attrayant et agréable au goût ; elle cherche à flatter le palais au détriment de l'estomac. Elle excite les désirs du palais et on les confond avec les besoins de l'estomac. On peut dire que si la cuisine raffinée est l'amie de notre bouche, elle est l'ennemie de notre vie et parmi les inventions les plus propres à l'abréger.

L'abus de l'alimentation carnée est la source d'un certain nombre de maux qui, avec le temps, deviennent graves. En donnant à l'estomac un surcroît de travail digestif, il ne l'accomplit pas convenablement dans sa totalité ; la digestion intestinale qui suit est également défectueuse. Ces digestions altérées feront l'objet d'un chapitre spécial très important. Nous dé-

montrerons que l'abus de l'alimentation carnée déter-
termine la production d'un excès d'acide urique qui
engendre la goutte ; que parmi les produits imparfaitement digérés se trouvent des poisons en abondance
qui produisent une intoxication générale de toute l'économie. Or, cette intoxication d'origine alimentaire et
digestive a pour effets fréquents de rendre infectieuses et graves un grand nombre de maladies qui sont
habituellement bénignes.

Dans tout ce qui précède nous avons supposé que les
aliments sont de bonne qualité ; or, il n'en est pas toujours ainsi. Il arrive plus souvent qu'on ne le croit que
des aliments sont de qualité défectueuse ; ils produisent
une intoxication que l'on désigne sous le nom général de *botulisme* ; nous y reviendrons au chapitre des
digestions vicieuses.

Maladies de l'estomac dues à l'insuffisance du suc gastri-
que. — Paresse de l'estomac. — Digestions lentes et pé-
nibles. — Manque d'appétit.

C'est chez les femmes que cet état de l'estomac se rencontre le plus fréquemment. Il est la conséquence de
l'affaiblissement du système nerveux.

Dans le traitement des maladies de cette classe, le
but que l'on se propose est d'exciter l'estomac, d'augmenter la sécrétion du suc gastrique, de faciliter ainsi
la digestion et d'augmenter l'appétit. On a recours pour
cela aux amers, et on range dans cette catégorie les
agents les plus divers qui ne se touchent que par cette
seule analogie de saveur, l'amertume. Ainsi, le quassia
amara, la gentiane, le colombo, le houblon, l'absin-
the, la centaurée renferment des principes simplement
amers ; la noix vomique doit son amertume excessive
à la strychnine, alcaloïde poison des plus violents. Sans
doute, à très petite dose, son action immédiate est
d'être un stimulant général très puissant ; mais, dès
que l'on en continue l'usage, il ne faut pas perdre de
vue l'action secondaire, quoique lointaine, d'être un
poison convulsivant des organes locomoteurs nerveux

d'une extrême violence. La fève Saint-Ignace, qui forme la base des gouttes amères de Baumé par la brucine qu'elle renferme, jouit des mêmes propriétés que la noix vomique. Malgré la vogue dont jouissent ces deux agents thérapeutiques, nous ne les recommandons nullement.

La coca, si à la mode, a pour principe amer la cocaïne, qui paralyse l'estomac et supprime la sensation de la faim ; la kola, par ses alcaloïdes, caféine, théobromine, etc., produit les mêmes effets avec, en plus, une stimulation du système nerveux. Faut-il en conclure pour cela qu'ils sont des médicaments d'épargne ? Alors qu'il est rigoureusement démontré que les dépenses de l'activité vitale ne sont nullement diminuées, il faut : ou bien vouloir tromper sciemment les malades ; ou bien être d'une ignorance absolue en physiologie.

Enfin, le quinquina, le plus populaire des amers doit cette propriété à ses alcaloïdes, quinine, cinchonine, etc., qui, à dose élevée, sont fébrifuges.

On a attribué à ces amers des propriétés toniques et fortifiantes ; c'est une erreur. Leur seule propriété consiste à exciter l'estomac et à l'aider à remplir ses fonctions digestives.

Les principes amers divers qui existent dans les plantes y sont toujours associés à des produits astringents de la classe des tanins dont les effets sont diamétralement opposés à ceux des amers. Le quinquina et la kola, en particulier, contiennent une très grande quantité de matière astringente appelée rouge cinchonique pour le quinquina et rouge de kola pour la kola.

Quand on fait usage du vin de quinquina, le premier effet éprouvé est une augmentation très notable de l'appétit, résultant de l'action immédiate des alcaloïdes amers sur l'estomac. Au bout de quelques jours, par suite de l'action astringente lente et continue du rouge cinchonique, la sécrétion du suc gastrique diminue de plus en plus ; l'augmentation primitive de l'appétit disparaît progressivement et il ne reste, en fin de compte, qu'une constipation opiniâtre, c'est-à-dire une aggravation de l'état primitif au lieu d'amélioration.

Le vin de kola donne des résultats analogues, à part la stimulation nerveuse qui est plus prolongée, mais qui finit par devenir fatigante.

Traitement. — Le *Vin de Quinetum Phosphaté* que nous recommandons pour ce genre de maladies de l'estomac renferme les alcaloïdes amers et fébrifuges des meilleurs quinquinas débarrassés du rouge cinchonique astringent; il est additionné de glycéro-phosphate de potasse, reconstituant spécial et sédatif du système nerveux. Il est bien supérieur à tous les vins amers divers, puisqu'en même temps qu'il excite l'action digestive de l'estomac sans la fatiguer, il fortifie et calme le système nerveux. C'est donc véritablement le médicament curatif de cette classe de maladies. Il est préparé au vin muscat (sucré) et au madère (vin sec). La dose est d'un verre à madère (2 cuillerées à potage) avant chacun des deux principaux repas.

Le vin de Quinetum est également l'agent curatif des neurasthénies chez les jeunes gens et les jeunes femmes. Toutes les personnes qui sont surmenées et fatiguées par le travail cérébral, la préoccupation des affaires, les grands chagrins, ou même l'abus des plaisirs trouveraient dans son usage le meilleur agent préventif des affections nerveuses.

Dans certains cas, l'estomac ne digère pas, parce que le suc gastrique manque de son ferment physiologique; il faut alors employer la pepsine. Mais comme elle ne donne tous ses effets que dans un suc gastrique acide, il est toujours nécessaire d'y adjoindre une préparation acide. Dans ce cas, l'*Elixir phosphovinique* doit avoir la préférence, parce que l'acidité est due à l'acide phosphorique qui est en même temps un reconstituant énergique du système nerveux; de plus, en raison de sa forme éthérée, il exerce en même temps une action sédative. On commence par 5 gouttes à midi et 5 gouttes le soir, dans un peu d'eau, quelques minutes avant le repas. Chaque semaine on augmente de deux fois 5 gouttes par jour, jusqu'à 20 gouttes à chaque fois.

Quelquefois, au contraire, les pesanteurs d'estomac peuvent être dues à un suc gastrique un peu trop acide, mais pas assez, cependant, pour donner tous les symptômes de la dyspepsie acide. Dans ce cas, une ou deux *pastilles antiacides* croquées lorsqu'on ressent les pesanteurs d'estomac, c'est-à-dire 3 ou 4 heures après le repas, ont pour effet d'activer les digestions en neutralisant l'excès d'acide et de faire disparaître rapidement les malaises.

Enfin, chez les femmes dont les fonctions digestives laissent à désirer, il est très important de s'enquérir s'il y a constipation, et traiter simultanément celle-ci avec le plus grand soin. Il arrive bien souvent, en effet, que la paresse de l'estomac, le refus d'aliments qu'il traduit d'une foule de manières, le manque d'appétit résultent de l'encombrement intestinal ; il faut donc le faire cesser.

Dyspepsies acides. — Gastralgies. — Crampes d'estomac.
Aigreurs. — Pyrosis, etc.

Ainsi que le nom l'indique, les gastralgies sont des maladies d'estomac douloureuses dont le siège est au creux épigastrique. Elles ont pour cause une sécrétion exagérée de suc gastrique d'acidité considérable. Tout d'abord, le suc gastrique attaque les aliments ; mais, comme il est en excès, le surplus irrite la muqueuse ; il se met, pour ainsi dire, à manger l'estomac. C'est ainsi que les gastralgies aboutissent avec le temps, chez les uns, à la *gastrite chronique*, chez d'autres à l'*ulcère de l'estomac*, quelquefois à la perforation ; le suc gastrique ayant complètement dévoré une portion de la paroi de l'estomac.

Les douleurs d'estomac ne commencent généralement à se manifester qu'une heure après le repas, c'est-à-dire quand l'acide chlorhydrique apparaît dans le suc gastrique. C'est à ce moment que commence réellement la digestion ; c'est à ce moment que l'acide sécrété attaque simultanément les aliments et la muqueuse de l'estomac ; c'est alors que le malade éprouve la sensation d'une brûlure. Chez un grand nombre de malades ce n'est souvent que trois ou quatre heures après le repas que les douleurs se produisent plus ou moins vives. On rencontre fréquemment des malades qui font cesser ces douleurs : les uns en mangeant ; d'autres en buvant successivement plusieurs verres d'eau. On comprend que ces procédés puissent amener un calme momentané. Dans le premier cas l'excès de suc gastrique se porte sur les aliments nouvellement introduits ; dans le second, en délayant par l'eau le suc gastrique, on le rend moins corrosif. Si c'est une eau minérale alcaline (Vichy ou Vals) qu'on absorbe, le soulagement est plus grand et plus durable, parce que l'alcali de ces eaux neutralise les acides. Enfin, on rencontre des malades qui, éprouvant des douleurs immédiatement après le repas, refusent de manger pour éviter ces douleurs.

Il arrive quelquefois encore, qu'en dehors de la digestion, l'estomac continue à sécréter un suc gastrique acide ; c'est le signe d'une affection plus grave et les souffrances sont continues.

La gastralgie peut provoquer des vomissements ; ils sont dus à une révolte de l'estomac qui rejette les aliments et le suc gastrique surabondant. Ces vomissements sont d'abord composés de substances alimentaires ; ils peuvent aussi devenir bilieux. Quand ils contiennent du sang, c'est l'indication du début de l'ulcère de l'estomac, dans lequel l'irritation provoquée par l'acide du suc gastrique est allée jusqu'à la muqueuse de l'estomac en corrodant les veines capillaires qui s'y trouvent disséminées.

L'ulcère de l'estomac amenant la mort est un mode fréquent de terminaison des gastralgies persistantes négligées. Mais cette catastrophe finale peut quelquefois ne se produire que 15 ans, 20 et même plus après le début de la gastralgie. Cette maladie n'est donc pas une maladie négligeable, même à ses débuts.

Chez les gastralgiques on rencontre quelquefois l'hérédité simple, c'est-à-dire sans diathèse héréditaire apparente. Chez les goutteux et les rhumatisants la dyspepsie acide est presque la règle générale ; on le comprend aisément. Chez eux, l'acide urique en excès s'élimine difficilement ; il est par conséquent plus abondant dans toute l'économie, il diminue l'alcalinité de tous les liquides physiologiques et rend plus facile leur acidification. D'autre part, chez ces malades les digestions stomacales sont généralement irrégulières et les farineux se transforment, pour une large part, en acides lactique, acétique, etc., qui élèvent considérablement l'acidité stomacale.

L'alcoolisme conduit toujours à la gastralgie (dyspepsie acide). Sans être alcooliques à proprement parler, l'habitude qu'ont certains individus d'absorber le matin à jeun, soit un petit verre d'eau-de-vie, soit même simplement du vin blanc, provoquent l'irritation de la muqueuse de l'estomac qui, se reproduisant chaque matin, engendre rapidement la gastralgie.

Traitement. — Cette affection étant produite par une sécrétion trop abondante de suc gastrique avec excès d'acide, on comprend que le traitement doit avoir pour but et pour effet de neutraliser cet acide en excès, afin de détruire son action irritante sur l'estomac.

Si le but à atteindre paraît simple au premier abord, nous allons voir que les moyens employés vont très souvent à l'encontre des résultats qu'on recherche. On emploie habituellement les eaux alcalines de Vichy, de Vals mêlées aux boissons du repas ou le bicarbonate de soude. On croit neutraliser les acides de l'estomac. Or, au cours du repas il n'en contient normalement pas ; ce n'est guère qu'une heure après qu'il en renfermera. Il arrive alors ce résultat paradoxal, en apparence, que les alcalis de ces eaux agissent comme excitants de l'estomac et que, sous leur impulsion, il arrive à sécréter un suc gastrique acide plus rapidement que dans les conditions normales. Le bien-être qu'éprouvent un certain nombre de personnes par l'usage de ces eaux alcalines résulte donc de la sécrétion plus rapide d'un suc gastrique acide qui commence immédiatement la digestion et les soulage en faisant disparaître la paresse stomacale. Chez les sujets dont l'hyperacidité stomacale a déterminé antérieurement une irritation de la muqueuse, il arrive alors que, très peu de temps après l'usage des eaux alcalines, le suc gastrique devenant acide,elles éprouvent des douleurs tellement intolérables, que pour les calmer, les médecins sont arrivés, par des doses fractionnées successives, à faire prendre à leurs malades 10, 20 et même 30 grammes de bicarbonate de soude par jour. Les mêmes praticiens constatent d'ailleurs que le bicarbonate de soude même à hautes doses continuées ne guérit pas les dyspepsies acides ; c'est tout au plus s'ils arrivent à faire disparaître la douleur.

Quand nous disons que l'effet des alcalins sur la muqueuse gastrique est paradoxal en apparence, nous devons nous expliquer. La loi physiologique pour l'estomac est d'avoir une réaction neutre à l'état de repos et d'acquérir progressivement une réaction acide dans la période de travail. Or, quand on administre un alcalin à un estomac qui n'est pas acide, il sort de son état physiologique, et il cherche à y rentrer en sécrétant un acide pour détruire sa réaction alcaline ; mais il dépasse la mesure exacte et reste acide.

Ainsi donc, non seulement les alcalins ne guérissent pas la dyspepsie acide, mais ils l'exagèrent et l'éternisent.Il est impossible, en effet, de doser exactement la quantité de bicarbonate de soude nécessaire pour neutraliser l'acide de l'estomac à un moment donné. On est donc fatalement amené à en donner chaque fois un excès qui, par son alcalinité, suréxcite à nouveau l'appareil producteur de l'acide chlorhydrique stomacal et lui en fait jeter dans l'estomac une quantité nouvelle. Celle-ci ramène la douleur et appelle de nouveau l'emploi du bicarbonate de soude. Ainsi s'expliquent, à la fois, le maintien de l'état pathologique et l'exagération des doses nécessaires pour calmer les douleurs.

Chez les lymphatiques, les doses excessives de bicarbonate de soude finissent pas émousser la sensibilité de l'estomac qui devient atone et perd ses facultés

10.

digestives. Chez les nerveux, au contraire, les appareils producteurs d'acide chlorhydrique arrivent à fonctionner d'une façon tellement exagérée qu'ils produisent cet acide à jet continu.

C'est 2 ou 3 heures environ après le repas que le suc gastrique atteint à peu près son maximum d'acidité ; c'est à ce moment seulement qu'il est utile d'atténuer cette acidité, quand elle est excessive, sans la faire disparaître complètement. Mais il faudrait que la dose d'alcalins ne dépassât pas la quantité strictement nécessaire, ce qui est difficile à réaliser, tout excès provoquant une nouvelle formation d'acide chlorhydrique, puisque, tant que la digestion n'est pas terminée l'estomac ne peut pas être neutre et encore moins alcalin.

Pour remédier aux défauts et aux difficultés que présente l'usage du bicarbonate de soude dans les dyspepsies acides au moment opportun nous préparons des *Pastilles antiacides* à base de carbonates alcalinoterreux. Elles neutralisent les acides en excès ; mais n'alcalinisant pas le milieu stomacal, elles ne provoquent pas une surproduction d'acide chlorhydrique. Chacune d'elles produit les effets de 10 pastilles de Vichy, au moins. Elles permettent de se soigner en quelque lieu que l'on se trouve. On n'en fait usage que lorsque l'on commence à être incommodé, c'est-à-dire 2 ou 3 heures après le repas. On croque rapidement une pastille de quart d'heure en quart d'heure jusqu'à disparition des malaises.

Il y a des personnes qui, le matin, ont une abondante expectoration de suc gastrique que l'on appelle *pituite*. Cette sécrétion nocturne de suc gastrique dont l'estomac se débarrasse le matin est produite par l'hyperacidité de ce suc pendant la digestion du repas du soir s'effectuant pendant la nuit. En prenant chaque soir 2 ou 3 pastilles antiacides au moment de se mettre au lit, on fait disparaître l'irritation gastrique et la sécrétion anormale de ce suc qui provoque la pituite.

Les vomissements alimentaires et bilieux résultant d'une action nerveuse, on peut les combattre au moyen

du *vin de quinetum phosphaté* à la dose de deux cuillerées à potage un peu avant chaque repas.

CHAPITRE XXXIII.

**Digestions irrégulières de l'estomac et des in-
testins. — Fermentations défectueuses. — Dyspepsie flatulente. — Haleine fétide. — Intoxication générale.**

Jusqu'ici nous avons envisagé exclusivement l'estomac, organe digérant ; il nous faut maintenant examiner les produits de la digestion qui, commencés dans
l'estomac, se terminent dans les intestins.

La digestion est une opération des plus délicates
qui peut être troublée par une foule de causes les plus
diverses. Ainsi, la transition brusque d'une température modérée à un froid très vif ou à une température
très élevée, aussitôt après le repas, trouble fréquemment la digestion. Comme influence nerveuse nous citerons les émotions vives, les grandes contrariétés,
etc., qui altèrent les digestions. Nous citerons encore
les caprices de l'estomac qui repousse certains aliments d'une très grande digestibilité, tandis qu'à un
moment donné il recherchera avec avidité les aliments
les plus indigestes. Mais les deux causes les plus fréquentes des altérations digestives sont la mauvaise
qualité des aliments et l'intervention microbienne.

Un grand nombre d'aliments sont sophistiqués par
tous les procédés imaginables ; les viandes en conserves ou cuites depuis trop longtemps sont fréquemment
altérées. La chair d'animaux surmenés, malades, est
livrée clandestinement à la boucherie. Ce que l'on appelle gibier faisandé, si recherché par certains gourmets, n'est pas autre chose qu'un commencement de
putréfaction. Tous ces aliments avariés renferment
des poisons en plus ou moins grande quantité qui trou-

blent les digestions et produisent de véritables intoxications pouvant déterminer quelquefois la mort. Chaque année, principalement dans la saison chaude, les
journaux signalent fréquemment des accidents occasionnés par des aliments : ce sont des conserves que
l'on croit altérées par le plomb contenu dans les soudu-
res ; ce sont des viandes diverses, de la charcuterie que
l'on croit avoir séjourné, ou avoir été cuite dans des
vases en cuivre souillés de vert de gris. Dans l'immense majorité des cas, ces viandes sont simplement
altérées par des microbes qui se sont développés au
milieu d'elles et ont engendré des poisons parfois
extrêmement violents ; et comme ces microbes ne sont
pas toujours ceux de la putréfaction, il en résulte qu'aucune mauvaise odeur ne trahit l'altération de ces viandes. Ce qui constitue la gravité de ces intoxications,
quand elles ne sont pas mortelles, alors même qu'elles
n'ont agi que pendant un temps très court, c'est que
l'altération digestive peut persister pendant très longtemps. Ainsi nous avons connu un officier qui fut sérieusement indisposé pour avoir mangé une crevette
d'un goût douteux ; les troubles intestinaux qu'elle a
provoqués ont duré plus d'une année.

Notre appareil digestif est par la bouche en communication directe avec le monde extérieur. Par l'air que
nous respirons, un très grand nombre de germes microbiens pénètrent dans la bouche et s'y développent ;
on en a déja séparé plus d'une vingtaine d'espèces différentes. Pendant la mastication des aliments, ils s'y
trouvent mêlés et pénètrent dans l'estomac avec le bol
alimentaire. Quand la digestion stomacale s'effectue
régulièrement, ils sont détruits ; mais ils ne le sont
pas quand elle est irrégulière. Il passent dans l'intestin et s'y développent avec une luxuriance extrême
parce qu'ils y trouvent un milieu alimentaire abondant et favorable à leur pullulation. Ils donnent alors
naissance à une quantité considérable de poisons, qui
passent dans le sang et vont produire dans toute l'é-
conomie des désordres extrêmes. Nous envisageons
ici seulement les microbes étrangers à l'organisme,

faisant abstraction de ceux que l'on y rencontre normalement. C'est surtout au détriment des principes
azotés que se forment ces poisons.

Au milieu de ces altérations digestives diverses, les
farineux, les matières grasses et sucrées donnent surtout lieu à la production d'acides, quelquefois en quantités exagérées.

La quantité des espèces microbiennes qui peuvent
se développer dans les intestins est considérable ; les
poisons produits par ces digestions défectueuses peuvent être aussi nombreux en espèces qu'abondants.
Aussi ne doit-on pas être surpris de la multiplicité des
désordres qu'ils occasionnent, depuis le simple mal de
tête, depuis l'indigestion vulgaire, depuis la colique
la plus bénigne, jusqu'aux accidents les plus graves.

Du côté de la bouche, du pharynx on peut observer
des saburres de la langue, des érythèmes, de la sécheresse, de la rougeur, parfois des ulcérations surtout au
niveau des amygdales.

L'haleine fétide, les éructations d'œufs couvés, les
nausées, les vomissements, les douleurs au creux de
l'estomac indiquent de préférence les altérations de la
digestion stomacale. Les diarrhées muqueuses, séreuses, glaireuses, sanguinolentes, fétides, etc., la flatulence, le ballonnement, les coliques, etc., sont les conséquences de digestions intestinales vicieuses.

CHAPITRE XXXIII.

Diarrhées des enfants. Diarrhée cholériforme ou athrepsie.

Toutes les formes de diarrhées chez les enfants doivent être l'objet des soins les plus attentifs dès le début. Comme on ne peut que conjecturer sur les causes
qui les produisent, on ne peut pas prévoir si elles se-

ront de courte ou de longue durée. Dans ce dernier cas, les diarrhées prennent toujours très rapidement un caractère infectieux ; elles deviennent d'autant plus graves que l'enfant est plus jeune, et se terminent le plus souvent par la mort. A Paris, les trois quarts des décès des enfants, 6.000 environ par an, ont pour cause la diarrhée cholériforme, et on n'estime pas à moins de 80.000 pour toute la France la mortalité annuelle des enfants due à cette cause. En présence de ces résultats désastreux, on comprendra que nous nous appesantissions un peu sur ce sujet, d'autant plus que, à en juger par les résultats, les traitements employés actuellement n'ont pas une bien grande efficacité.

Diarrhées des enfants nourris au sein.

Dans les premiers mois de la vie, souvent dès les premières semaines, on voit parfois survenir, sans cause appréciable, chez les enfants nourris par leur mère ou par une nourrice, une diarrhée verte, acide, avec des grumeaux blancs. Il n'y a, dans ce cas, ni fièvre, ni vomissements ; l'enfant tète bien, souvent même il augmente régulièrement de poids. Cependant les digestions semblent pénibles, l'enfant a des coliques, son ventre est ballonné. Ces accidents sont dus à ce que dans les intestins le lait subit la fermentation lactique et il y a en même temps augmentation de la sécrétion biliaire. On les attribue souvent à la nourrice et, de fait, il suffit parfois de la changer pour les faire disparaître ; c'est surtout quand la femme à un lait trop aqueux, trop abondant. Mais, dans bien des cas aussi, ils persistent après le changement de lait ; on a alors la preuve que ces diarrhées tiennent plus à l'état des voies digestives de l'enfant, qu'à la qualité de l'aliment.

Quand c'est la mère qui nourrit son enfant, on ne peut pas songer à la changer ; nous ne recommanderons pas davantage le changement de nourrice, pour cette seule cause, qu'il est facile de modifier le lait en soumettant la nourrice à un traitement phosphaté ferrugi-

neux au moyen du *phosphate de fer hématique Michel*
(voir au mot Anémie). On recommandera en même temps
comme légumes les purées de haricots, pois, lentilles,
qui sont très riches en phosphates et même en azote.

Quand l'enfant continue à augmenter de poids, malgré la persistance de ces diarrhées, on ne s'en préoccupe généralement pas outre mesure ; c'est à tort, car
on compromet bénévolement la santé de l'enfant, et c'est
une négligence que l'on payera bien cher plus tard.

Traitement. — Partant de ce principe que le contenu
intestinal des enfants atteints de diarrhée verte est
acide, on conseille l'eau de chaux, le bicarbonate de
soude, l'eau de Vichy, etc. Le Dr Hayem conseille l'a-
cide lactique, alors que l'acidité intestinale est due à
une production anormale de ce même acide par son
ferment spécial. Ces deux traitements sont diamétralement opposés. Dans le premier cas on neutralise les
acides sans se préoccuper du ferment ; or, il arrive ce
résultat tout à fait opposé à celui que l'on veut obtenir :
la neutralisation des acides formés non seulement ne
détruit pas le ferment lactique, mais lui donne une activité nouvelle. C'est d'ailleurs ce que l'on fait dans la
préparation industrielle des lactates. Au moyen de l'a-
cide lactique surajouté d'après la méthode de M. Hayem,
on augmente l'acidité du contenu intestinal, on paralyse momentanément l'activité du ferment lactique,
mais on ne le détruit pas. C'est pour ces raisons qu'aucune de ces deux méthodes de traitement ne donne pas
toujours de bons résultats.

Dans ces diarrhées enfantines, nous avons envisagé
la cause principale, la production de l'acide lactique
par fermentation spéciale ; mais à côté, et simultanément, il y a aussi évolution d'autres espèces microbiennes avec production de poisons. Or, ce sont ces poisons
qui, passant dans le torrent circulatoire, amènent la
dénutrition profonde que l'on observe et qui, par intoxication progressive, conduisent à la mort. Il y a donc
lieu, dans le traitement des diarrhées enfantines, de tenir aussi très grand compte de cette intoxication.

Le traitement curatif complet doit donc avoir pour but et pour effet la neutralisation des acides, la destruction des ferments et des microbes de tous genres existant dans les intestins de l'enfant, la neutralisation des poisons introduits dans tout l'organisme et la régénération de la nutrition cellulaire des tissus altérés par ces poisons.

On arrive sûrement à la neutralisation des acides et à la destruction des ferments et des microbes au moyen de la potion suivante :

Salicylate de bismuth .... } ââ 4 gram.
Benzoate de soude........ }

Benzonaphtol .... } ââ 3 gram.
Carbonate de chaux...... }

Julep gommeux ....   150 gr.

de 4 à 6 cuillerées d'enfant par jour. Quand la diarrhée est disparue on continue la même potion pendant une quinzaine de jours à la dose de 2 cuillerées par jour.

La destruction des poisons microbiens, c'est-à-dire la désintoxication du malade, la régénération de la nutrition histologique ne peuvent être obtenus que par l'emploi de l'iode métalloïde. La forme la plus commode à administrer aux tout jeunes enfants est le *sirop de Juglandine iodée* titré à 5 milligrammes d'iode par cuillerée à café. On commence par deux cuillerées à café jusqu'à 5 ou 6 par jour selon l'âge de l'enfant.

Diarrhées des enfants nourris au biberon.

Il est très commun d'observer des diarrhées tenaces chez les enfants soumis à l'allaitement artificiel. Le lait est parfois de mauvaise qualité, fermenté, falsifié ; souvent on ne le fait ni bouillir, ni stériliser pour détruire les germes qui y pullulent. Le biberon dans lequel on le donne est loin d'être d'une propreté toujours irréprochable.

Presque toujours, on donne trop de lait aux enfants nourris artificiellement : tantôt il est administré pur, d'autres fois on le coupe sans discernement. Le lait donné en excès séjourne trop longtemps dans l'estomac ; il y fermente et le distend. Arrivé dans l'intestin, il s'y altère encore davantage et peut occasionner de l'infection ; on le retrouve incomplètement digéré dans les selles.

Les enfants ainsi allaités sont plutôt voraces ; ils ingèrent chaque jour des quantités énormes de lait ; leur langue est chargée, leur haleine, leurs selles et toute leur personne exhale une odeur désagréable de beurre rance. Le suc gastrique et le contenu intestinal sont extrêmement acides, par la formation d'acide lactique au détriment du lait.

Ces enfants n'augmentent pas de poids, souvent même ils maigrissent ; quand ils ne sont pas enlevés par l'athrepsie, ils deviennent rachitiques. La maigreur des membres, dont les muscles semblent atrophiés, contraste avec le développement exagéré du ventre. La peau est pâle et ridée, leur figure est vieillotte.

Il est très difficile d'arrêter les effets fâcheux dus à l'allaitement artificiel si l'enfant est très jeune et peu résistant.

La première indication à remplir est de modifier l'alimentation, de réduire considérablement la quantité de lait, de s'assurer de sa fraîcheur et de sa qualité.

En second lieu, il faut faire usage de la potion dont la formule est ci-dessus et pendant très longtemps.

En troisième lieu, il faut administrer du *Sirop de Juglandine iodé* comme il est dit plus haut.

Diarrhées chez les enfants sevrés.

Les affections des voies digestives sont fréquentes et graves après le sevrage.

Chez les enfants prématurément sevrés, alimentés d'une façon déraisonnable avec des soupes grossières, du bouillon gras, des jus de viande qui réellement ne contiennent aucun principe nutritif, des légumes, des fruits et des liquides tels que le vin, la bière, l'eau-de-vie même, peu appropriés à l'état de leurs voies digestives, on voit souvent apparaître des troubles digestifs tenaces, analogues à ceux des enfants nourris au biberon. Chez ces enfants, la diarrhée est habituelle ; les selles, de couleur variable, sont fétides, abondantes, précédées de coliques et suivies d'une sensation de cuisson à l'anus. Le ventre est gros, flasque ou ballonné. L'amaigrissement est constant, la peau est pâle, sèche, squameuse et velue ; les déformations du squelette sont habituelles. L'étroitesse de la poitrine, la maigreur des membres font, avec le développement exagéré du ventre, un contraste frappant ; de même que l'intelligence précoce de ces petits êtres contraste avec leur apparence misérable.

Cet état des voies digestives est un des facteurs les plus importants de la cachexie de misère, si fréquente chez les enfants des classes pauvres. Il est souvent difficile à distinguer de la tuberculose et il prédispose largement à l'infection.

Traitement. — On peut guérir ces diarrhées tenaces, quand elles ne sont pas tuberculeuses, sous trois conditions :

1° Revenir à l'alimentation exclusivement lactée ; ne donner que du lait stérilisé ou bouilli à des intervalles très soigneusement réglés et pendant longtemps.

2° Redresser les digestions intestinales au moyen de la potion indiquée précédemment ;

3° Détruire les poisons produits dans les intestins, puis passés dans le sang et dans toute l'économie, poisons qui sont cause de cet amaigrissement si considérable, au moyen du *Sirop de Juglandine iodée* à la dose de 4 à 6 cuillerées à café par jour. Continuer l'usage de ce sirop pendant de très longs mois.

Diarrhées chroniques des enfants déjà grands.

Chez les enfants de 5 à 15 ans, on peut rencontrer, en dehors de la tuberculose et même sans qu'il faille incriminer des erreurs graves de régime, des diarrhées tenaces, absolument semblables à celles qu'on observe chez certains adultes. Elles sont dues à une altération profonde des digestions stomacale et intestinale.

Chez les enfants entachés d'une tare héréditaire (nés de parents rhumatisants, goutteux, cancéreux, phtisiques, etc.), les fonctions digestives sont très fréquemment altérées. C'est une conséquence directe de leur mauvaise constitution et elles tendent encore à l'aggraver par les poisons qui se forment dans les intestins et qui passent dans le torrent circulatoire.

Chez ces enfants, on observe fréquemment des périodes de constipation, suivies ensuite de périodes de diarrhées accompagnées de coliques. Dans les deux cas, les selles ont toujours une odeur extrêmement fétide. L'haleine exhale habituellement aussi une odeur fétide, on l'attribue souvent à la carie dentaire, tandis qu'elle est due à des troubles de la digestion stomacale.

Les troubles digestifs de l'appareil gastro-intestinal chez les adolescents doivent être l'objet de soins attentifs et persévérants, car la guérison est souvent longue à obtenir. Ce dont il faut se bien pénétrer, c'est que ces troubles digestifs créent une prédisposition toute particulière à la tuberculose. Elle commence alors par les intestins, pour se généraliser rapidement dans l'espace de quelques mois et emporter le malade. La médecine est impuissante à guérir cette phtisie galopante, parce qu'elle va plus vite que la médication qu'on lui oppose.

Traitement. — Il doit être double ; il faut : 1° Faire de l'antisepsie gastro-intestinale pour redresser les digestions et faire obstacle à la formation des poisons en détruisant les microbes ; 2° Il faut détruire les poisons, aussi bien ceux qui, provenant des digestions altérées, sont diffusés dans toute l'économie, que ceux que les tissus créent de leur côté sous l'influence des premiers et qu'ils continuent à produire quand les premiers ont disparu.

1° Pour l'antiseptie intestinale nous avons deux sortes de cachets : les uns (*cachets antidiarrhéiques*) pour combattre la diarrhée, tant qu'elle existe ; les autres

(*cachets antiseptiques*) (1), qui combattent plutôt la constipation, sans être à proprement parler laxatifs, doivent être employés chaque jour, après chacun des principaux repas et pendant très longtemps pour faire de
l'antiseptie intestinale, redresser les digestions et détruire toutes les colonies microbiennes intestinales.
Leur action est immédiate, la désodorisation des selles
est presque instantanée ; mais il faut bien se garder de
croire que la guérison soit aussi rapide ; on s'en aper-
çoit bien d'ailleurs dès qu'on cesse leur emploi.

2° Indépendamment du traitement antiseptique précédent qui est exclusivement local, il faut faire l'antisepsie générale de tout l'organisme au moyen du *Vin
iodophosphaté du Dr Foy* et des *Pilules*. Chez l'enfant de
5 à 8 ans on donnera une cuillerée à potage par jour de
vin pendant une semaine ; à partir de la seconde semaine et les suivantes, deux cuillerées de vin par jour,
quelques minutes avant chacun des principaux repas.
Si l'enfant a de 8 à 12 ans, le vin sera pris à la même
dose et comme pour l'enfant plus jeune : seulement,
à partir de la 3° semaine et les suivantes, à chaque
cuillerée de vin on ajoutera une *pilule du Dr Foy*. Entre
12 et 15 ans, on prend le vin comme entre 8 et 12 ans ;
seulement à partir de la 4° semaine et les suivantes on
prendra 2 pilules en même temps que chaque cuillerée
de vin. On continuera cette dose pendant très longtemps.

*Diarrhées chez les adultes. Diarrhées aiguës. Diarrhées
chroniques.*

Il n'est personne qui, à un moment donné, n'ait été
atteint de diarrhée occasionnée par les causes les plus
diverses, telles que : l'abus des fruits, l'abus des bois-

(1) On a expérimenté un certain nombre d'antiseptiques à
l'intérieur ; aucun ne donne des résultats complets, à moins de
les employer à dose très élevée où ils ne sont plus inoffensifs,
alors. Nos cachets qui renferment une petite quantité de chacun
des principaux antiseptiques donnent l'antisepsie parfaite et
sont absolument inoffensifs.

sons surtout très froides ou glacées pendant les saisons chaudes, etc. ; pour cette raison, on les appelle diarrhées saisonnières. Quelquefois elles sont dues à une mauvaise disposition passagère de l'estomac. Les diarrhées aiguës ne durent jamais au delà de quelques jours. Chez les personnes dont les fonctions digestives sont habituellement normales, quelques *cachets antidiarrhéiques* ont rapidement raison de ces accidents. Ces cachets sont préférables au sous-nitrate de bismuth seul, parce qu'ils sont en même temps antiseptiques ; en conséquence, ils guérissent mieux et plus vite.

Quand les diarrhées sont dues à l'ingestion d'aliments avariés, elles sont généralement accompagnées de douleurs vives. Dans ce cas, ces diarrhées favorisant le développement de colonies microbiennes, il y a formation de poisons dans les intestins. Ceux-ci, introduits dans l'organisme par le sang avec les produits de la digestion occasionnent des troubles profonds ; ainsi, l'appétit disparaît, les forces sont déprimées, ce que les malades expliquent en disant qu'elle leur casse bras et jambes ; enfin elles produisent très rapidement un amaigrissement marqué. Quand elles ne sont pas soignées énergiquement dès le début, elles ont tendance à passer à l'état chronique ; elles peuvent alors durer des mois et même des années. Elles altèrent profondément la constitution et deviennent le point de départ de diverses complications graves.

Comme traitement, il faut faire usage des *cachets antidiarrhéiques* à la dose de 3 à 6 par jour jusqu'à guérison complète. Dans les cas de coliques, on prendra 3 fois par jour, en même temps que les cachets. une demi-cuillerée à café d'*élixir parégorique* dans un peu d'eau.

Chez les adultes dont les digestions intestinales sont défectueuses, on observe fréquemment des périodes de constipation, suivies de diarrhées plus ou moins persistantes et généralement douloureuses. Chez ces malades l'antisepsie intestinale est de nécessité absolue. Tant que la diarrhée persiste, on a recours aux *cachets antidiarrhéiques* avec ou sans addition d'élixir parégorique

Quand celle-ci est disparue, il faut continuer l'antiseptie intestinale, au moyen des *cachets antiseptiques* qui, eux, ont la propriété de combattre la constipation : Dose : 1 à chaque repas.

D'autre part, pour rétablir les forces et faire disparaître les poisons qui ont pénétré dans l'économie, il est indispensable de faire usage du *Vin iodo-phosphaté du Dr Foy* à la dose de 2 cuillerées à potage par jour pendant une semaine ; puis de 4 pendant les autres ; ou bien des *Pilules du Dr Foy* à la dose de 2, puis de 4 comme pour le vin. Ce traitement doit être suivi d'autant plus longtemps que la maladie est plus ancienne.

Dysenterie.

Elle trouve sa place naturellement à côté des diarrhées, dont, cependant, elle diffère considérablement. Les causes qui la produisent sont peu connues ; aussi est-il impossible d'instituer un traitement rationnel rigoureusement scientifique. Tandis que les diarrhées proprement dites affectent spécialement le contenu de l'intestin grêle et n'intéressent pas profondément le tissu même de l'organe, dans la dysenterie, l'affection est concentrée dans le gros intestin exerçant une action destructive sur le tissu même de cet organe. C'est pourquoi dans la dysenterie les matières ressemblent à de la râclure de boyaux et; de plus, sont sanguinolentes.

La dysenterie est beaucoup plus fréquente dans les pays chauds et les colonies où elle existe à l'état endémique, que dans les régions tempérées d'Europe. Si elle affecte aussi bien les indigènes que les étrangers, il est certain que, parmi ces derniers, elle fait les plus nombreuses victimes. Quand à ceux qui échappent à la mort, soldats, marins fonctionnaires, industriels Européens, le plus grand nombre reviennent habituellement atteints de dysenterie chronique.

La dysenterie se produit sous deux états : l'*état aigu*, généralement fort grave, qui nécessite absolument l'intervention immédiate du médecin, lequel, selon les circonstances dans lesquelles elle se développe, selon les formes qu'elle présente, jusqu'aux accidents imprévus qui se manifestent dans son cours, est seul apte à indiquer le meilleur traitement, à le diriger et à en suivre les effets.

Tandis que la maladie est concentrée dans le gros intestin pour la dysenterie aiguë, tout l'appareil digestif est atteint dans la *dysenterie chronique*, c'est-à-dire que les deux digestions stomacale et intestinale sont altérées, en outre du contenu du gros intestin. Nous pouvons, dans ce cas, en nous appuyant sur les dernières découvertes de la science, fournir des indications nouvelles dans le traitement de la dysenterie chronique, affection qui, jusqu'alors, s'est montrée rebelle à tous les traitements employés jusqu'à ce jour.

Nous avons fait remarquer, que dans la diarrhée chronique il se forme des poisons dans l'intestin ; que ce sont eux qui, pénétrant dans le sang et par lui étant diffusés dans toute l'économie, altèrent si profondément la constitution et la santé. Les mêmes poisons se produisent dans la dysenterie chronique, et leurs effets sur les malades apparaissent bien évidents et indiscutables. Ils subissent un amaigrissement considérable, preuve d'intoxication et de son action dénutritive sur l'organisme ; ils ont aussi un teint cachectique de cire vieillie, signe certain d'une altération profonde du sang. Dans ces conditions, il est absolument nécessaire de faire de l'antisepsie intestinale prolongée, d'abord au moyen des *cachets antidiarrhéiques*, tant que la diarrhée persiste, à la dose de 2 à 4 par jour, associés à l'*Elixir Parégorique* ; ensuite au moyen des autres *cachets antiseptiques* à la dose d'un après chaque repas ; cela, dans le but de faire obstacle à la formation des poisons intestinaux. Ce traitement doit être suivi sans interruption pendant de longs mois.

D'autre part, il faut faire de l'antisepsie générale et régénérer la constitution profondément altérée par l'emploi simultané du *Vin Iodophosphaté* et des *Pilules du Dr Foy*. Durant la 1re semaine, une cuillerée à potage de *Vin Foy* quelques minutes avant le déjeuner et avant le dîner ; la 2ᵉ semaine, on ajoute une *pilule Foy* à chaque cuillerée de vin. Les semaines suivantes, à chacune des cuillerées de vin, on ajoute successivement 2, 3, puis 4 pilules et on continue le traitement à cette dose de 8 pilules par jour et 2 cuillerées de vin.

Digestions intestinales altérées. — Tympanisme. — Flatulence.

Dans l'altération digestive intestinale que nous avons étudiée chez l'adulte, nous avons envisagé le cas particulier où elle se traduit par la diarrhée continue ou intermittente, avec alternatives de constipation ; nous avions alors une indication symptomatique. Mais il est un nombre de cas, beaucoup plus considérable qu'on ne pense, où les indications de troubles digestifs intestinaux sont difficiles à constater, souvent même impossibles ; dans le plus grand nombre de ces cas, en effet, il n'y a ni diarrhée, ni constipation à proprement parler, tout au plus une ou deux garde-robes quotidiennes très faciles. Cependant, les déjections intestinales sont toujours très fétides et il se produit fréquemment des dégagements gazeux très odorants.

Quand les digestions vicieuses intestinales coïncident avec une hyperacidité excessive du suc gastrique, il se forme parfois des quantités énormes de gaz ; on leur a attribué une origine variée. La quantité considérable d'acide carbonique qu'ils renferment nous autorise à croire que la plus grande partie de cet acide est produit par une fermentation irrégulière des fécules alimentaires. Lorsque ces gaz ne peuvent pas s'éliminer facilement, le ventre se ballonne, se *tympanise* ; il se produit de la *flatulence* quand le dégagement gazeux s'effectue soit par en haut, soit par en bas. Les gaz éliminés par la bouche sont généralement sans odeur, quelquefois cependant ils ont le goût d'œufs couvés (odeur sulfureuse) ; ceux éliminés par en bas sont toujours très odorants.

Les digestions intestinales vicieuses peuvent être occasionnées simplement par une alimentation trop copieuse dépassant la puissance digestive de l'appareil. Ces cas sont fréquents chez les adultes arrivés à l'aisance et à la fortune.

On rencontre fréquemment des personnes maigres qui ont un gros appétit ; on se figure dans le public que leur estomac a une puissance digestive considérable ; on l'exprime en disant qu'*ils ont le foie chaud*, parce qu'ils ont toujours faim. Or, c'est le contraire qui est la vérité ; c'est parce qu'ils ne digèrent pas leurs aliments, qu'ils ne peuvent pas les utiliser, qu'ils ne se nourrissent pas, en un mot. C'est pour cette raison qu'ils sont maigres. C'est parce que les cellules composant leurs tissus ne peuvent pas réparer leurs dépenses, que l'organisme souffre, qu'il exprime sa souffrance par l'intermédiaire de l'estomac et que celui-ci, par la faim, demande constamment des aliments.

Parmi les produits de ces aliments mal digérés, il se forme des poisons en abondance qui passent dans le torrent circulatoire. En se continuant longtemps, la constitution s'altère profondément et la santé devient précaire. Comme le foie accumule une notable proportion de ces poisons, qu'ils y séjournent un certain temps, il devient rapidement le siège d'altérations graves.

Traitement. Le traitement doit être double : hygiénique et thérapeutique.

Le traitement hygiénique consiste principalement à régler la quantité des aliments d'après les besoins de l'organisme et en rapport avec l'activité physique dépensée.

Le traitement thérapeutique a consisté longtemps dans l'emploi unique du charbon de peuplier. Il absorbe les gaz, il est vrai ; il désodorise aussi les déjections ; mais ce n'est en somme qu'un palliatif. Il ne redresse pas les digestions altérées et il ne fait pas obstacle à la production des poisons. Il est également sans action sur les colonies microbiennes qui se sont développées dans les intestins.

Le véritable traitement curatif consiste : 1° A faire de l'antiseptie intestinale au moyen des *cachets antisep-*

tiques dont on prend un après chacun des deux principaux repas.

2° On désintoxique l'organisme et on régénère la nutrition cellulaire des tissus par l'usage du *Vin Iodophosphaté du D* Foy* ou des *Pilules*. 2 cuillerées de vin ou 2 pilules par jour pendant la première semaine, un peu avant chaque repas ; 4 cuillerées de vin ou 4 pilules à partir de la 2e semaine ; on continue à cette dose. Si la constitution est profondément altérée, on prend à la fois le vin et les pilules à la dose de 4 cuillerées de vin et de 4 pilules par jour. On arrive progressivement à cette dose en procédant comme pour les deux premières semaines.

Les effets de ce traitement sont remarquables par la rapidité avec laquelle ils se manifestent. La sensation de la faim disparaît rapidement ; les aliments sont pris naturellement et sans manifestation volontaire en moins grande quantité ; et ce qui prouve bien que les aliments sont mieux utilisés, c'est qu'il y a augmentation de poids très marquée.

QUATRIÈME PARTIE

MALADIES PAR NUTRITION ABAISSÉE

Pathologie du sang. — Anémies.

Le sang n'est pas seulement la source alimentaire commune qui distribue à tous les organes leurs matériaux de développement, d'entretien et de réparation ; c'est aussi le confluent général où chacun d'eux rejette les résidus de sa nutrition.

Tout vient du sang, tout y retourne.

Il en résulte que si le sang est malade, les organes n'y puisant qu'une nourriture malsaine, seront malades et, réciproquement, si un organe est malade, il rejettera dans le sang des humeurs de mauvaise qualité. Le sang deviendra malade à son tour, et alors, il ira semant partout sur son passage le trouble et le désordre, comme auparavant il allait partout portant la vie et la santé.

Ainsi, les maladies viennent du sang ou y vont, et, quel que soit leur point de départ, si on ne fait, ou si on ne peut faire obstacle à leur marche, de localisées, circonscrites, limitées qu'elles étaient d'abord, elles vont se généralisant, étendant leur circonscription, se ramifiant de plus en plus, jusqu'à ce qu'elles aient envahi tous les départements du domaine organique.

De la double solidarité nutritive qui enchaîne tous les actes organiques dans une dépendance mutuelle des plus étroites, il résulte donc que la souffrance d'un organe devient bientôt, pour peu qu'elle se prolonge, la souffrance de tous les organes. Il en résulte également que la maladie, dans son ensemble, se compose d'une série d'actes morbides se succédant les uns aux autres, s'enchevêtrant et se confondant les uns dans les autres, et, qui, alternativement, d'effets devenant causes et de causes redevenant effets, vont s'aggravant les unes par les autres par le fait du système sanguin, milieu duquel émergent et auquel aboutissent tous les actes organiques. Enfin, de cette mutualité d'influences nutritives résultent des phénomènes compliqués que, pour peu qu'on tarde à les connaître, on ne peut plus en démêler l'enchaînement, et qu'il est souvent aussi difficile de remonter à la cause dont ils procèdent, que de découvrir quel a été le siège primitif du mal.

Cette sympathie organique explique la fréquence des maladies du sang ; elle explique également la tenacité de certaines affections locales, expression lointaine d'un état du sang qui les a précédées ou suivies et qui n'est pas combattu.

Ce qui a contribué jusqu'à ce jour au peu de progrès de ce problème si important qu'est la pathologie du sang, c'est que tous les modes d'altération si nombreux et si variés se répercutant sur les globules, on a englobé sous l'expression générique d'*anémies*, des états absolument dissemblables. Conséquemment, la thérapeutique a été souvent confuse et empirique ; parce que le mot anémie rappelant involontairement l'idée de médication ferrugineuse, qui est la plus fréquemment nécessaire, il faut le reconnaître. on l'a appliquée quelquefois inconsidérément à des cas ou elle était non seulement inutile, mais ou elle a provoqué parfois des accidents sérieux.

En s'appuyant sur l'observation clinique, les auteurs établissent actuellement deux grandes classes d'anémies : les anémies vraies tributaires de la médication ferrugineuse et les fausses anémies qui n'en sont pas tributaires.

On range dans la classe des anémies vraies, les anémies d'origine hémorrhagique, celle qui coïncide avec la croissance, celle consécutive à la maternité, etc. La chlorose forme un genre particulier.

Les fausses anémies forment un certain nombre de genres d'après les causes qui les font naître. Ainsi on admet les fausses anémies résultant d'inanition alimentaire, d'épuisement, de mauvaises conditions météorologiques telles que excès de chaleur, d'humidité, air confiné, manque de lumière. Toutes les intoxications, les pseudo-anémies virulentes ou spécifiques, telles que la pseudo-anémie syphilitique, tuberculeuse, cancéreuse, paludéenne, rhumatismale, etc.

En étudiant le sang suivant la méthode générale de la pathologie cellulaire, nous espérons pouvoir arriver à débrouiller ce chaos des anémies, à séparer des entités morbides bien définies, auxquelles des néologistes autorisés pourront donner des dénominations appropriées.

Constitution du sang.

Si l'on envisage le sang d'après son état, c'est un liquide; si on le considère d'après sa constitution, c'est un tissu dont les globules sont les éléments anatomiques. Il diffère des autres tissus en ce que l'espace intercellulaire, le plasma, est liquide dans le sang, tandis qu'il est solide dans les autres tissus. Il en résulte que les éléments anatomiques globulaires sont indépendants et mobiles.

Le sang appelé encore milieu intérieur, est intermédiaire entre le monde extérieur au milieu duquel vit l'individu tout entier et les éléments anatomiques des tissus.

Plasma. C'est le milieu physiologique des globules sanguins ; il renferme leurs matériaux nutritifs. Les substances organiques principales qui entrent dans sa composition sont la fibrine et l'albumine ; parmi les principes salins principaux, nous citerons le phosphate de soude, le chlorure de sodium, des sels alcalins.

L'albumine est un produit très complexe qui fournit certainement aux globules leurs matériaux d'accrois·sement. On dit que c'est elle qui sert à la nutrition de tous les tissus de l'organisme ; nous ne contesterons pas qu'elle ne puisse y participer pour une part ; mais nous n'avons aucune preuve qui permette de l'affir·mer.

Les principes salins participent à la constitution du milieu physiologique et conservateur des hématies.

La composition du plasma sanguin doit être rigou·reusement constante si l'on veut conserver la vitalité des globules. En faisant des injections intra-veineuses d'eau distillée stérilisée, M. Bos a observé que les glo·bules hématiques se désorganisaient rapidement. On peut même, par ce moyen, aller jusqu'à déterminer la mort de l'animal.

Globules. — Les globules du sang sont des cellules contenant une masse filante colorée en rouge dans une membrane close. La partie fluide est formée de globu·line et d'un pigment rouge, produit d'élaboration des globules auquel Hoppe-Seyler a donné le nom d'hémo·globine. Les globules du sang présentent cette parti·cularité qu'ils sont riches en fer. On a fait beaucoup d'hypothèses sur l'état de ce métal dans les globules. L'opinion qui a cours est celle formulée par Hoppe-Seyler que le fer métal fait partie intégrante de l'hémo·globine. Les analyses qui ont servi de base à cette as·sertion ont été exécutées sur 10 à 15 centigrammes d'hé·moglobine dont la richesse en fer atteint tout au plus quelques dixièmes de milligramme, quantité tout à fait insuffisante pour établir son mode de combinaison. En traitant une plus grande quantité d'hémoglobine de sang d'oie, il y a constaté la présence de l'acide phos·phorique.

En opérant sur 100 grammes de globules secs cor·respondant à 500 grammes de globules frais, nous avons démontré *que le fer existe dans les globules du sang à l'é·tat de phosphate et seulement sous cette forme*. Nous ne pouvons pas, dans le cadre restreint de cet ouvrage, rappeler toutes les expériences et les recherches que nous avons exécutées pour arriver à cette conclusion ; elles occupent 28 pages dans notre ouvrage — LES PHOSPHATES —. Nous dirons seulement que depuis 1873, date de notre premier mémoire, aucune expérience n'est venue les contredire. On a bien opposé des dénégations verbales ; mais ce ne sont pas des arguments scientifiques, à des expériences on oppose des expériences contradictoires.

Cet état du fer dans les globules ne constitue pas une anomalie physiologique. En effet, nous avons démontré que les éléments histologiques de tous les tissus renferment des phosphates minéraux, dont une partie, à l'état fixe, architectural, sert à donner à ces éléments leur consistance ; tandis que l'autre, à l'état libre, mobile, remplit les fonctions d'excitant vital. Nous avons donné toutes les preuves chimiques, physiologiques et cliniques qui prouvent cette double fonction des phosphates ; nous signalerons l'ostéomalacie dans laquelle le ramollissement des os est dû à la perte de son phosphate de chaux architectural. Si les phosphates que l'on trouve dans les cendres de tous les tissus étaient de simples impuretés comme on l'a prétendu longtemps, la phosphaturie urinaire serait-elle un symptôme grave dans les affections nerveuses ?

Le phosphate de fer, dans les globules du sang, est en quantité 12 fois plus considérable que celle des autres phosphates réunis. Insoluble dans l'eau pure, il s'y dissout à la faveur de certains sels organiques alcalins dont le sérum sanguin contient plusieurs espèces. Tout porte donc à croire que le phosphate de fer, dans les globules, s'y trouve en solution, associé aux substances albuminoïdes ; cet état d'ailleurs n'est pas contraire à sa fonction.

Fonction des globules. — Ils ont la propriété d'absorber l'oxygène. Ils servent à transporter ce gaz jusque dans la profondeur intime des tissus pour faciliter les combustions intra-organiques. En échange, ils reçoivent de l'acide carbonique, déchet gazeux d'oxydations internes. Dans les poumons, ils exhalent leur acide carbonique et reprennent, en échange, de l'oxygène à l'air. Cette fonction, tout importante qu'elle soit, est-elle la seule ?

Pour nous, ce sont les globules sanguins qui servent à la nutrition, au moins pour la plus large part, sinon en totalité. Notre opinion est basée sur ce fait que, dans les tissus jeunes en voie d'accroissement, dans lesquels les matériaux d'assimilation sont accumulés, la proportion de phosphate de fer est beaucoup plus importante que dans les tissus adultes qui n'ont plus à faire face qu'à la réparation quotidienne due à l'usure fonctionnelle. Comment expliquer autrement d'ailleurs, cette destruction considérable de globules dans l'anémie de croissance ?

Que nous montre l'anatomie ? Indépendamment des vaisseaux de la circulation générale, chaque tissu renferme des vaisseaux de circulation locale qui sont de véritables culs-de-sac ouverts sur les artères et fermés dans la profondeur des tissus. Pendant tout le temps que dure l'activité fonctionnelle d'un organe, ses vaisseaux spéciaux sont fermés et vides ; dès qu'il entre en période de repos, ces mêmes vaisseaux se remplissent de sang, puis se ferment. Les globules immobilisés s'accolent aux parois, se dissocient et, par osmose, il s'établit un double courant d'échange entre les vaisseaux sanguins et les tissus, entraînant l'absorption des matériaux, des globules et l'expulsion des déchets des combustions.

La globuline du sang fournit aux tissus les matériaux azotés ; le phosphate de fer cède son acide phosphorique qui sert à constituer les phosphates spéciaux de chaque tissu et l'oxyde de fer sans utilité est rejeté.

Quel est le rôle du fer dans ce phénomène ? un rôle secondaire, une fonction indirecte, mais indispensable, cependant, et de la plus haute importance, quand même. Le fer métal sert à former le phosphate de fer constituant des globules et ce phosphate circulant avec les hématies, pénétrant dans tous les tissus s'y dépose, s'y dissocie en même temps qu'eux, et devient alors le fournisseur principal de tout l'organisme en acide phosphorique. Le fer métal n'ayant plus aucune fonction à remplir est expulsé avec les déchets.

Les chimistes ont établi par l'analyse : que le sang d'un anémique est moins riche en fer que le sang normal ; que dans les anémies les plus profondes la quantité de fer en déficit pour tout l'organisme n'a jamais excédé 1 gr. 50. Les recherches les plus récentes de MM. Malassez, Hayem, etc., ont établi que dans l'anémie, tantôt le nombre des hématies est considérablement diminué ; dans d'autres cas les globules, en nombre presque normal, sont de dimension plus petite ; tantôt, enfin, le sang est très riche en globules blancs. En examinant le sang au moyen de l'hématimètre, on constate qu'il est beaucoup moins riche en hémoglobine. Il semble logique d'affirmer théoriquement, en s'appuyant sur la constitution de l'hémoglobine, telle que l'a formulée Hoppe-Seyler, qu'il suffit d'administrer, pendant un temps assez court, un ferrugineux quelconque, pour que le sang ait reconstitué sa provision normale de globules et d'hémoglobine ; or, dans la pratique, il n'en est rien. On a administré les ferrugineux, sous toutes les formes, celle de phosphate exceptée, par la voie stomacale et en injections et les résultats ont été à peu près nuls surtout avec les malades des classes aisées aussi bien à la ville qu'à la campagne, c'est-à-dire chez tous les malades dont l'alimentation est plus fortement carnée. L'expérience clinique ne confirme donc pas la théorie d'Hoppe-Seyler. En présence de ces insuccès, de savants médecins sont allés jusqu'à enseigner que les ferrugineux sont sans utilité dans l'anémie, qu'il fallait les proscrire et leur substituer des préparations arsénicales.

D'autre part, lorsqu'on donne un ferrugineux quelconque à des femmes de la campagne, dont l'alimentation est plus largement végétale, presque toujours on obtient des succès bien marqués. Pourquoi insuccès avec l'alimentation carnée et succès avec l'alimentation végétale ? Toutes les substances végétales sont généralement peu riches en principes albuminoïdes, ce qui oblige à en ingérer une plus grande quantité comme aliments ; mais elles sont proportionnellement plus riches en phosphates divers. L'alimentation végétale fournit donc à l'organisme une somme plus élevée de phosphates ; ceux-ci peuvent alors, avec le concours d'un ferrugineux quelconque, favoriser la formation de phosphate de fer, en quantité suffisante pour répondre aux besoins d'une génération plus grande de globules. Ce fait est d'accord avec notre théorie ; de plus, il est d'ordre général.

Cl. Bernard a dit : *les plantes et les animaux se nourrissent de la même manière et vivent différemment*. Dans certains sols calcaires, on trouve surtout des phosphates de chaux, d'alumine et très peu de phosphate de fer ; depuis quelques années, on a pris l'habitude d'y ajouter du sulfate de fer comme engrais. Les agriculteurs constatent que dans les récoltes la richesse en acide phosphorique a été notablement augmentée. Il a donc fallu pour cela, qu'en présence de la plante, il se soit formé du phosphate de fer qui, venant s'accumuler dans les cellules chlorophylliennes, sert à former d'autres phosphates ; tandis que l'oxyde de fer devenu inutile est éliminé à travers les pores des feuilles et chassé à l'état pulvérulent.

Pour résumer nous dirons : *que les globules, indépendamment de leur fonction qui consiste à importer l'oxygène dans la profondeur des tissus et à en exporter l'acide carbonique produit, servent à la nutrition de tous les tissus et que leur phosphate de fer est le dispensateur principal en acide phosphorique de tout l'organisme.*

Altérations du sang.

Les globules du sang sont des éléments monocellulaires vivants, dont le plasma constitue le milieu physiologique. Comme tous les éléments organisés similaires, ferments, microbes, etc., ils exigent des conditions physiologiques et chimiques de constitution, de milieu, physiques et météorologiques de lumière, de température, d'aération toujours identiques pour se développer et vivre d'une manière normale. Toute modification dans l'une ou dans l'autre de ces conditions entraîne une perturbation dans leur mode vital. Ils assimilent et soumettent à une digestion intra-cellulaire spéciale, au moyen d'une diastase qu'ils sécrètent, les matériaux nutritifs provenant de l'alimentation qu'ils absorbent par osmose. Nous pouvons dire que, dans la majorité des cas, la vitalité des globules est absolument subordonnée à la composition du plasma.

En appliquant à l'étude particulière des globules du sang, les données que nous avons exposées précédemment concernant la vie cellulaire en général, nous arriverons à dégager les différents modes d'altérations du sang. Nous verrons que, comme pour tous les autres éléments anatomiques, leur nutrition ne peut être modifiée que suivant deux modes : nutrition abaissée ou altérée ; dans quelques cas ces deux modes pourront se rencontrer chez les mêmes sujets.

Hypoglobulie. — Dans les études hématologiques on considère surtout les globules rouges. On range sous la même dénomination deux états différents, à savoir : la diminution du nombre des globules rouges, ou bien la diminution de leur dimension.

Plusieurs causes peuvent amener cet état : une hémorrhagie qui détermine instantanément une diminution du nombre des globules, ou bien une destruction de globules dépassant la production.

Dans les conditions physiologiques normales, l'organisme est toujours apte à créer des globules en quantité suffisante pour répondre à tous les besoins. Lorsque ce résultat n'est pas obtenu, c'est que le plasma ne renferme pas les matériaux alimentaires des globules en quantité suffisante pour répondre à cette genèse. Ici encore nous devons distinguer plusieurs cas : ou bien l'alimentation est insuffisante comme quantité, ou bien le mauvais état de l'appareil digestif ne permet pas l'absorption et la digestion d'une quantité suffisante d'aliments ; ou bien enfin l'alimentation riche en apparence comme l'est l'alimentation carnée ne contient pas le principe ferrugineux du sang en quantité suffisante.

C'est à l'époque de la croissance que se manifeste la plus grande destruction de globules sanguins. La suractivité qui se manifeste dans tous les tissus, par la création de nombreux éléments histologiques nouveaux, détermine une destruction considérable de globules, indépendamment de ceux qui sont appelés à combler le déficit fonctionnel quotidien ; que l'on y joigne encore la perte hématique mensuelle par la menstruation qui s'établit dans cette période, et l'on a trois causes importantes de destruction de globules. L'anémie qui se manifeste dans ces conditions est l'*Anémie vraie* qui, comme nous le verrons, résulte de la nutrition abaissée des hématies, par insuffisance de principes minéraux constituants.

Altération hématique. Intoxication. Infection. Diathèses. — Si les causes d'altération du sang sont nombreuses, leur action sur la vitalité des globules se traduit toujours dans un mode unique qui est l'altération de la digestion intra-cellulaire des globules, bien que les toxines qui les produisent varient suivant les causes. La seule différence consiste dans l'intensité variable de cette altération, selon la nature et l'intensité de la cause altérante.

La cause la plus fréquente de l'altération des globules est due à l'introduction dans leur milieu physiologique, le plasma, de substances véritablement toxiques, ou arrivant à exercer une action toxique par leur quantité exagérée.

Les poisons peuvent provenir du dehors : exemple, les intoxications saturnine, morphinique, alcoolique, etc. Ils peuvent provenir de digestions vicieuses intestinales des aliments se produisant presque toujours concurremment avec le développement de colonies microbiennes qui sécrètent des toxines.

Ils peuvent être d'origine interne : déchets toxiques provenant de digestions intra-cellulaires vicieuses des éléments histologiques de tous les tissus, lesquelles se produisent soit sous l'influence d'infections microbiennes, ou d'états diathésiques, tels que, états goutteux, rhumatisants, cancéreux, syphilitiques, etc.

Enfin, dans des conditions diverses, le sang peut devenir le siège de colonies microbiennes. Sans entrer ici dans de grands détails, nous citerons le bacille du charbon qui, une fois introduit dans l'organisme, végète dans tous les tissus y compris le sang ; nous citerons encore les divers bacilles de la septicémie, etc.

Sous ces diverses influences, l'altération des globules du sang peut être plus ou moins profonde ; elle peut être endoglobulaire seulement, ou envahir le globule en totalité. Chez l'être vivant, l'altération morphologique globulaire n'est pas visible. Tandis que chez l'homme sain les globules sanguins extraits par saignée ne commencent à s'altérer qu'au bout de 8 à 10 heures, dans les cas pathologiques, cette altération commence au bout de quelques minutes.

L'altération endoglobulaire, qui est une véritable nécrobiose, se traduit par une décoloration progressive. L'hémoglobine étant un produit de l'activité vitale du protoplasma, sa décoloration dérive nécessairement d'une altération vitale de ce protoplasma. Ou bien celui-ci est devenu impuissant à produire de l'hémoglobine, ou il produit une hémoglobine altérée, ou il la détruit, ou bien enfin il est incapable de la retenir unie à lui. On constate que cette altération du protoplasma modifie sa nature chimique ; en effet, tandis que le globule rouge sain ne se colore que par les matières colorantes acides et est rebelle aux matières basiques, on observe ici le contraire.

Tous ces faits, changements chimiques du protoplasma globulaire, décolorations, altérations morphologiques qui en résultent, sont des faits absolument connexes.

Chez les sujets atteints d'une altération du sang, les tissus sont non seulement décolorés, mais ils ont, en outre, une teinte jaunâtre de cire vieillie. Ce sont ces états que l'on appelle *pseudo-anémies.*

Chlorose. — La chlorose est un état mixte, lié d'une

part à l'anémie vraie par l'identité des causes productrices, mais compliqué d'une altération nutritive des globules, dépendant le plus souvent de causes héréditaires traduites dans l'enfance par le lymphatisme. En d'autres termes, c'est une anémie vraie chez des sujets dont la constitution est altérée.

ANÉMIE VRAIE.

Dans l'étude sommaire que nous venons de faire de la physiologie et de la pathologie du sang, nous avons indiqué les véritables causes de l'anémie. Nous en avons donné la démonstration dans notre ouvrage — LES PHOSPHATES — auquel nous renvoyons. Nous nous bornerons à rappeler ici les principales conclusions, afin d'en dégager la méthode de traitement rationnel.

I. — Par l'analyse chimique nous avons démontré : *Que le fer existe dans les globules du sang à l'état de phosphate et seulement sous cette forme.*

Depuis 1873, que nous avons posé cette conclusion, aucune analyse n'est venue la contredire. Elle ne constitue pas une anomalie, car en analysant les tissus, nous avons démontré que tous renferment des phosphates minéraux qui leur sont intimement unis. Tandis que dans les tissus des principaux organes, ce sont les phosphates de potasse, de chaux, de magnésie, qui prédominent chacun dans un tissu différent, dans les globules du sang, c'est le phosphate de fer qui s'y trouve en quantité 12 fois plus considérable que les autres phosphates réunis.

II. — Nous avons démontré que, dans les tissus, les phosphates minéraux y remplissent une double fonction.

A l'état statique, une partie des phosphates minéraux, constante, sert de support architectural aux éléments histologiques ; ils contribuent à leur donner leurs qualités physiques. Ils ne peuvent en être séparés que par la destruction de ces éléments organisés.

A l'état dynamique, l'autre partie des phosphates, va-

riable, joue le rôle de stimulant vital des éléments anatomiques.

III. — En analysant les divers tissus d'une même espèce animale aux différents âges de son existence, nous
avons constaté :

*Que le phosphate de fer est abondant dans les tissus des
animaux jeunes, en période de développement.*

*Que les phosphates terreux sont prépondérants dans les
tissus des animaux adultes.*

IV. — L'analyse comparative du sang artériel et du
sang veineux pris simultanément sur un même animal
adulte, nous a donné les résultats suivants :

*Le sang artériel riche en phosphate de fer ne renferme
pas de fer non phosphaté.*

*Le sang veineux moins riche en phosphate de fer, ren-
ferme en outre de l'oxyde de fer non phosphaté. Si l'on envisage le fer seul, sans tenir compte de son mode de combinaison, on constate que le sang veineux est plus riche
que le sang artériel.*

La plus grande richesse en fer du sang veineux a été
constatée depuis longtemps par les chimistes.

V. — *Le fer éliminé par les fèces n'est pas à l'état de
phosphate.*

VI. — En rapprochant les différents résultats qui précèdent, nous en avons déduit les conclusions suivantes :

*Ce sont les globules sanguins qui servent à la nutrition
de tous les tissus.*

Des deux composants acide phosphorique et oxyde
de fer du phosphate globulaire, l'acide phosphorique
sert à constituer les phosphates particuliers à chaque
tissu et l'oxyde de fer sans emploi est éliminé.

*Le phosphate de fer hématique est donc le dispensateur
principal de l'organisme en acide phosphorique.*

Cette dernière conclusion ne constitue pas un fait
exceptionnel. On l'observe chez les plantes et les agriculteurs l'expriment ainsi : *En ajoutant du sulfate de fer*

comme engrais aux sols qui sont dépourvus de fer, on aug-
mente la richesse des récoltes en acide phosphorique. Ces
constatations sont postérieures à nos travaux.

En faisant de l'albumine du plasma le pivot de la
nutrition des tissus, on ne peut expliquer l'anémie. On
constate bien la diminution du nombre des globules,
la diminution du fer, mais on n'en peut donner aucune
raison scientifique. Nos analyses établissant que ce
sont les globules qui, après dissociation, laissent leurs
matériaux pour la nutrition des tissus, on comprend la
cause de l'anémie. En établissant que le fer des globules est à l'état de phosphate et que son acide phosphorique seul sert à la constitution des phosphates
spéciaux des tissus, on comprend pourquoi il sort de
l'économie autant de fer qu'il en entre.

VII. — En analysant la chair des animaux qui servent à l'alimentation, nous avons démontré qu'ils renferment une quantité insuffisante de phosphate de fer.
Les parties vertes des plantes, les semences des légu-
mineuses (haricots, pois, lentilles, etc.), en sont plus
abondamment pourvus, ainsi que des autres phosphates.

Pour les globules du sang, le rapport entre l'acide
phosphorique et l'azote constituant est comme $1:8$.

Pour la chair des animaux les plus riches, le rapport est comme $1:12$.

Pour la viande de basse qualité nous avons trouvé
le rapport de $1:67$.

Pour les végétaux employés à l'alimentation, les rap-
ports sont compris entre ceux de $1:8$ égal à celui du
sang et de 1 à 2 1/2. C'est-à-dire que pour une même
somme de matériaux azotés assimilables, la richesse
en acide phosphorique des légumes est en général plus
grande.

Causes de l'Anémie.

Mettons de côté l'hémorrhagie qui est une cause accidentelle et qui, dans la majorité des cas, peut se réparer d'elle-même, et envisageons surtout les deux

grandes causes physiologiques de l'anémie, la croissance et la maternité.

Croissance. — L'anémie, si fréquente chez les femmes
des villes surtout, commence à se manifester dès la
plus tendre jeunesse ; mais elle s'accentue lorsque la
jeune fille devient nubile, époque qui correspond à la
période de croissance la plus rapide. L'existence sédentaire des petites filles dans leur famille, l'exercice
insuffisant qu'elles prennent au grand air sont causes
que l'appétit est peu développé, que les transactions
organiques s'opèrent avec lenteur et que leur nutrition
est imparfaite ; aussi sont-elles molles et nonchalantes.

Si nous recherchons quelles sont les exigences physiologiques auxquelles doit répondre la jeune fille durant la période de croissance, nous voyons qu'elle doit
satisfaire à trois espèces de dépenses différentes et
également impérieuses, à savoir : dépense normale résultant de l'activité fonctionnelle quotidienne des organes ; emmagasinement de matériaux azotés et phosphatés, par suite du développement de tous les tissus
et de la charpente osseuse ; enfin, déperdition hématique mensuelle.

D'abord, la perte hématique menstruelle appauvris-
sant brusquement le sang, un certain temps est nécessaire pour combler ce déficit. Malgré cela, il faut
faire face aux besoins physiologiques quotidiens résultant du fonctionnement organique ; puis, simultanément, il faut encore pourvoir à une dépense extraordinaire, l'accroissement, qui exige une grande somme
de matériaux azotés et phosphatés, lesquels seront immobilisés pour le développement des tissus et des organes. Ces créations d'éléments histologiques nouveaux doivent s'effectuer au milieu d'un excès de phosphates. Or, à ce même moment, il s'opère à travers la
masse du sang un drainage de phosphates destinés
spécialement à donner naissance à du phosphate de
chaux pour le développement du système osseux, coïncidant avec celui des tissus auxquels il sert de support.

Tous ces phénomènes, pour s'accomplir, emploient les matériaux résultant de la désorganisation d'une quantité considérable de globules ; ils déterminent en même temps la déphosphatisation du plasma d'où résulte un appauvrissement général du sang.

C'est dans les matériaux provenant de l'alimentation que l'organisme doit puiser ceux nécessaires à la genèse de globules nouveaux pour combler la dépense quotidienne. Tous les tissus humains étant de nature et d'origine azotée protéique, il était logique de penser que l'alimentation carnée est préférable à celle trop végétale. De même aussi, l'analyse ayant prouvé que le sang d'un anémique est moins riche en fer que le sang normal, on a prescrit les ferrugineux. Toutes les combinaisons imaginables ont été essayées tour à tour avec un insuccès égal, c'est-à-dire presque absolu. Ainsi donc, voici une méthode de traitement qui semble scientifiquement déduite et cependant les résultats sont absolument nuls ou à peu près ; cela, tout simplement parce qu'on a négligé un détail peu important en apparence et fondamental en fait. En s'appuyant sur des analyses qui ont porté sur moins d'un milligramme de cendre ferrugineuse et sur sa couleur rouge on a conclu que le fer est à l'état métallique intégré dans une molécule organisée, l'hémoglobine, tandis qu'en réalité il est à l'état de phosphate, d'après nos analyses exécutées sur 50 centigr. au moins de cendres ferrugineuses de globules.

Dans les globules normaux du sang le rapport entre l'azote des matières protéiques et l'acide phosphorique des phosphates totaux est de 8 à 1 ; le rapport des mêmes éléments dans la viande de boucherie de qualité extra est de 12 à 1 ; pour la viande de basse qualité, nous avons trouvé celui de 67 à 1. Il est donc établi que l'alimentation carnée est insuffisamment phosphatée pour répondre aux besoins physiologiques de la genèse des globules. Il y a plus encore, le plasma est, lui aussi, déphosphatisé outre mesure, en cédant une partie de son phosphate de soude pour former le phosphate de chaux de la charpente osseuse. Ainsi donc,

si abondante et si choisie que soit l'alimentation carnée, elle ne peut pas fournir à l'organisme tous les principes phosphatés nécessaires à la genèse et à la croissance d'une quantité de globules correspondante à
celle dépensée. En d'autres termes, l'alimentation est
plutôt trop azotée et tout à fait insuffisamment phosphatée.

Dans ces conditions il se forme un très grand nombre de globules ; mais se trouvant dans un plasma trop
pauvre, ils subissent un arrêt de développement et
restent à l'état imparfait de globules nains. Dans ces
globules, l'hémoglobine étant incomplètement élaborée, le sang paraît plus pâle, et les tissus dans lesquels
il circule moins colorés. D'autre part, les matériaux
résultant de la dissociation de ces globules nains étant
dans un état d'élaboration incomplète, ils ne peuvent
fournir aux tissus que des matériaux de mauvaise qualité, lesquels ne peuvent concourir que très imparfaitement à la restauration organique. Dès lors, tous les
organes ne recevant plus qu'une quantité ou bien insuffisante de matériaux d'assimilation, ou bien de mauvaise qualité, toutes les fonctions deviennent languis-
santes et se traduisent extérieurement par la décoloration des tissus, l'apathie et la mollesse des individus.

On a cherché à induire les médecins en erreur en
affirmant que les ferrugineux déterminent une genèse
plus abondante de globules, cela est vrai ; mais on s'est
bien gardé de dire qu'ils restent à l'état de globules
nains. Le fer agissant par sa masse en excès a servi à
former une petite quantité de phosphate de fer au moyen
des phosphates alcalins du plasma, celui-ci alors ayant
perdu sa composition normale, les globules subissent
un arrêt de développement. Ils ne peuvent donc répondre que très incomplètement aux besoins de l'organisme. Cela explique l'amélioration passagère au début
du traitement.

En résumé, si la croissance engendre l'anémie, c'est
parce qu'elle détermine une dépense de matériaux d'assimilation et principalement de phosphates supérieure
à celle que fournit l'alimentation.

Maternité. — La grossesse est souvent aussi une cause d'anémie, avec complication fréquente de troubles nerveux. Dans cet état, ne s'opère-t-il pas dans l'organisme un accaparement de matériaux azotés pour le développement de l'embryon et le drainage des phosphates pour la formation du squelette est si rapide et si considérable qu'il serait impossible à la femme d'y pourvoir complètement. Mais la nature prévoyante prend, dès le début, dans la mesure du possible, des précautions pour cette dépense extraordinaire, en arrêtant immédiatement la sortie des phosphates de désassimilation et en les accumulant dans la région du bassin à l'état de phosphate de chaux, sous forme de concrétions ostéophytes. Mais, dans un grand nombre de cas, la femme des villes, surtout, étant au-dessous de son niveau physiologique, elle ne peut contribuer qu'imparfaitement à ces réserves primitives qui restent insuffisantes et plus tard elle ne subvient aux besoins extraordinaires de la maternité qu'en s'épuisant outre mesure. L'ostéomalacie qui se produit quelquefois chez la femme enceinte provient, précisément, de ce que les réserves des concrétions ostéophytes de phosphate de chaux sont insuffisantes ; c'est alors que la jeune mère donne de sa propre substance pour parfaire ce qui manque à la provision phosphatée minérale.

La grossesse est fréquemment aussi et simultanément le point de départ d'affections nerveuses, parce que le drainage des phosphates sanguins ne permet pas à cet appareil organique de réparer sa dépense phosphatée quotidienne qui est plus élevée que celle des autres systèmes, et c'est pour cette raison encore qu'il est plus fortement atteint.

L'allaitement est, pour ainsi dire, la continuation de la grossesse, au point de vue de la dépense phosphatique. Le lait, sécrétion destinée à être le premier aliment de l'enfant, doit lui fournir en abondance des matériaux protéiques et surtout du phosphate de chaux, afin de continuer le développement des tissus et surtout de produire l'ossification du squelette.

Dans cette analyse rapide que nous venons de faire

des phénomènes physiologiques principaux qui donnent naissance à l'anémie, nous avons vu que cet état anormal résultait d'une dépense extraordinaire de phosphates hématiques (de fer et de soude) dont l'organisme ne peut s'approvisionner qu'incomplètement. L'expérimentation que nous poursuivons depuis plus de 20 ans a confirmé par ses succès l'exactitude de nos conclusions.

Traitement.

En n'attribuant aux globules hématiques que la fonction secondaire de transporter l'oxygène dans la profondeur des tissus pour faciliter les combustions intra-organiques, on ne savait à quelle cause attribuer cette hypoglobulie coïncidant avec la croissance. Le fer métal étant simultanément diminué, on en fit le pivot de l'anémie. Partant de là, on concluait qu'il suffisait de restituer à l'organisme les quelques centigrammes de fer qu'il a perdu pour qu'il reprenne sa constitution normale. Comme les résultats de l'expérimentation n'ont pas répondu à l'attente, on en a attribué l'insuccès à l'inassimilabilité des ferrugineux employés, cela avec d'autant plus de raison que l'on a constaté qu'il sort de l'organisme autant de fer qu'il en entre.

Nous n'avons pas à refaire toutes les théories ingénieuses que l'on a inventées en faveur de chacun des ferrugineux qui ont joui tour à tour de la vogue. A l'heure présente ce sont les peptonates qui sont à la mode. En réalité, les peptonates, albuminates, etc., sont des combinaisons de perchlorure de fer avec ces matières albuminoïdes. Dans les diverses préparations pharmaceutiques dont ils sont la base, le perchlorure de fer se trouve administré à dose presque homœopathique ; pour cette raison elles n'ont pas toujours les mêmes inconvénients que les autres ferrugineux ; c'est là leur grand mérite. Les peptonates, albuminates sont tout aussi incapables de guérir l'anémie que les autres ferrugineux.

Il n'existe qu'un ferrugineux qu'on puisse qualifier de physiologique, c'est le phosphate de fer, puisque c'est le mode de combinaison du fer dans le sang. Il a été peu employé à cause de son insolubilité dans l'eau pure et il n'a été l'objet d'aucune étude sérieuse. Nous avons donné au chap. *Agents thérapeutiques* (page 43) la composition du *Phosphate de fer Hématique Michel* qui a été établie d'après nos études chimiques et pour servir à les contrôler expérimentalement. Nous rappellerons ici qu'il renferme les deux phosphates essentiels du sang, le phosphate de soude du plasma et le phosphate de fer des globules. Étant sous forme de poudre soluble, neutre, indécomposable aussi bien par les acides que par les alcalis, ce composé peut circuler sans altération dans tous les milieux quelle que soit leur réaction. Il est donc toujours assimilable.

Les Phosphates hématiques sont en quantité insuffisante dans les aliments carnés pour répondre aux besoins physiologiques extraordinaires de la croissance ; il faut les y ajouter, comme nous mettons du sel, parce que nos aliments n'en contiennent pas assez. La croissance met plusieurs années à s'accomplir ; c'est donc pendant tout ce temps qu'il faut faire usage des phosphates hématiques. Tous les tissus étant constitués avec une large provision de phosphates minéraux, l'énergie vitale sera puissante. C'est en outre le meilleur moyen de se préserver des maladies nerveuses. La dose de *phosphate de fer hématique Michel* est d'une cuillerette à chaque repas dans le premier verre de boisson.

Administré dès le début de la grossesse et pendant toute la durée de l'allaitement à la dose de deux cuillerettes à chaque repas, le *phosphate de fer Michel* donne des résultats remarquables. Les troubles nerveux concomittants disparaissent complètement, les femmes jouissent d'une santé parfaite et les enfants sont forts et robustes.

Nous présentons le *Phosphate de fer Hématique Michel* en poudre sous deux formes : L'une le contient à l'état de pureté, il se prend au cours du repas dans la boisson (vin, cidre ou bière) ; l'autre granulée avec du sucre et aromatisée, se prend par cuillerée à café dissous dans l'eau un peu avant le repas. Les enfants préfèrent cette deuxième forme qui est d'un goût très agréable.

CHLOROSE

La chlorose est une maladie mixte ; c'est une anémie vraie avec hypoglobulie, parce qu'elle a pour origine les mêmes causes, la croissance, la maternité, etc. Mais ce qui la caractérise et en fait une maladie spéciale, c'est qu'elle est greffée sur des sujets à constitution altérée ; par ce côté, elle se rapproche des pseudoanémies. L'hérédité joue un grand rôle dans l'étiologie de la chlorose. Tous les états diathésiques chez les adultes, états goutteux, rhumatisants, cancéreux, etc., la syphilis ancienne se traduisent chez les enfants en une forme unique, généralement, le lymphatisme ; ce n'est que plus tard que les états constitutionnels se spécifieront. Les maladies infectieuses antérieures, les privations, les mauvaises conditions hygiéniques d'habitation, d'alimentation, etc., conduisent à la chlorose.

Cette maladie est grave et mérite de fixer l'attention d'une manière toute spéciale. C'est chez les chlorotiques que se recrutent les candidats à la tuberculose. Elle prédispose à l'infection tuberculeuse par suite de l'abaissement de l'énergie vitale des éléments anatomiques qui ne peuvent faire obstacle à l'infection microbienne et y restent toujours exposés jusqu'à la guérison complète de la maladie. Toute négligence dans le traitement peut coûter la vie aux malades, parce que *la phtisie pulmonaire évolue toujours vite chez les jeunes gens* et qu'il n'existe aucune médication dont les effets soient assez rapides pour en enrayer la marche fatale quand la maladie est déclarée. Ne pouvant alors guérir, il faut absolument prévenir.

Chez les chlorotiques comme chez les anémiques, il y a hypoglobulie ; les globules subissent aussi un arrêt de développement par suite de l'insuffisance des phosphates hématiques dans l'alimentation et restent à l'état de globules nains. Enfin, la nutrition intra-cellulaire des globules étant viciée par un état pathologique généralisé, l'hémoglobine est altérée et n'a pas la teinte rouge vermeil qu'elle possède normalement, même quand son élaboration est encore incomplète.

Les chlorotiques se reconnaissent au visage pâle, décoloré, blafard : souvent la teinte est jaune, verdâtre, rappelant celle de la cire vieillie. Quelquefois sur ce fond se plaque une rougeur vive des joues ou des pommettes ; mais on retrouve toujours la pâleur caractéristique vers les ailes du nez. Les chlorotiques ont souvent le visage bouffi, elles ont l'air triste, l'œil languissant, sont incapables d'un effort physique de quelque durée et leur intelligence est paresseuse. Presque toutes ont des palpitations de cœur assez violentes après les moindres mouvements rapides, des névralgies diverses et des affections d'estomac.

Indépendamment des caractères anatomo-pathologiques particuliers qui contribuent à faire de la chlorose une maladie spéciale, elle se reconnaît encore à ce que les ferrugineux sont à peu près sans effet malgré leur indication spéciale. Cela tient à ce que la nutrition intra-globulaire étant viciée, les hématies ne peuvent pas se reconstituer et ils utilisent difficilement les matériaux nutritifs qui leur sont apportés.

Pour obtenir des effets curatifs certains dans la chlorose, le traitement doit être double. Il faut, d'une part, agir sur la constitution au moyen des préparations *Iodo-phosphatées du Dr Foy* (*vin et pilules*) qui constituent le meilleur régénérateur des constitutions altérées et un agent préventif et curatif efficace des tuberculoses. On commence par 2 cuillerées de vin la 1re semaine, 2 cuillerées de vin et 2 pilules la 2e semaine ; 3 c. de vin et 3 pilules la 3e semaine ; 4 c. de vin et 4 pilules la 4e semaine ; on continue ensuite à cette dose jusqu'à guérison parfaite. Si l'état est suspect, si l'on craint la tuberculose, on peut encore augmenter successivement de 4 le nombre des pilules par jour.

On agit sur l'état anémique par le *phosphate de fer hématique Michel* à la dose d'une cuillerette à chaque repas.

Ce double traitement doit être continué pendant six mois au moins, même quand la guérison semble complète avant ce temps.

FAUSSES ANÉMIES

Les fausses anémies se rapprochent de la chlorose parce qu'elles se développent sur des sujets à constitutions altérées ; elles s'en distinguent en ce qu'elles ne coïncident pas nécessairement avec la croissance ou la maternité ; qu'elles se développent souvent à une époque plus avancée de l'âge adulte et enfin qu'elles sont la manifestation d'une altération plus profonde de la constitution.

La fausse anémie est symptomatique d'un travail d'altération histologique générale qui, tantôt précède pour un temps variable la manifestation d'une maladie infectieuse grave telle que la tuberculose, une affection cancéreuse, etc., tantôt est consécutive. On observe simultanément un amaigrissement rapide et souvent considérable qui prouve bien la généralisation morbide ; c'est une indication de haute importance.

La cause des fausses anémies est une intoxication ; que celle-ci soit d'origine intrinsèque ou extrinsèque, les effets en sont les mêmes. Les globules du sang subissent, comme tous les autres éléments anatomiques de l'organisme, une altération qui imprime aux malades un facies spécial, permettant de reconnaître facilement la fausse anémie. Dans l'anémie vraie, l'hémoglobine saine se trouve dans un état d'élaboration imparfaite, sa coloration est moins intense, mais elle est de même nuance. Dans la fausse anémie, l'hémoglobine altérée passe au jaune rougeâtre tirant d'autant plus sur le jaune que l'altération est plus profonde. Les malades ont alors le teint pâle et jaunâtre rappelant celui de la cire vieillie ; cette coloration des malades est absolument typique. L'examen microscopique des globules du sang fournirait aussi des indications précieuses.

Les découvertes récentes en pathologie générale nous démontrent que les éléments anatomiques de nos tissus vivent de la même manière que les microbes ; que leur nutrition et leur vitalité sont altérées par des causes semblables. Comme eux, lorsque leur nutrition intra-cellulaire est altérée, ils fabriquent en plus grande quantité des produits toxiques qui, introduits dans le torrent circulatoire, perpétuent et aggravent cette altération vitale. Nous en avons déjà parlé à propos de la nutrition altérée en général.

L'amaigrissement qui se produit se rattache à deux causes : d'abord à l'activité fonctionnelle qui, déterminant nécessairement des combustions organiques, amène une perte physiologique de substance que les digestions intra-cellulaires altérées ne permettent pas de recouvrer intégralement ; d'autre part, cette formation de produits toxiques active la régression morbide des éléments histologiques et leur destruction plus rapide, en même temps que la rénovation cellulaire est entravée.

L'intoxication est le phénomène qui domine la pathogénie des fausses anémies ; que les poisons soient de formation intra-cellulaire, ou qu'ils viennent de l'extérieur. Que la maladie se particularise et se localise sous forme de tuberculose, de tumeurs cancéreuses, etc., elle se généralise toujours par la circulation des toxines et la distribution aux tissus des matériaux altérés des globules.

L'albuminurie que l'on observe fréquemment est une aggravation consécutive à l'intoxication, coïncidant le plus souvent avec une altération des reins. On ne se préoccupe guère de cette cause originelle et on n'en tient jamais compte dans le traitement.

La découverte de poisons en petite quantité parmi les déjections de la vie organique normale et en proportion beaucoup plus considérable dans ces mêmes déjections, lorsque les conditions normales de la vie sont troublées par quelque cause que ce soit, date à peine d'hier ; chaque jour qui s'écoule apporte des preuves nouvelles. Il n'est donc pas étonnant qu'on n'en ait pas encore tenu grand compte dans la thérapeutique des fausses anémies.

Tous les symptômes concomitants des fausses anémies dérivant de l'intoxication histologique généralisée et pouvant varier d'individu à individu suivant la nature de l'agent intoxicant, l'ancienneté et l'intensité de l'action morbide, nous laissons aux traités médicaux spéciaux le soin de les décrire, ils ne nous seraient d'aucune utilité pour le traitement thérapeutique.

Traitement. — L'intoxication intra-histologique étant la cause primitive et fondamentale des fausses anémies, le but principal du traitement doit être de s'appliquer à la combattre. Elles induisent facilement en erreur les observateurs superficiels qui administrent à tort des ferrugineux, lesquels ne peuvent être d'aucune utilité et font perdre un temps précieux.

Pour le traitement des fausses anémies, c'est la médication arsenicale qui est en vogue actuellement. Elle enraye généralement l'amaigrissement et donne quelquefois une augmentation de poids. Est-ce un signe d'amélioration de la santé? Nullement, loin de là. En effet, l'arsenic est un poison ; paralysant vital des éléments anatomiques, il en ralentit tous les genres d'activité. La conséquence qui découle de cette action est une diminution des combustions intra-organiques, d'où ralentissement dans la rapidité dénutritive. Sous l'influence de la médication arsenicale il y a stéatose et accumulation de graisse ; cela ne constitue pas un relèvement de la nutrition histologique ; c'est un mauvais trompe-l'œil. Il y a plus, cette médication doit être interrompue au bout d'un temps assez court, si l'on ne veut pas voir se produire des phénomènes d'intoxication avec nouvelle phase d'accélération dénutritive histologique, marquée de nouveau par de l'amaigrissement et de la diarrhée. Alors, non seulement la médication arsenicale ne peut pas guérir les fausses anémies ; mais elle en est cause aggravante.

Avec l'iode en combinaison organique instable associé aux phosphates physiologiques tel qu'il existe dans les préparations iodo-phosphatées du Dr Foy (vin et pilules) employés à dose progressive, nous avons des résultats curatifs certains, quoique les auteurs aient, à côté de l'arsenic, placé l'iode en qualité d'altérant, ce que nous avons démontré être complètement faux, et l'expérimentation le prouve.

L'Iode est un antiseptique diffusible qui annihile toutes les substances altérées, ainsi que les alcaloïdes toxiques avec lesquels il forme des combinaisons insolubles. Ces propriétés sont rapidement mises en évidence. Au bout d'un mois de traitement, le teint pâle et terreux produit par l'hémoglobine altérée a fait place à des couleurs vermeilles, qui démontrent que l'hémoglobine a repris sa constitution normale, en même temps que les malades ont repris de la vigueur et que l'appétit est augmenté. Il provoque donc le redressement des digestions intra-cellulaires, aide à la régénération histologique et, comme conséquence, relève l'énergie vitale.

Un autre résultat aussi précieux encore de ces effets thérapeutiques, c'est qu'il détruit les causes occultes qui, à un moment déterminé, auraient évolué soit du côté de la tuberculose, soit du côté des affections cancéreuses.

Nous avons sur ces deux genres morbides des résultats les plus probants.

Voici comment doit être institué le traitement iodé à dose progressive: 1re semaine deux cuillerées de vin iodo-phosphaté Foy, à midi et le soir un peu avant chaque repas ; 2e semaine, en même temps que chaque cuillerée de vin, une pilule iodée Foy ; 3e semaine, 3 cuillerées de vin et 3 pilules ; 4e semaine, 4 cuillerées de vin et 4 pilules par jour. Les 5e et 6e semaine, sans augmenter le vin, on porte les pilules à 6 ; puis à 8 par jour et on continue à cette dose jusqu'à parfaite guérison. Si l'état du malade est inquiétant, il ne faut pas craindre d'aller jusqu'à 12 pilules par jour, en même temps que les 4 cuillerées de vin. C'est la dose que nous faisons prendre aux tuberculeux, sans avoir jamais observé aucun cas d'intolérance.

Notre expérience nous permet d'affirmer que six mois au moins de ce traitement intensif sont nécessaires, si l'on veut arriver à détruire toutes les causes occultes qui peuvent compromettre l'avenir. Six autres mois de traitement à dose moitié moindre complètent la cure.

CHAPITRE XXXV.

Maladies nerveuses.

Nous emprunterons au Dr Landouzy (1re leçon de Thérapeutique générale, novembre 1895), une citation qui nous donne l'état de la science relativement à la connaissance et au traitement des maladies nerveuses :

« Si, la neuropathologie a bien mérité de la Science pour l'analyse pénétrante qu'elle a dû porter dans l'étude anatomo-pathologique, nosographique, diagnostique et pathogénique des pathies nerveuses, centrales ou périphériques ; si la neuropathologie a le droit de s'enorgueillir des travaux d'Ollivier d'Angers, de Landry, de Rostan, de Cruveilhier, de Duchenne de Boulogne, de Charcot, pour ne parler que des morts ; il faut savoir reconnaître que les apports de thérapeutique ont été bien minces et que, de tout temps, les neuropathologistes se sont révélés analystes plus sagaces, chercheurs plus avisés, peintres plus excellents que guérisseurs puissants et ingénieux. »

PATHOGÉNIE.

« La connaissance et la thérapeutique des maladies nerveuses seraient bien plus avancées qu'elles ne le

13

sont si, au lieu d'épuiser leur temps et leur science dans des recherches puériles et laborieuses sur la texture et l'agencement de la matière nerveuse, les auteurs avaient simplement voulu étudier les lois de ses phénomènes ; si en commençant par les déclarer inconnus dans leur cause intime, impénétrables dans leur mécanisme, ils avaient admis comme premier fait, comme loi d'observation fondamentale, l'aphorisme hippocratique « *Sanguis moderator nervorum* », et s'ils y avaient ramené tous les faits particuliers et subalternes qui relèvent de cette grande loi, en se servant tour à tour des observations physiologiques et pathologiques, pour éclairer la thérapeutique, puis des résultats de celle-ci pour agrandir et consolider la physiologie médicale et la nosographie.

« La médecine hippocratique repose sur le principe « *Ars imitatio naturae* ». Tâchons donc de savoir comment la nature s'écarte de son état physiologique, de quelles conditions dépendait cet état lorsqu'il existait ; enfin, par quelles voies, à l'aide de quelles circonstances cette nature rentre dans l'ordre et l'équilibre. Si, après avoir constaté ces choses, nous trouvons que dans les cas où la nature ne peut d'elle-même se reconstituer, l'art ou la thérapeutique sont capables, en imitant les opérations naturelles, dont l'observation lui a révélé le mécanisme, de faire ce que l'activité propre de l'organisme sait faire bien souvent, nous aurons signalé les véritables sources des indications curatives d'une classe importante de maladies et notre tâche sera convenablement remplie (1). »

On se demande comment, après avoir si magistralement indiqué la marche à suivre pour arriver à établir la pathogénie des maladies nerveuses, Trousseau, ses élèves et les autres médecins n'y sont pas parvenus ? C'est que, si beaucoup de maladies nerveuses trouvent leur explication dans un certain nombre de lésions anatomiques, il en est d'autres, plus nombreuses encore, sur lesquelles l'anatomie ne fournit aucune indi-

(1) Trousseau. *Thérapeutique.*

cation. C'est pourquoi on les avait considérées comme des maladies nerveuses *sine materia*. Or, là ou l'anatomie ne dit rien, la chimie biologique parle. Malheureusement, les études médicales ne laissent pas aux médecins des loisirs suffisants pour acquérir les connaissances nécessaires à ce genre de travail ; leur grand tort est d'en dédaigner les indications, parce qu'ils n'en sont pas les auteurs.

Aujourd'hui, l'analyse de l'urine est un mode d'investigation que l'on utilise de plus en plus pour le diagnostic des maladies. Or, elle nous enseigne que le plus grand nombre de maladies nerveuses sont toujours précédées, accompagnées, ou suivies d'une élimination de phosphates minéraux au-dessus de la moyenne normale. Cette moyenne des éliminations urinaires s'exprime de deux manières : d'abord, par un rapport entre l'acide phosphorique éliminé que l'on représente par 1 et les différents composés azotés dont on prend l'azote constituant comme élément de numération ; alors, le rapport normal entre l'acide phosphorique et l'azote éliminés est comme 1 est à 8. D'autre part, la quantité numérique moyenne d'acide phosphorique éliminé en 24 heures est de 2 gr. 50. Chez les sujets jouissant d'une bonne santé et dont les éliminations nutritives correspondent aux chiffres précédents, on admet que l'alimentation quotidienne compense exactement ces dépenses. Il doit en être évidemment ainsi, quand il ne se produit aucune modification dans l'énergie vitale.

Un malade, dont l'élimination phosphorique excède 2 gr. 50, est considéré comme phosphaturique quand son alimentation est normale comme quantité et comme qualité ; c'est la *phosphaturie absolue*.

La quantité d'acide phosphorique éliminé en 24 heures peut être inférieure à la moyenne précédente et il peut y avoir phosphaturie cependant ; mais *phosphaturie relative* alors, quand la somme des phosphates fournis par l'alimentation quotidienne est inférieure à celle éliminée. Comme exemple à l'appui, nous pouvons citer le cas des malades qui, atteints d'une affection de l'appareil digestif, s'alimentent très peu.

Le rapport normal de 1 à 8 entre l'acide phosphorique et l'azote n'a rien de conventionnel. Les physiologistes de tous les pays sont arrivés à ce résultat identique en s'appuyant chacun personnellement sur de nombreuses analyses ; c'est pourquoi il est adopté et considéré comme suffisamment exact.

Le sang de composition normale, de même que le cerveau sain donnent à l'analyse le rapport de 1 à 8 entre l'acide phosphorique et l'azote. Pour le tissu musculaire et les autres tissus mous le rapport est plus éloigné.

Si on consulte le tableau que nous avons donné de la composition des principaux aliments, on voit que, pour la chair de bœuf considérée comme viande de 1re qualité, nous avons trouvé le rapport de 1 à 12 ; pour un échantillon de viande de même espèce, de qualité inférieure, nous avons trouvé le rapport de 1 à 67. Pour les principaux aliments de nature animale, le rapport se trouve compris entre ces deux nombres extrêmes ; mais beaucoup plus rapproché du premier pour la plupart. Les aliments végétaux sont plus riches en phosphates et moins azotés ; aussi le rapport est-il plus rapproché généralement. Pour le pain blanc de Paris nous avons trouvé le rapport de 1 à 5 ; pour le pain dit riche, probablement parce qu'il l'est moins, nous avons trouvé celui de 1 à 8. Les pommes de terre sont très pauvres en principes albuminoïdes, le rapport entre l'acide phosphorique et l'azote nous a donné 1 à 2 1/2. Il ressort de ces résultats analytiques que, pour répondre aux besoins physiologiques de l'organisme, il faut que l'alimentation soit mixte, c'est-à-dire composée d'aliments carnés et végétaux.

Les tissus humains étant de composition exclusivement azotée, on en a déduit que l'alimentation carnée est l'idéal. Elle est réalisée dans les classes riches, commerçantes, industrielles, etc. L'analyse chimique nous démontre qu'elle est défectueuse. Si elle est recherchée et préférée, cela tient d'une part à l'opinion erronée toujours admise qu'elle est la plus riche ; mais elle a cependant un avantage très appréciable, c'est, qu'étant d'une digestibilité plus grande, elle influe sur l'activité cérébrale beaucoup moins que le régime végétarien, qui rend le cerveau paresseux pendant plusieurs heures, après chaque repas (temps de la digestion stomacale).

Nous avons deux éléments de la pathogénie des maladies nerveuses, la recette et la dépense ; il nous reste à déterminer la fonction.

Nous avons démontré que, chez l'homme, de même que chez les animaux, les éléments anatomiques qui composent leurs tissus renferment des phosphates minéraux qui s'y trouvent sous deux états : une partie, immobilisée dans la structure de ces éléments remplissant une fonction passive, architecturale ; l'autre partie, mobile, dans le protoplasma, ayant la fonction active de stimulant vital.

Le tissu nerveux est beaucoup plus richement approvisionné en phosphates que le tissu musculaire et celui des organes actifs. Parmi les produits phosphorés, il en est un qui ne se rencontre que dans le tissu nerveux, c'est l'acide phosphoglycérique qui se trouve dans les lécithines à l'état de glycérophosphate de névrine. Si l'on en trouve dans les autres tissus, c'est parce qu'on ne peut pas isoler les plus fines ramuscules nerveuses. Quant à l'assertion de M. le Dr Robin qu'il existe dans l'urine, elle est absolument gratuite, car il lui est impossible d'en fournir la preuve.

Nous devons signaler un fait de la plus haute importance et qu'il faut bien retenir ; c'est que les éléments histologiques à quelque système qu'ils appartiennent, peuvent contenir une quantité variable de phosphates. Mais il est une limite inférieure au-dessous de laquelle ils ne peuvent plus, soit se constituer, soit fonctionner normalement. Toute la pathogénie des maladies nerveuses est là.

Longtemps avant que nous ayons découvert la constitution phosphatée des tissus et les fonctions qu'y remplissent ces principes minéraux, partant de ce principe, que l'homme arrivé à l'âge adulte, accomplit des travaux variés qui mettent en jeu le système musculaire de préférence, ou le système nerveux, Byasson a voulu connaître exactement les dépenses de l'organisme par ces deux genres de travaux, en se soumettant à une alimentation toujours rigoureusement identique comme composition et comme quantité. Il a reconnu :

Que la quantité d'urée éliminée par l'homme varie peu, que le travail soit musculaire ou cérébral ;

Que la quantité de phosphates éliminés à la suite d'un travail intellectuel est de moitié plus élevée que celle consécutive au travail musculaire.

La conclusion qui ressort des faits qui précèdent est que *toutes les maladies nerveuses ont pour cause fondamentale une déphosphatisation exagérée des cellules nerveuses.*

Le Dr Mabille, de La Rochelle, dans un ordre d'idées absolument opposé, a fourni également des documents fort intéressants. Chez les idiots dont le système nerveux travaille peu et qui sont réduits à la vie végétative, l'urine ne fournit qu'une dépense de 25 à 50 centigrammes d'acide phosphorique par jour, alors que la moyenne est de 2 gr. 50. La quantité d'urée subit une variation parallèle.

Le Dr Stcherbach (*Archiv. de med. exp.*, 1893) arrive à cette conclusion que la transformation du phosphore dans l'organisme dépend dans une certaine mesure de l'activité cérébrale, dont les oscillations retentissent aussi bien sur l'échange phosphorique du cerveau que sur l'échange phosphorique général.

Hippocrate d'abord, Trousseau après lui, ont indiqué l'anémie et la maternité comme causes fréquentes des maladies nerveuses ; dans ces dernières années, on y a ajouté le surmenage intellectuel. Nous allons passer en revue ces trois causes successivement et nous verrons comment elles s'accordent avec la loi que nous venons de formuler.

Anémie.— Trousseau, écrivant ses pages sur la corrélation de l'anémie et des maladies nerveuses, constatait des faits, il les observait, les décrivait, mais ne se chargeait pas de les expliquer. Ajoutons que, jusqu'à ce jour, on n'a jamais pu établir par quel enchaînement l'anémie peut devenir la cause de maladies nerveuses. Nous sommes en mesure de le faire.

En démontrant : que le fer dans les globules du sang est à l'état de phosphate et seulement sous cette forme ; que ce sont les globules qui servent à la nutrition des tissus ; que l'anémie prend naissance, d'une part, parce que nos aliments trop pauvres en phosphate de fer font partiellement obstacle à la genèse de globules et que, d'autre part, les tissus dépensent plus de globules, pour leur activité fonctionnelle, et leur croissance, que l'organisme n'en fabrique ; que ce phosphate de fer est le dispensateur principal de l'acide phosphorique à tous les tissus. Nous avons, dans ces données, tous les éléments qui nous permettent d'expliquer la corrélation qui existe entre l'anémie et les maladies nerveuses ; nous ajouterons que ces états se rencontrent surtout chez les jeunes femmes.

L'anémie est de plus en plus fréquente de nos jours ; on la soigne mal, puisqu'il n'y a qu'un ferrugineux physiologique, le phosphate de fer, et qu'il est, de beaucoup, le moins employé. La persévérance dans cette méthode défectueuse vient de ce que, avec le temps, l'anémie finit toujours par guérir ; elle guérit même sans aucun traitement. La croissance s'est accomplie quand même et la santé paraît redevenir excellente. Or, tous ces anémiques mal soignés sont des candidats aux maladies nerveuses, et ils en seront atteints sous les influences les plus légères. En effet, la croissance s'étant effectuée au milieu de l'anémie, les tissus nouveaux ont bien reçu leurs phosphates passifs architecturaux, mais leur provision de phosphates actifs vitaux, protoplasmiques, est incomplète dans tous les tissus. Alors, si dans ces conditions, le système nerveux est soumis à un surmenage même léger, il dépense plus qu'il ne possède et qu'il ne peut recouvrer, et comme conséquence il devient rapidement malade.

*Le résultat évident des anémies mal soignées est donc de
rendre les maladies nerveuses de plus en plus fréquentes.*

Maternité.— La double fonction maternelle, grossesse
d'abord, allaitement ensuite, demande aux globules
sanguins une grande quantité de matériaux azotés et
phosphatés, ces derniers en proportion beaucoup plus
considérable pour constituer la charpente osseuse de
l'enfant. Dans les classes riches, l'alimentation carnée
étant insuffisamment phosphatée, d'une part ; les besoins de l'organisme étant si impérieux pour cette procréation, d'autre part, qu'il va drainer les phosphates
dans tous les tissus, quelquefois même jusqu'à entamer la réserve phosphatée architecturale du système
osseux chez la mère et produire l'ostéomalacie, on
comprend pourquoi l'anémie et des troubles nerveux
concomitants en sont si fréquemment la conséquence.

Nous ferons remarquer que, dans l'anémie et la maternité, causes des maladies nerveuses, la dépense
phosphatée existe en réalité ; mais elle ne se traduit
pas par de la phosphaturie urinaire.

Surmenage cérébral.— Sous cette désignation générique se trouvent réunies les causes les plus variées en
apparence, mais qui ont un résultat final identique. Le
commerçant, l'industriel, le financier qui ont le souci
d'affaires importantes, sont dans une contention d'esprit continuelle, comme le littérateur ou l'homme de
science occupés à leurs travaux. Ceux qui, n'ayant aucun souci d'affaires, recherchent les plaisirs et les jouissances variées ; au même titre, ceux qui éprouvent de
grands chagrins, de grandes peines morales, ou donnent libre cours à leurs passions, soumettent aussi
leur cerveau à une tension plus ou moins considérable. Les médecins, par leur travail professionnel, sup-
portent un surmenage presque continuel, qui les conduit à payer un large tribut aux affections nerveuses ;
leur intérêt direct les engage donc à prendre en considération ces études toutes nouvelles, puisque tous
les moyens curatifs réels leur font absolument défaut
jusqu'à ce jour.

Chez les femmes, nous trouvons aussi les excitations cérébrales fournies par la lecture des romans, les veilles causées par les plaisirs, les exigences de la vie mondaine, etc.

La somme de travail considérée comme normale n'a rien d'absolu, elle varie avec chaque sujet ; le surmenage commence quand la fatigue se produit. Quelle en est la cause ?

Les expériences de Byasson démontrent que le travail intellectuel détermine une élimination de phosphates plus élevée que celle résultant du travail musculaire. Nous avons démontré que cette dépense excédante s'explique par la plus grande richesse phosphatée des tissus nerveux. La clinique nous fait voir que la phosphaturie absolue ou relative coïncide avec les troubles nerveux fonctionnels. En opposition à ces faits analytiques, nous avons établi que l'alimentation carnée, considérée comme la plus riche, idéale, est insuffisamment phosphatée ; qu'elle ne peut pas restituer à l'organisme d'un sujet qui s'adonne aux travaux intellectuels la somme de phosphates équivalente à celle qu'il perd par la suractivité fonctionnelle. La fatigue cérébrale résulte donc de la dépense excessive du stimulant vital phosphaté, que l'alimentation ne peut restituer intégralement.

Le Dr Stcherback cité plus haut, après avoir fait ressortir le besoin plus grand de l'organisme en phosphore dans le cas de travail intellectuel intense, fait remarquer que, souvent, dans ces conditions, l'assimilation des aliments est considérablement diminuée et fait obstacle à la reconstitution histologique.

Notre conclusion, que: *toutes les maladies nerveuses ont pour cause fondamentale une déphosphatisation exagérée des cellules nerveuses*, se trouve donc démontrée aussi bien par l'observation clinique que par l'analyse chimique.

RÉSUMÉ

Les maladies nerveuses qui, de l'aveu général, deviennent de plus en plus nombreuses et de plus en plus graves de nos jours, sont des maladies de notre civilisation raffinée. Elles sont l'apanage des classes élevées et des travailleurs du cerveau. Elles frappent indifféremment le viveur qui abuse des plaisirs et le travailleur toujours à la peine. L'homme politique, l'homme d'affaires, l'industriel, le savant, l'artiste, sont voués à elles sans merci, emportés par la lutte à outrance pour la vie. Ce qu'il y a de terrible et de profondément inquiétant, c'est qu'on livre en pâture à cette concurrence effrénée l'avenir des générations futures, l'affaiblissement et la décadence de notre race dans sa partie la plus intelligente et la plus éclairée. Faut-il en conclure logiquement que la civilisation est incompatible avec la vigueur physique humaine, ou, en d'autres termes, le développement des facultés intellectuelles qui fait l'homme le roi de la création, ne peut-il être obtenu qu'au détriment de l'être physique ?

Bien que les faits actuels semblent nous donner tort, nous affirmerons, cependant, qu'il est possible de prévenir et de guérir les maladies nerveuses, non seulement sans compromettre la vigueur physique, mais en lui donnant un développement plus considérable, d'accord en cela avec la vieille maxime antique : *mens sana in corpore sano.*

Nous avons démontré, par nos recherches de chimie biologique, que les maladies nerveuses ont pour origine une dépense phosphatée minérale excédant la recette. Nous venons de signaler les dépenses exagérées par les différentes formes du surmenage cérébral ; il ne nous reste, en bon comptable, qu'à faire ressortir l'insuffisance des recettes due à l'appauvrissement minéralisé général de tous nos aliments sous prétexte de perfectionnement. Ainsi, afin d'obtenir une chair plus tendre et plus savoureuse, les animaux de boucherie sont soumis à un engraissement forcé, rapide qui ne permet pas à leurs tissus de compléter leur provision phosphatée minérale normale. Pour donner au pain plus de blancheur, on n'enlève au blé que les premières parties de la pulvérisation riches en amidon, mais très pauvres en principes nutritifs azotés et phosphatés ; la plus grande partie de ces derniers étant rejetés avec le son. Les légumes sont obtenus avec une rapidité extrême par une culture intensive ; ils sont tendres, mais d'une pauvreté nutritive extraordinaire.

Donc : *dépense exagérée d'un côté ; recettes insuffisantes de l'autre* — d'où *Maladies nerveuses.*

Influence de la constitution sur l'évolution des maladies nerveuses.

Le rôle du système nerveux étant de présider à toutes les fonctions organiques et de les diriger, il est constitué par un immense réseau qui s'étend partout, allant du centre à la périphérie et de la périphérie au centre, pénétrant jusque dans la profondeur des éléments histologiques de tous les tissus. Par suite de cette disposition anatomique, il y a entre le système nerveux et tous les appareils organiques une solidarité intime dont il faut tenir grand compte. Il ne peut donc se produire un trouble nutritif ou fonctionnel dans un appareil organique, sans qu'il y ait répercussion sur son système nerveux spécial. De même aussi, toute modification vitale dans une partie quelconque de l'arbre nerveux réagit sur l'appareil qu'il commande.

Au chapitre de la nutrition altérée, nous avons fait voir combien sont nombreuses les causes de l'altération nutritive histologique. Lorsque celle-ci se continue pendant un temps assez long, la constitution individuelle se trouve modifiée d'une façon durable. L'altération nutritive histologique se produisant avec une intensité variable selon la cause déterminante, on comprend qu'il y a aussi des degrés divers dans les constitutions altérées. Que celle-ci soit acquise ou héréditaire, on constate que son influence se fait d'autant plus sentir que le malade est plus âgé, que son énergie vitale tend à décroître sous l'accumulation des années. Dans l'âge adulte, quand l'énergie vitale est à son apogée, elle peut être plus ou moins masquée dans ses manifestations ; mais elle n'en existe pas moins en raison de la solidarité du système nerveux avec tous les tissus. La négliger dans ces conditions conduirait à des mécomptes dans les résultats du traitement.

Evolution des maladies nerveuses.

Les maladies nerveuses sont si nombreuses et si variées, que leur énumération complète est presque impossible. Elle est d'ailleurs sans utilité ici, puisque le traitement général embrassant forcément tout le système nerveux dans son ensemble, il s'adresse nécessairement à chaque cas en particulier.

Les maladies nerveuses forment deux grandes classes : *Les maladies sans lésions* dans lesquelles l'anatomie la plus minutieuse ne parvient pas à découvrir une altération quelconque dans le tissu des nerfs et que pour cette raison on appelait maladies *sine materia*. L'altération du tissu nerveux n'en existe pas moins, car l'analyse chimique nous le démontre, et elle établit qu'il y a, ou qu'il y a eu précédemment une élimination anormale de phosphates qui ne peuvent provenir que des cellules nerveuses. L'expression maladies nerveuses *sine materia* est donc inexacte.

Les maladies avec lésions. Par l'anatomie, on observe sur l'arbre nerveux des altérations de divers genres auxquelles on donne les noms de myélites, scléroses, etc. Selon le siège et l'étendue de ces lésions, on a des maladies nerveuses fort différentes. La lésion est une partie de tissu nerveux en voie de destruction ; c'est la maladie marchant vers l'incurabilité.

La clinique nous fait voir qu'elle ne se produit pas d'emblée, dans le plus grand nombre des cas. Elle met le plus souvent de longs mois, quelquefois des années à évoluer avant d'arriver à l'état de lésion absolument incurable. Dans un grand nombre de cas, la lésion n'est donc pas la cause de la maladie nerveuse ; ce n'en est qu'un effet. Mais comme la lésion est plus ou moins localisée ou généralisée, elle devient secondairement cause de la spécialisation de la maladie. Si la science est impuissante devant la maladie arrivée à ce degré, comme elle peut la prévoir, il n'est pas impossible de faire obstacle à sa marche fatale, de l'enrayer à ses débuts. Peut-on affirmer alors que les maladies nerveuses sont incurables ? Nous verrons que si cette affirmation est produite parfois, si elle se trouve corroborée par les résultats, c'est parce que ces maladies nerveuses n'ont jamais été traitées selon les indications de la science rigoureuse et qu'on les a laissées devenir incurables.

Un certain nombre de maladies nerveuses, telles que : l'hystérie, l'épilepsie, les douleurs sciatiques, etc., dans lesquelles interviennent des causes héréditaires, se produisent à tout âge, et avec leur forme et leurs caractères définitifs que l'on peut appeler classiques. Le plus grand nombre des autres parcourent plusieurs phases dans leur évolution. Au début, elles n'ont pas de caractères constants ; les troubles nerveux qui se manifestent sont tellement variés dans leurs formes et leurs sièges qu'on les embrasse sous l'expression générique de *neurasthénies*. A cette période, qui peut durer de longues années, il n'existe encore que la déphosphatisation des cellules nerveuses, et comme celle-ci est généralisée, on conçoit la variation dans le genre des troubles nerveux et dans leur siège.

Au bout d'un temps plus ou moins long, indépendamment de la déphosphatisation générale du tissu nerveux, des parties plus ou moins considérables subissent une altération vitale plus profonde. Alors, les maladies nerveuses se spécifient ; nous voyons se déclarer les ataxies, les paralysies, la démence, etc., avec leurs cortèges de perversions vitales et fonctionnelles. A ce moment, malgré leur gravité incontestable, ces maladies ne sont pas encore irrémédiablement incurables ; la destruction des éléments anatomiques ne s'est pas encore opérée complètement. Nous avons en effet guéri complètement des ataxiques dont la maladie datait de près de 2 ans, mais il faut agir vite et énergiquement. Si l'on ne procède pas ainsi, les scléroses, les myélites, etc., se compléteront, s'étendront quelquefois et nous assisterons à la déchéance physique et morale rapide de l'homme.

NEURASTHÉNIE

, La neurasthénie est une expression générique créée récemment par Beard, de New-York. Si le mot est nouveau, les troubles nerveux qu'il englobe sont connus depuis bien longtemps ; Bouchut les a décrits sous le nom de *nervosisme.* Plus tard la névropathie a été le mot à la mode ; c'est la neurasthénie qui l'est aujourd'hui ; acceptons-le pour ce qu'il vaut.

La neurasthénie a été depuis quelques années l'objet de plusieurs publications très développées. Il ne nous appartient pas d'apprécier ici ces divers travaux, dans lesquels les différents auteurs se sont surtout appliqués à mettre en lumière les manifestations si nombreuses et si protéiformes de cet état pathologique qui devient de plus en plus commun dans les classes élevées de notre société actuelle. Si nous nous permettons, à notre tour, d'aborder ce sujet, c'est uniquement afin d'arriver à en déduire les indications d'un traitement rationnel et vraiment curatif ; car, il faut bien le dire, le traitement est le côté faible de ces études. Il s'en dégage même un sentiment d'optimisme dont nous nous permettrons de signaler les dangers.

De l'aveu unanime de tous les médecins, un fait important domine toute cette classe de maladies nerveuses ; on n'a relevé nulle part aucune trace de lésion des éléments anatomiques : aussi concluent-ils que ce ne peut être qu'une maladie purement fonctionnelle de l'appareil nerveux ? Erb considère les états neurasthéniques comme un trouble de la nutrition des éléments du système nerveux. Beard dit : « Qu'il y a un appauvrissement de la force nerveuse, due à un défaut d'équilibre entre l'usure et la réparation des éléments nerveux ; et surtout, du moins dans les formes cérébrales, à un affaiblissement durable de ces centres nerveux supérieurs qui gouvernent et modèrent l'activité des autres centres nerveux encéphaliques, médullaires et sympathiques. »

Si approchées de la vérité que soient ces conclusions, elles n'ont aucune précision ; on comprend alors qu'elles ne peuvent pas servir de base à un traitement rationnel.

Cause première de la Neurasthénie. — Comme Beard l'a pressenti, les maladies nerveuses ont pour origine une dépense de principes nutritifs nerveux supérieure à la recette d'origine alimentaire. Les recherches de Byasson sur les dépenses phosphoriques dans le travail cérébral rapprochées de nos analyses de chimie biologique sur la constitution physico-chimique des tissus nerveux, analyses confirmées par des préparations anatomiques (1) démontrent que les principes dépensés en excès dans le travail nerveux sont des phosphates minéraux.

N'est-il pas démontré, d'ailleurs, que la phosphaturie urinaire précède ou accompagne toujours les troubles nerveux. Il n'y a pas bien longtemps les phosphaturies ont été l'objet d'un travail important en Allemagne, de la part du Dr Peyer et il a toujours constaté, en même temps, *tout un complexus des ymptômes nerveux que Heyer a appelés symptômes médullaires.* Antérieurement, Heller a constamment indiqué le phénomène de la phosphaturie urinaire, *comme un symptôme caractéristique des maladies du système nerveux.*

Ainsi donc, si l'anatomie ne relève aucune lésion visible des éléments nerveux chez les neurasthéniques, l'analyse chimique plus heureuse, constate une élimi-

(1) Voir au commencement le chapitre *Phosphore.*

nation phosphatique exagérée, preuve d'une désassimilation minérale excessive dans ces éléments.

Tous les détails dans lesquels nous sommes entré précédemment nous dispensent d'en fournir de nouveaux.

Un grand nombre de médecins se montrent absolument sceptiques, parce que, disent-ils, l'expérimentation n'a pas confirmé nos conclusions. Les phosphates employés *larga manu* depuis plus de 25 ans n'ont nullement arrêté le progrès des maladies nerveuses. Les phosphates ont été largement employés, dit-on ; précisons d'abord. C'est un seul phosphate qui a été employé : le plus insoluble, le moins assimilable sous quelque forme qu'on le présente, c'est-à-dire le phosphate de chaux. Aux enfants qui ont les os mous, phosphate de chaux ; aux jeunes filles anémiques qui ont besoin de phosphate de fer, on donne phosphate de chaux ; aux adultes neurasthéniques, qui ont besoin de phosphate de potasse, on conseille glycéro-phosphate de chaux. Est-ce là, vraiment, de la thérapeutique scientifique ? Peut-on avoir la moindre confiance dans les résultats d'un semblable mode d'expérimentation ? Peut-on s'étonner qu'ils soient nuls ?

Causes déterminantes de la Neurasthénie. — Ces causes sont extrêmement nombreuses et variées ; elles peuvent cependant être groupées en cinq catégories : causes d'ordre intellectuel, moral, social, sexuel et physiologique.

Causes d'ordre intellectuel. — L'influence des professions chez les hommes est considérable comme cause déterminante de la neurasthénie. Toutes celles qui nécessitent une somme considérable de travail intellectuel : savants, artistes, littérateurs ; celles qui créent des préoccupations constantes par le souci inévitable de graves responsabilités pécuniaires ou morales, négociants, industriels, financiers, spéculateurs, etc., paient un lourd tribu à la neurasthénie. La somme de travail qui détermine la fatigue cérébrale et la neurasthénie est extrêmement variable chez les individus et ne peut donner lieu à aucune appréciation comparative.

Chez les femmes du monde, la cause la plus commune des excitations cérébrales réside dans la lecture des romans de plus en plus suggestifs à notre époque.

Dans notre société actuelle, les jeunes garçons sont soumis à un surmenage intellectuel continu par la surcharge inutile des programmes de l'instruction. On veut en faire des encyclopédies vivantes, afin de les mieux armer dans la lutte pour la vie et leur faciliter l'accès des carrières scientifiques ; on obtient le résultat contraire. Epuisés avant l'âge, leur intelligence s'étiole, leur énergie s'affaiblit, beaucoup tombent à l'entrée de la carrière et le plus grand nombre de ceux qui avaient donné les plus belles espérances, sont devenus incapables d'aucun effort intellectuel ou physique.

Causes d'ordre moral. — Les passions ont une influence considérable sur l'activité du système nerveux et, par conséquent, sur les fonctions de tout notre organisme. Elles sont nombreuses ; nous signalerons l'abus des plaisirs de tous genres, les formes nombreuses de l'ambition, de la haine, de l'orgueil, etc. Plus elles sont intenses, plus elles s'exercent longtemps, plus elles épuisent le système nerveux.

Causes d'ordre social. — On dit avec raison qu'on n'a jamais vu autant de maladies nerveuses qu'à notre époque, et qu'elles sont avant tout l'apanage du sexe féminin habitant les villes.

Une des causes principales est sans contredit l'éducation qui foule aux pieds toutes les règles de l'hygiène la plus élémentaire. Au lieu d'exposer le plus souvent et le plus longtemps possible la jeune fille à l'action vivifiante de l'air pur de la campagne, de l'habiller rationnellement de manière à permettre le développement méthodique de ses forces physiques, on étreint sa poitrine dans un corset, on contrarie l'amplitude de la respiration et on entrave presque tout mouvement physique en dehors de la marche guindée. Au lieu de diriger ses facultés intellectuelles et morales vers le but pratique de la vie, qui est d'en faire une bonne épouse et une bonne mère ; au lieu de l'élever de manière à remplir le mieux possible la tâche si grande et si belle qui lui est dévolue sur la terre, qu'en fait-on ? Des plantes de serre chaude pour briller au regard et qu'un rien fane, des semblants de beaux esprits, même d'esprits forts qui s'évanouissent devant leur ombre ; des savantes qui savent raisonner de tout sauf des vertus domestiques. Alors, arrive-t-il quelque événement, quelque chagrin, quelque infortune qui nécessitent des efforts d'âme et de corps pour les surmonter, elles tombent dans l'abattement moral ; toutes les illusions disparaissent, les crises nerveuses se produisent ; elles enlèvent à la femme une activité qui aurait pu faire son bonheur et celui de sa famille.

L'éducation intellectuelle et morale de la jeunesse est d'une grande importance pour son bien-être physique dans l'avenir. Chacun le sait ; mais bien peu le mettent en pratique.

Causes d'ordre sexuel. — Les excès vénériens, aussi bien chez l'homme que chez la femme, dans le mariage aussi bien qu'en dehors, sont encore une cause des plus fréquentes de la neurasthénie. Il est malheureusement établi que ces sortes d'excès sont plus fréquents chez les hommes et leurs conséquences sont aussi plus graves.

Causes d'ordre physiologique. — Nous citerons en particulier l'anémie chez les jeunes filles et les jeunes femmes, la maternité, l'insuffisance de l'alimentation.

Par suite de l'anémie mal soignée au moyen de ferrugineux non phosphatés, en raison de l'abus de l'alimentation carnée, la jeune fille des villes est mal approvisionnée en phosphates vitaux ; aussi les veilles, les bals, le théâtre, les réunions mondaines, etc., déterminent-ils chez elles, et de très bonne heure, des troubles nerveux neurasthéniques.

La maternité, grossesse et allaitement, pendant toute la période desquels la mère doit procurer au jeune enfant une somme considérable de phosphate de chaux pour la minéralisation de sa charpente, détermine un épuisement profond chez les femmes des villes ; c'est chez elles la cause la plus fréquente de la neurasthénie.

Elle est encore facilitée et aggravée chez elles par une alimentation trop faible en quantité et en qualité, soit à cause de la paresse des organes digestifs, soit, plus souvent, en vue de réaliser des économies que l'on consacre au luxe de la toilette.

Chez les jeunes gens, cette même économie sur l'alimentation a pour but d'en consacrer davantage aux plaisirs.

Signes de la Neurasthénie.

Le système nerveux a des fonctions qui lui sont spéciales et d'autres qu'il partage avec les divers organes en les dirigeant. Dès qu'il est troublé dans le mouvement normal de son activité, nous avons des symptômes morbides se rattachant à ces deux ordres de fonctions.

Si la neurasthénie présente les formes les plus variées, elle existe aussi aux degrés les plus divers. Le degré léger est extrêmement fréquent et se rencontre chez beaucoup de personnes qui ne s'en doutent pas. Chaque jour nous entendons dire de personnes qu'elles sont nerveuses ; qu'un rien les irrite, les agace, les effraie. A chaque instant, on a l'occasion de causer avec des gens qui se plaignent de névralgies diverses, de points douloureux dans le dos et ailleurs, ou bien encore de palpitations qu'un rien provoque, de digestions pénibles, d'appétits capricieux, etc. Tous ces malaises sans gravité, ni importance immédiate, font souvent considérer les personnes qui en sont atteintes comme des originales, des misanthropes, des hypochondriaques, des malades imaginaires. Si elles ont le malheur de se plaindre, on leur rit au nez, on les brusque, on les excite, alors que leur moral déjà malade aurait besoin de bons conseils et de soins attentifs.

Troubles cérébraux. — Ils sont extrêmement nombreux et variés ; ils n'existent pas simultanément chez le même individu, ils se succèdent généralement les uns aux autres. Ils sont toujours la conséquence d'un surmenage des facultés intellectuelles ; c'est donc, de préférence, les savants et les artistes de tous genres qui sont touchés.

Le jugement, la mémoire, l'imagination, la volonté même en subissent les premiers l'influence. Les malades se plaisent ordinairement dans les extrêmes ; l'exagération dans un sens ou dans un autre est ordinaire ; souvent arrivée à des hauteurs inattendues, elle retombe tout à coup dans une vulgaire originalité. Les grands hommes ont leurs moments pour exécuter leurs œuvres. Les poètes, les écrivains, profitent généralement d'un état particulier de leur esprit pour travailler ; leur œuvre terminée, épuisés par le travail, ils vont souvent s'adonner aux plaisirs qu'ils viennent de condamner. Leur vie est souvent une continuelle contradiction entre leurs aspirations et leurs actes. On dirait une loi qui leur retranche d'un côté ce qu'ils ont gagné de l'autre ; c'est pour ainsi dire leur être intellectuel poussé à l'exagération, aux dépens de leur être moral. Leur existence est souvent une suite ininterrompue de contradictions ; ils aiment et ils détestent avec passion, passant généralement sans transition d'une extrémité à l'autre.

Un agacement, une excitabilité nerveuse les tourmentent souvent ; le bruit d'un jouet d'enfant, une porte qui se ferme brusquement les font tressaillir ; la moindre émotion les irrite.

Les insomnies complètes, plus souvent le sommeil incomplet, interrompu fréquemment par les causes les plus légères et souvent même sans cause réelle, sont des causes aggravantes de la neurasthénie ; les rêves fantastiques, les cauchemars sont fréquents. Ce sont ces insomnies qui produisent la sensation de la tête comprimée dans une sphère de plomb que Charcot a appelé le *casque des Neurasthéniques*. Les vertiges, les étourdissements, etc., les hallucinations, le somnambulisme sont des signes consécutifs de la neurasthénie déjà ancienne et plus accentuée.

Les organes des sens, la vue, l'ouïe, l'odorat, dont les nerfs spéciaux émergent directement du cerveau sont aussi fréquemment affectés.

Les troubles cérébraux des neurasthéniques, sont, qu'on ne l'oublie pas, les premiers avertissements d'un état qui pourra rester stationnaire en apparence et se continuer pendant des années sans manifestation bien inquiétante ; mais la moindre commotion un peu violente comme un grand chagrin, une perte considérable d'argent, une grande ambition déçue, etc., conduiront brusquement les malades, les uns à la folie sous ses mille formes de manifestations, les autres à la paralysie générale. D'autres causes secondaires indépendantes aideront à amener ces résultats.

Perversion de la sensibilité. — On distingue la sensibilité tactile qui a son siège sur la peau et la sensibilité proprement dite.

La sensibilité tactile ou épidermique est souvent modifiée dans la neurasthénie. Le plus souvent, elle est exagérée, c'est l'*hyperesthésie* ; dans d'autres cas, elle est supprimée : c'est l'*anesthésie*. L'un ou l'autre mode de ces troubles de la sensibilité sont rarement généralisés ; ils sont, dans la grande majorité des cas, localisés, et il n'est pas rare de trouver, sur un même sujet, des régions hyperesthésiques et d'autres anesthésiques.

La sensibilité exagérée de la peau peut n'exister que pour certains objets ; par exemple, certaines personnes ne peuvent toucher de la soie ou du velours, du papier ou certains métaux sans en éprouver un véritable malaise. Nous connaissons une dame qui aime beaucoup les pêches et qui aime mieux se priver d'en manger que d'être obligée d'en enlever la peau.

L'anesthésie que l'on rencontre fréquemment aussi, avec ou sans région hyperesthésique, a été, il y a quelque 20 ou 25 ans, l'objet d'expériences, qui ont fait beaucoup de bruit ; elles promettaient beaucoup, mais le succès n'a pas répondu à l'attente. Il existe des malades qui sont *hémianesthésiques*, c'est-à-dire qui ont tout un côté du corps, ou bien seulement un bras ou une jambe anesthésiques, tandis que dans l'autre partie ou dans le membre correspondant la sensibilité est normale. On a constaté que ces malades sont généralement sensibles au contact d'un des trois métaux suivants : or, cuivre ou zinc ; avec d'autres métaux, tels que fer, étain, argent, la sensibilité est beaucoup plus rare. L'or d'abord, et le cuivre ensuite, sont les deux métaux auxquels les malades sont le plus sensibles. Supposons un malade anesthésique du bras gauche et sensible à l'or. Si sur le bras gauche on applique une lame d'or ou même simplement un louis que l'on fixe, immédiatement la sensibilité revient ; tandis que, auparavant, on pouvait pincer, piquer le bras malade sans provoquer de douleur, maintenant il est sensible au moindre attouchement, et la sensibilité se conserve tant que la pièce d'or reste en place. Si le bras malade semble guéri, il s'est produit un phénomène extrêmement curieux ; il y a eu double échange entre les deux bras, l'insensibilité du bras gauche a été transportée au bras droit ; on a donné à ce résultat le nom de phénomène de transfert. En réalité, il n'y a pas eu de guérison en aucune manière. On a été plus loin, on a pensé que si, à une malade anesthésique sensible à un métal, on faisait prendre des pilules renfermant un sel de ce métal, on aurait la guérison. Malheureusement, le résultat a été nul. On avait donné à cette méthode de traitement de l'anesthésie, le nom de métallothérapie ou de Burcquisme, du nom de son inventeur. Cette méthode ne sert plus guère aujourd'hui qu'à des exhibitions charlatanesques.

La sensibilité, proprement dite, se traduit par des douleurs ; elle varie du simple malaise aux névralgies les plus cruelles. Ces douleurs peuvent revêtir les for-

mes les plus diverses ; ce sont des élancements continus ou intermittents, des fourmillements pénibles, des
picotements passagers, des douleurs spontanées ou se
révélant à la simple pression, tantôt faibles, tantôt
aiguës, que les causes les plus légères provoquent ;
elles semblent attendre la première occasion d'éclater.

Altérations dans les mouvements. — Elles se montrent
sous deux formes opposées : les spasmes et les paralysies.

Parmi les différentes manifestations des spasmes,
nous signalerons : les *crampes dans les jambes* qui se
produisent généralement la nuit ; la *crampe des écrivains* qui consiste dans la difficulté de contracter certains muscles de la main pour écrire ou toucher du
piano ; le spasme du nerf facial ou *tic douloureux* qui
fait faire des grimaces, etc.

Nous ne signalerons ici que les paralysies passagères qui, pendant un espace de temps généralement
court, arrêtent le fonctionnement d'un membre ou
d'un organe.

La thérapeutique étant le but spécial de cet ouvrage,
on comprendra que nous n'ayons pour ainsi dire donné
qu'une sorte de classification des différents genres de
troubles neurasthéniques si nombreux si variés, et
sur lesquels il a été écrit de gros volumes de descriptions.

Pronostic et complications chez les neurasthéniques.

Si l'on veut prévoir, avec la plus grande somme de
probabilités possibles, l'avenir d'un malade neurasthénique, il faut tenir compte du sexe, de l'âge des
malades, des causes passagères ou permanentes de la
maladie, enfin de la constitution saine ou altérée des
malades.

Si c'est une femme jeune qui est atteinte de neurasthénie, l'avenir n'est pas inquiétant dans la majorité
des cas. Nous ne prétendons pas pour cela que la ma-

ladie ne sera pas longue, que les douleurs ne seront pas vives et fréquentes ; nous voulons dire qu'il y a peu de probabilités à ce que la maladie s'aggrave dans un temps plus ou moins éloigné. Le plus souvent, au contraire, il y aura amélioration avec l'âge. Les suites de la neurasthénie sont telles, chez la jeune femme, parce que chez elle, dans presque tous les cas, les causes qui l'ont produite sont l'anémie et la maternité, souvent aussi le mauvais fonctionnement de l'appareil digestif, causes qui ont à peu près toujours une durée limitée.

Quand la neurasthénie débute chez la femme arrivée à la maturité de l'âge, les suites en sont plus sérieuses dans beaucoup de cas. Chez ces malades, les causes principales sont souvent de grands chagrins, de grands revers et il s'y ajoute presque toujours aussi les complications d'états diathésiques goutteux, rhumatismaux ou autres. Chez les malades de cette catégorie, la neurasthénie doit être envisagée sérieusement et traitée avec énergie pour éviter les aggravations ultérieures probables.

Les neurasthénies chez les hommes doivent être envisagées aussi à part chez les jeunes gens et chez les hommes à maturité de l'âge.

Chez les jeunes gens, la neurasthénie est due à deux causes principales : chez les uns, c'est le surmenage intellectuel de l'instruction pour arriver aux écoles supérieures du gouvernement ; chez d'autres, favorisés du côté de la fortune, c'est l'abus des plaisirs et des jouissances de tous genres. Dans les deux cas, leur organisme a encore bien souvent à répondre aux besoins nécessités par la croissance, qui n'est pas terminée. Tous ces jeunes gens épuisés, présentent une aptitude spéciale à contracter toutes les maladies infectieuses. Aussi la tuberculose, la fièvre typhoïde, etc., exercent-elles de grands ravages parmi eux.

Chez les surmenés de l'université arrivés au terme de leurs études, quand il s'agit d'utiliser leur instruction dans les diverses carrières qui leur sont ouvertes, on fait de tristes constatations. Les premiers sujets, ceux qui avaient donné les plus brillantes espérances n'y répondent pas. On met sur le compte de la paresse, ce qui n'est que le résultat de leur épuisement ; tous les ressorts vitaux sont distendus, l'énergie leur fait défaut quand il s'agit d'en déployer. Il y a des exceptions, certainement, nous parlons en général.

Si le tableau des dangers que fait courir la neurasthénie aux jeunes gens est déjà sombre, il l'est bien plus encore quand c'est un homme dans la maturité de l'âge qui est atteint de ces troubles nerveux. Si chez quelques hommes la neurasthénie est due à l'abus des plaisirs, aux excès, aux veilles, chez un plus grand nombre elle est produite par un excès de travail professionnel, dont la dépense n'est pas compensée par les apports de l'alimentation, même la plus copieuse. Chez ces malades, la cause de la maladie est permanente, puisqu'ils se trouvent généralement dans la presque impossibilité d'interrompre leurs occupations.

Dans la majorité des cas, les manifestations neurasthéniques n'offrent, quelquefois pendant de longues années, suivant l'âge du malade, aucun caractère bien inquiétant. Aussi le plus grand nombre négligent-ils de se soigner sérieusement, encouragés d'ailleurs par beaucoup de médecins qui, eux-mêmes, envisagent ces états avec une indifférence regrettable. Pendant ce temps, la maladie continue à évoluer insensiblement, attendant la cause occasionnelle imprévue qui fera éclater la maladie nerveuse caractérisée grave. Chez les malades à cet âge, il y a toujours une cause aggravante très sérieuse, c'est l'altération constitutionnelle de nature diathésique, goutteuse, rhumatismale, etc., ou une maladie spécifique ancienne, etc., dont bien peu sont exempts, qui vient à ce moment exercer une action prépondérante, qui favorise la formation de la lésion sur l'arbre nerveux et la conduira rapidement à l'incurabilité, si on n'enraye pas sa marche. La paralysie et la folie sont les deux modes de terminaison les plus fréquents. A ce début, la guérison n'est pas encore définitivement impossible ; mais elle exige un traitement énergique, immédiat, rapide et prolongé ;

et, pour peu que l'on hésite, que l'on perde du temps, on arrive trop tard et l'on assiste impuissant à la déchéance physique et morale de l'homme placé au sommet de la création.

Le jour où l'on voudra traiter sérieusement la neurasthénie dès qu'elle se manifeste, ou que l'on voudra s'en préserver, les maladies nerveuses incurables auront disparu.

Qu'on ne l'oublie pas: *Le neurasthénique homme mûr est un fou ou un paralytique de l'avenir.*

Pour le traitement, selon le sexe du malade, nous renvoyons à l'une des deux classes que nous avons établies au chapitre du traitement des maladies nerveuses en général.

EXAMEN DES MÉTHODES ACTUELLES DE TRAITEMENT DES MALADIES NERVEUSES.

Les méthodes actuelles de traitement des maladies nerveuses peuvent se ramener à deux : la méthode sédative et la méthode stimulante.

Traitement sédatif. — Aux symptômes douleurs, insomnies, agitations, etc., on oppose des sédatifs, des narcotiques, des analgésiques, des anesthésiques, etc., Les bromures, l'opium, la morphine, l'antipyrine, etc., calment plus ou moins bien les douleurs nerveuses et les troubles divers, mais pour un temps très court, le plus souvent. Il faut en renouveler l'usage plus ou moins fréquemment. L'accoutumance se produisant rapidement, il faut en augmenter successivement les doses. Avec tous ces agents thérapeutiques on ne touche en rien aux causes de la maladie ; on ne peut donc pas être surpris si elle ne guérit pas, comme le démontre l'expérience de chaque jour. Nous irons plus loin, en affirmant que tous ces médicaments aggravent les maladies nerveuses. En effet, ils ne produisent la sédation qu'en paralysant l'activité des éléments anatomiques nerveux ; comme conséquence, ils ralentissent leur nutrition intra-cellulaire. Par leur emploi prolongé, ils augmentent donc les difficultés de leur régénération histologique. Les ravages que produit l'intoxication morphinique nous fournissent des preuves indiscutables. Peut-on s'étonner si, à la suite d'une méthode de traitement dont les effets sont si désastreux, les maladies nerveuses deviennent si fréquemment incurables.

BROMURES.

Les bromures de potassium, de sodium, d'ammonium constituent le remède banal des maladies nerveuses. Ils calment plus ou moins, pendant un certain temps, mais ils n'ont jamais guéri.

Les bromures ont une action très marquée sur les facultés intellectuelles ; ils font perdre la mémoire et font souvent obstacle à l'assemblement des idées.

Ils s'éliminent avec une très grande lenteur de l'organisme. En Allemagne, le Dr Pflaume a constaté qu'un malade ayant pris 10 grammes de bromure, n'en avait éliminé qu'un sixième au bout de 48 heures. Le Dr Lautenheimer a observé un malade qui, ayant pris 30 grammes de bromure en 3 jours, n'en avait éliminé que 8 grammes ; un autre n'en a éliminé que 2 gr. 5 sur 24 pris en 3 jours.

On observe généralement que la saturation est obtenue vers le seizième jour.

On constate que, chez les malades traités par les bromures, l'élimination du chlorure de sodium est considérablement augmentée. Il en résulte que le bromure se substitue au chlorure dans l'organisme.

Mais, d'autre part, si à un individu saturé de bromure, on administre du chlorure de sodium en excès, il s'élimine une quantité importante de bromure.

Traitement stimulant. — La stimulation du système nerveux s'obtient par l'hydrothérapie ou par l'électricité.

Hydrothérapie. — Elle produit une stimulation générale de l'organisme par un double effet physique et
mécanique. Il y a d'abord choc de l'eau sur le corps,
puis réfrigération des parties touchées. Sous cette double action, les combustions intra-organiques sont activées, les phénomènes nutritifs sont relevés et il se produit une suractivité de la vitalité générale : l'appétit
est augmenté.

Cette méthode laisse à l'organisme le soin de chercher dans une alimentation plus copieuse, les matériaux phosphatés de reconstitution dont elle a besoin.
Ceux-ci, s'y trouvant en quantité insuffisante, ainsi que
nous l'avons démontré, il en résulte que l'hydrothérapie ne peut, dans le plus grand nombre des cas, que
donner une amélioration partielle ou momentanée.

Elle peut, au contraire, être un précieux adjuvant de
l'une des méthodes de traitement curatif que nous in-
diquons plus loin.

En tout cas, elle est absolument inoffensive.

Electricité. — L'électricité est un précieux agent thérapeutique des maladies nerveuses, mais il ne faut pas
lui demander plus qu'elle ne peut donner. Il ne nous
appartient pas de distinguer ici entre les effets de l'é-
lectricité statique et ceux de l'électricité dynamique,
entre les courants continus et les courants induits qui
impressionnent différemment les éléments nerveux ;
ce que nous avons à constater simplement, c'est que
l'électricité agit sur ces éléments comme un excitant
physique. Elle porte son action d'abord sur l'activité
fonctionnelle, tendant à la réveiller quand elle est anéantie, ou à l'augmenter quand elle trop affaiblie ; secondairement elle accroît l'activité nutritive.

C'est encore à l'alimentation que l'organisme doit
demander le surcroît de matériaux de reconstitution
pour combler les dépenses plus élevées produites par
l'excitation électrique ; mais comme celle-ci est trop
pauvre, la restauration des éléments histologiques étant
absolument aléatoire, on n'obtient, le plus souvent,
qu'une amélioration partielle et momentanée.

Pour cette raison, l'exclusivisme d'un grand nombre d'électriciens, qui ne veulent soigner les maladies nerveuses que par l'électricité seule, est regrettable, parce qu'il est préjudiciable à un grand nombre de malades. Les malades ne sont pas éclectiques ; ils demandent simplement qu'on les guérisse.

Un certain nombre de médecins ont habilement associé l'électricité à notre traitement phosphaté des maladies nerveuses. Les résultats remarquables qu'ils ont obtenus ont eu auprès de leurs malades les plus heureux effets, et ils leur en ont marqué leur reconnaissance.

Traitement du Dᵣ A. Robin par les Glycéro-phosphates.

Au mois d'avril 1894, M. le Dᵣ Albert Robin annonce gravement à l'Académie qu'il vient de découvrir l'Amérique. « Je désire faire à l'Académie une simple communication préalable *destinée à prendre date*, au sujet d'une médication nouvelle dont je poursuis l'étude depuis 1888.

« Cette médication est pleine d'avenir. En tout cas, elle vise un but de la plus haute importance, puisqu'elle ne tente rien moins que d'exercer une action élective sur la nutrition nerveuse.

« Il s'agit des glycéro-phosphates.

« J'ai été conduit à étudier leur valeur thérapeutique en constatant, au cours de travaux sur la neurasthénie, que certains malades éliminaient par l'urine des quantités relativement considérables de *phosphore incomplètement oxydé* qui, toutes choses étant égales d'ailleurs du côté de l'alimentation, me semblait provenir d'une dénutrition exagérée de la lécithine nerveuse. *On sait, en effet, que la plus grande partie du phosphore incomplètement oxydé de l'urine se trouve sous forme d'acide phospho-glycérique*, et que ce corps est l'un des constituants de la lécithine, laquelle entre, pour une si grande part, dans la composition du système nerveux ».

14.

Le traitement des maladies nerveuses par les glycéro-phosphates, que l'auteur signale comme une invention lui appartenant, est indiqué dans notre ouvrage — *Les Phosphates* — imprimé en 1887, dont un exemplaire existe à la bibliothèque de l'Académie de médecine. Nous les avons donc employés avant cette date, puisque nous en avons annoncé les bons résultats. Nous avons adressé à l'Académie une lettre pour revendiquer la priorité de leur emploi ; elle a été renvoyée à l'examen de M. Robin, ce qui signifie qu'on a voulu l'étouffer. On ne peut pas être plus aimable pour un collègue.

Dire que l'acide glycéro-phosphorique est du phosphore incomplètement oxydé est une opinion fantaisiste qui fait sourire tous les chimistes. Quant à l'affirmation que l'urine des neurasthéniques renferme une certaine quantité de cet acide, elle ne repose sur aucune preuve scientifique, attendu que l'on ne connaît pas de réactif capable d'en déceler nettement la présence.

La vérité est, ainsi que nous l'avons démontré dans notre ouvrage, que les urines des neurasthéniques renferment très souvent, en notable proportion, des matières albuminoïdes qui ne donnent ni les réactions de l'albumine, ni celle des peptones, mais précipitables par le tannin, l'alun, par le sublimé corrosif, etc. Or, ces substances renferment, occlus, une certaine quantité de phosphates minéraux qui ne peuvent être décelés qu'après la destruction de la matière organique à laquelle ils sont associés. Ce sont ces procédés de destruction que le Dr Lépine a considérés comme des moyens d'oxydation.

Mais si le Dr A. Robin donne une interprétation erronée de ses résultats analytiques, le fond reste vrai, cependant ; à savoir que les neurasthéniques désassimilent une quantité plus élevée d'acide phosphorique.

Il emploie les glycéro-phosphates en injections sous-cutanées ; il sacrifie à la mode du jour. Il compare les effets des glycéro-phosphates à ceux des injections de liquide testiculaire.

L'auteur a obtenu des résultats marqués dans les convalescences de maladies accompagnées de dépression nerveuse, dans des cas de neurasthénie, etc.; ils ont été à peu près nuls chez des ataxiques, des paralytiques, etc. Nous dirons, pour expliquer ces résultats, que les glycéro-phosphates produiront de bons effets dans les cas de troubles nerveux consécutifs à la nutrition abaissée, tandis qu'ils seront toujours nuls, ou à peu près, dans les affections nerveuses greffées sur une constitution altérée.

Quand nous voyons des névrosés éliminer plus de 2 gr. 50 d'acide phosphorique en 24 heures, que cette quantité s'élève quelquefois à 3 et 4 grammes, peut-on espérer que quelques centigrammes (0,25) de glycérophosphate introduits sous la peau compenseront ceux qui sont éliminés, et atténueront cette désassimilation excessive qu'une alimentation plus abondante et plus riche ne parvient pas à combler ?

Le Dr A. Robin préfère le glycéro-phosphate de chaux à ceux de potasse ou de soude ; il n'en a pas donné la raison. Il ne peut pas invoquer les résultats des analyses chimiques antérieures des substances cérébrales ; s'il a des documents personnels, ce qui n'aurait rien d'extraordinaire, puisque le savant médecin est doublé d'un chimiste habile, il aurait dû les faire connaître ; cet oubli est regrettable.

Indépendamment des résultats de nos analyses, si nous invoquons celles de Breed, que l'on trouve dans tous les ouvrages classiques, en donnant, non pas les chiffres exacts trouvés, mais leur proportionnalité en prenant le phosphate de chaux comme unité, nous trouvons à peu près :

Phosphate de chaux	1
— de fer	1
— de magnésie	2
— de soude	15
— de potasse	36
Acide phosphorique libre	9 % des cendres.

Il n'existe pas de chaux sous une autre forme de combinaison.

Jusqu'à preuve du contraire, nous affirmerons que l'emploi du glycéro-phosphate de chaux de préférence à ceux de potasse et de soude, ne repose sur aucune donnée scientifique.

On n'a donc pas lieu d'être surpris, si les résultats des expériences du Dr Robin sont peu importants, résultats qui sont dus certainement à l'acide glycérophosphorique et non à sa combinaison calcaire. Mais il est très fâcheux, pour le bon renom du corps médical, que l'on ait donné à ces travaux un retentissement qui visait plutôt la notoriété de l'auteur que leur valeur intrinsèque. D'autant plus qu'en s'appuyant sur eux, on a vu éclore un nombre merveilleux de préparations de glycéro-phosphate de chaux, de valeur très différente, selon leur mode de préparation (1). Le praticien est désorienté par l'inconstance des résultats, ou perd un temps précieux, sans utilité pour les malades, et on ébranle leur confiance.

Depuis quelque temps, le Dr Robin conseille l'association de tous les glycéro-phosphates (potasse, soude, chaux, magnésie et fer), dans une même préparation sirop ou cachets. C'est une nouvelle thériaque. C'est bien le diable si chaque malade n'y trouve pas quelque chose à sa convenance. Mais, est-ce de la thérapeutique raisonnée et scientifique ?

Traitement réellement curatif.

Nous avons établi la cause fondamentale des maladies nerveuses ; elle résulte d'une dépense phosphatée plus élevée que celle fournie par l'alimentation la plus substantielle, d'où déficit et maladie. Si, partant de là, la méthode de traitement doit avoir pour but et pour effet unique de restituer à l'organisme des principes phosphatés, qu'il ne trouve pas dans son alimentation en quantité correspondante à sa dépense, dans l'ap-

(1) Page 31.

plication nous aurons à tenir compte de la diversité des causes ; celles-ci varient suivant l'âge et le sexe.

La constitution des malades exerce une influence considérable sur l'issue de la maladie et sur les effets curatifs du traitement ; d'où la nécessité d'un double traitement ; l'un visant spécialement la maladie nerveuse, l'autre la constitution malade des sujets. Enfin, nous avons à tenir compte encore de l'état de l'appareil digestif, les maladies nerveuses retentissant très souvent sur l'estomac, ou altérant sa puissance digestive ; ou bien, l'estomac malade antérieurement provoquant la maladie nerveuse, par suite de l'alimentation insuffisante. Pour toutes ces raisons, notre méthode de traitement. quoique ayant pour base l'acide phosphorique, nous sommes obligés de recourir à des groupements et à des associations variées sous plusieurs formes de préparations phosphatées, pour arriver à un résultat unique.

CHAPITRE XXXVI.

Maladies nerveuses chez les femmes.

Partant de ce fait, que les maladies nerveuses chez les femmes sont généralement légères ; qu'elles deviennent rarement graves et incurables ; on les néglige le plus souvent, ou on les traite avec indifférence, tant qu'elles n'acquièrent pas une certaine intensité douloureuse. Si les conséquences de cette manière de faire paraissent sans gravité immédiate pour les malades, elles ont cependant une influence énorme sur la vitalité et l'avenir de la race française. Un sol pauvre peut-il produire une végétation luxuriante ? Il est certain que l'affaiblissement progressif physique et moral de la race française, la faible natalité qu'on lui reproche, l'extinction rapide des familles, ont pour cause principale la faiblesse des femmes.

Dès sa naissance, la petite fille est douée d'une énergie vitale moins puissante que le petit garçon ; cette
différence s'observe bien dans les genres de jeux des
deux sexes et l'éducation dans la famille ne fait qu'ac-
centuer cette différence. Au lieu de développer chez la
petite fille le goût des exercices physiques, de les en-
courager, de l'y contraindre même, on combat cette
tendance en lui faisant sentir, en termes dédaigneux,
qu'elle joue comme un véritable garçon, que ce n'est
pas distingué. A côté de cela, le séjour prolongé dans
les appartements, quelques rares et courtes promena-
des au dehors, sont insuffisants pour favoriser le développement physique. L'appétit étant faible et capricieux, l'apport des principes nutritifs est faible et les
principes phosphatés minéraux, éléments architecturaux des cellules et stimulants vitaux sont insuffisants.
Il est vrai que, depuis 25 ans, on a cherché à combler
ce déficit phosphaté au moyen de préparations à base
de phosphate de chaux ; on l'a employé sous toutes les
formes imaginables dans le but de le rendre assimilable, et les résultats sont à peu près complètement nuls.
Parallèlement, on a employé le phosphate de chaux en
zootechnie sur une très large échelle, et les résultats
ont été tout aussi nuls. Mais, tandis que le phosphate
de chaux est abandonné en zootechnie où l'on ne fait
pas de dépenses inutiles, les médecins continuent à
l'employer dans la thérapeutique humaine, sans autre
raison que la routine et l'indifférence. Nous avons déjà
fait remarquer précédemment que le phosphate de chaux
administré en nature, sous quelque forme que ce soit,
est inassimilable, parce qu'il est absolument insoluble
dans les liquides physiologiques normaux qui sont
tous neutres ou alcalins ; que l'organisme fabrique de
toutes pièces celui dont il a besoin ; partant, que son
emploi ne se justifie par aucune raison scientifique.
C'est donc une dépense inutile et de plus il y a perte
d'un temps précieux. (Voir page 33.)

C'est une véritable anémie que produit l'insuffisance
phosphatée alimentaire chez les petites filles et ce sont
les phosphates hématiques de fer ou de soude que l'on

devrait joindre à leur alimentation dès l'âge le plus tendre (phosphate de fer hématique Michel granulé). C'est cette anémie que l'on peut qualifier de précoce qui détermine chez elles cette nervosité également précoce. Mais c'est surtout à l'époque de la menstruation que l'anémie se manifeste avec la décoloration des tissus et l'irrégularité menstruelle.

C'est par l'étude clinique, chez les jeunes femmes, que Trousseau a observé et décrit le parallélisme entre l'anémie et les maladies nerveuses. Nous nous sommes déjà étendu longuement sur ce sujet ; mais il est tellement important que nous croyons utile de le résumer encore ici. C'est à l'état de phosphate et seulement sous cette forme que le fer existe dans les globules du sang et le phosphate essentiel du sérum est le phosphate de soude. Le rôle de ce phosphate de fer hématique est de porter à tous les tissus et de leur céder son acide phosphorique, laissant à ceux-ci le soin de le recombiner dans la forme dont ils ont besoin. Dans ce rôle du phosphate de fer, le métal fer n'a donc aucune action directe. Depuis plus d'un demi-siècle, surtout, on fait des ferrugineux un emploi de plus en plus considérable ; leur peu de succès ayant été attribué à leur inassimilabilité, les préparations ferrugineuses se sont multipliées comme les pains de l'évangile, le nombre s'en accroît encore et malgré cela l'anémie et les maladies nerveuses progressent toujours. Des physiologistes, des cliniciens les plus autorisés, ont démontré que le Fer métal n'a aucune action dans l'anémie, qu'il en sort une quantité égale à celle administrée ; malgré cela, dans l'enseignement officiel on continue à préconiser le fer, chaque professeur a sa composition favorite et les travaux scientifiques qui élucident cet important problème sont considérés comme non avenus. En faisant opposition aux découvertes nouvelles, en les passant sous silence, en persévérant dans la thérapeutique surannée et routinière, le médecin encourt de sérieuses responsabilités, parce qu'il compromet volontairement et d'un cœur trop léger l'avenir de la race française. Il nuit aussi à la réputation du corps médical, en fournissant un argument puissant à ceux qui prétendent que, par calcul intéressé, le médecin, aujourd'hui, ne cherche pas à guérir les malades ; qu'il se contente de leur donner l'illusion de la guérison et qu'il s'applique à l'entretenir.

Ce qui trompe dans le traitement de l'anémie, c'est qu'elle finit par guérir, quel que soit le ferrugineux employé, parce qu'elle guérit, même toute seule, avec le temps et sans aucun traitement. Il est vrai que tous les ferrugineux, quels qu'ils soient, augmentent d'abord l'appétit et relèvent momentanément les forces ; ils font ainsi gagner du temps et prendre patience ; mais ils trompent en faisant attribuer au fer des propriétés qu'il n'a pas. Il ne faut pas tirer de là des arguments en faveur de l'indifférence en matière de traitement de l'anémie, parce que l'on a, par cette manière d'agir, préparé le terrain pour l'éclosion des maladies nerveuses.

L'anémie qui est occasionnée par la croissance, finit toujours par guérir, même sans aucun traitement, parce que le malade trouve toujours dans son alimentation, quelle qu'elle soit, une quantité quelconque de phosphates minéraux qui permet à l'organisme de procéder, plus ou moins rapidement, au développement de ses tissus. Il en résulte que, si l'apport des phosphates architecturaux donne à l'organisme l'apparence de son développement normal, il n'en est pas de même pour la provision des phosphates vitaux qui doivent être accumulés dans le protoplasma intracellulaire ; il y a là, certainement, un déficit qui se traduit par la faiblesse de l'énergie vitale. Dans cet état physiologique, tout besoin extraordinaire de phosphates chez la jeune femme, qu'il soit imposé par la maternité, ou qu'il résulte d'un surmenage cérébral quelconque, va se traduire par une sortie importante de phosphates vitaux à laquelle les cellules les plus riches, c'est-à-dire les cellules nerveuses, seront le plus sensibles ; tel est le point de départ des maladies nerveuses.

Donc, en ajoutant complémentairement des phosphates hématiques (*Phosphate de Fer Michel*) à l'alimentation qui n'en est jamais suffisamment pourvue, on facilite, primitivement, une prolifération abondante de globules hématiques et ceux-ci, secondairement, approvisionneront largement les cellules nerveuses et autres en phosphates vitaux stimulants.

Traitement.

En indiquant le moyen vraiment curatif de traiter l'anémie, nous avons en réalité donné le traitement préventif des maladies nerveuses. Le traitement curatif est semblable au fond, mais il doit être modifié selon les manifestations symptomatiques.

Dans le traitement des maladies nerveuses chez les femmes, il faut tenir compte de l'âge, de la constitution et des états diathésiques.

Age.—Jusqu'à 35 ans, l'anémie peut être la cause principale des maladies nerveuses ; l'emploi des phosphates hématiques (Phosphate de fer Michel) s'impose donc. Au-delà de cet âge, l'anémie n'est plus seule la cause principale ; alors, si les phosphates hématiques peuvent être encore utiles, ils doivent être employés avec circonspection pour éviter les congestions.

Constitution. Etats diathésiques.— La constitution lymphatique est prédominante dans nos sociétés actuelles ; il faut en tenir grand compte, car elle est souvent cause des insuccès thérapeutiques. Souvent elle masque des états diathésiques qui attendent pour se manifester que l'âge ait atténué l'énergie vitale. Le lymphatisme, aussi bien que les états diathésiques, font obstacle à la nutrition histologique et à la reconstitution phosphatée vitale stimulante : il faut les corriger et détruire leur action antinutritive au moyen des préparations Iodées du D' Foy. Dans les cas où les états diathésiques sont bien évidents, c'est la combinaison de l'or avec l'acide phosphorique éthéré (Phosphovinate d'or), qui seule donne de bons résultats.

Neurasthénie et anémie. — Quand on se trouve en présence d'une jeune fille ou d'une jeune femme de moins de 35 ans manifestant des troubles neurasthéniques et en même temps anémique, nous conseillons :

1° Avant chaque repas une cuillerée à potage de *Vin Iodophosphaté du Dr Foy* pendant 8 jours ; après et pendant toute la durée du traitement, 2 cuillerées de Vin de Foy avant chaque repas (4 par jour).

2° Une cuillerette de *Phosphate de fer hématique Michel* dissoute dans un peu d'eau et mêlée à la boisson pendant le repas, deux fois par jour.

Chez les femmes âgées de plus de 35 ans, le traitement est le même pour le Vin Iodé ; le phosphate de fer doit être pris à dose un peu moins élevée pour éviter les congestions. Au bout d'un mois on remplace le phosphate de fer par l'*Elixir phosphovinique*, 10 gouttes à midi et le soir avant le *Vin Foy,* pendant une semaine. Les semaines suivantes, on augmente de 2 fois 5 gouttes par jour jusqu'à 20 gouttes chaque fois, et on continue à cette dose jusqu'à guérison.

DOULEURS NERVEUSES. — HYSTÉRIE. — ÉPILEPSIE. NÉVRALGIES SCIATIQUES.

Chez les femmes âgées de plus de 35 ans et atteintes de douleurs nerveuses, il y a toujours un état diathésique plus ou moins apparent qui, parallèlement à l'énergie vitale qui va diminuer, commence à faire obstacle à la nutrition histologique et qu'il faut neutraliser. Chez les hystériques et les épileptiques il y a, à peu près constamment, de l'hérédité, c'est-à-dire un état de nutrition altérée transmis par les parents. Les névralgies sciatiques étant à peu près toujours de conséquence rhumatismale, l'altération nutritive est donc nettement établie. Chez les malades de ces catégories, il faut agir sur la nutrition et la reconstitution nerveuse au moyen du *Phosphovinate d'or* ; et d'autre part, sur la nutrition histologique générale, au moyen des *Pilules* et du *Vin Iodophosphatés du Dr Foy.*

Phosphovinate d'or, 5 gouttes à midi et 5 gouttes le soir, dans très peu d'eau, quelques minutes avant le repas. Chaque semaine augmenter de 5 gouttes à midi et 5 gouttes le soir.

Dans les cas de douleurs modérées avec état diathésique encore peu marqué, 20 gouttes de phosphovinate d'or à midi, et autant le soir, est la dose qu'il n'est pas nécessaire de dépasser.

Dans les cas de douleurs anciennes, fréquentes ou intenses, avec état diathésique marqué (goutte, rhumatismes, etc.), dans les cas d'hystérie, d'épilepsie, de douleurs sciatiques, il faut élever la quantité de phosphovinate d'or à 80 gouttes par jour dont 40 à midi et 40 le soir.

Pilules et Vin Iodo-phosphatés du Dr Foy.—A midi et le soir, aussitôt après les gouttes d'or, une cuillerée à potage de Vin du Dr Foy, pendant une semaine ; la 2e semaine, à chacune des cuillerées de vin, ajouter une pilule Iodée Foy ; la 3e semaine 4 C. de vin et 2 pilules ; à partir de la 4e semaine et les suivantes 4 C. de vin et 4 pilules pour les états modérés ; pour les états graves élever la dose des pilules à 8 par jour.

Nervosisme et troubles menstruels. — Les troubles de la menstruation, sous l'une des trois formes classiques : aménorrhée, dysménorrhée, métrorrhagie, sont, pour ainsi dire, la règle générale chez les jeunes filles et les jeunes femmes des villes ; souvent sans anémie bien marquée, mais avec troubles nerveux aux époques et très grande irrégularité dans celles-ci. Selon le cas, on emploie les capsules d'Apiol ou les préparations d'Ergotine ; nous ne nions pas l'utilité de ces agents, mais ils n'ont qu'une action momentanée et n'empêchent nullement les récidives des mois suivants.

Le véritable traitement curatif des troubles menstruels est l'*Elixir Phosphovinique*. Il agit, tout à la fois, comme stimulant et reconstituant nerveux, en même temps qu'il calme les douleurs. Il nous a donné des résultats constants et remarquables dans tous les cas de troubles menstruels, si différents qu'ils soient dans leurs manifestations. On commence par 10 gouttes à midi et 10 gouttes le soir dans un peu d'eau sucrée ; chaque semaine on augmente de 5 gouttes à midi et 5 gouttes le soir, jusqu'à 40 gouttes deux fois par jour.

Quand il y a un état d'anémie marquée, on alterne entre un flacon d'*Elixir Phosphovinique* et un flacon de *Phosphate de fer hématique Michel* dont la dose est d'une cuillerette à chaque repas.

Ce traitement doit être continué pendant 4 mois au moins, pour que la guérison soit définitive.

Troubles de l'appareil digestif. Paresse de l'estomac, manque d'appétit. Gastralgies, etc. — Le Dr Legendre fait remarquer que, s'il est impossible de considérer le mauvais fonctionnement de l'appareil digestif comme la cause primordiale de toute neurasthénie, il ressort de l'observation attentive des faits, que l'atonie gastro-intestinale et la dyspepsie sont très souvent l'intermédiaire entre la prédisposition nerveuse héréditaire et la neurasthénie acquise.

Peter définit la gastralgie « *la névrose circulaire de l'estomac* », car elle commence au pneumogastrique et y aboutit.

« Le fait primitif est la surexcitabilité du nerf vague ; le fait consécutif est l'hypersécrétion du suc gastrique et le fait terminal est la vive douleur que provoque cette hypersécrétion sur le pneumogastrique surexcitable ».

Aujourd'hui, la mode a consacré les strychnées (noix vomique, Fève Saint-Ignace) pour le traitement des dyspepsies accompagnées de phénomènes nerveux. On utilise leur propriété tétanisante pour combattre l'atonie de l'estomac ; on ne considère que leur action primaire excitante sans se préoccuper des effets postérieurs toxiques et paralysants. Sans doute, sous l'influence de cette médication, l'appétit renaît, les forces se relèvent momentanément ; mais les phosphates éliminés de l'organisme, cause primaire de la maladie, ne peuvent pas être récupérés en quantité suffisante, même par l'augmentation quotidienne des aliments, puisqu'ils ne les renferment pas en assez grande quantité ; de sorte que l'amélioration ne peut jamais être que passagère.

En tout cas, ce sont des poisons des éléments anatomiques nerveux, qui ne peuvent que compromettre davantage encore leur vitalité, en aggravant les troubles nutritifs.

Au lieu de cette médication dangereuse, nous proposons le *Vin de quinetum phosphaté*. Comme principes amers et excitants, il renferme en proportion modérée les alcaloïdes du quinquina, débarrassés du tannin qui constipe et devient rapidement apepsiant. Il est additionné de phospho-glycérate de potasse, principe tout à la fois névrosthénique et stimulant nerveux par excellence. La dose est d'un verre à Madère avant chaque repas.

C'est deux ou trois heures après le repas que l'hyperacidité stomacale incommode fortement. A domicile, on peut la combattre au moyen des eaux alcalines ou du bicarbonate de soude ; au dehors, nous recommandons les *pastilles antiacides* dix fois plus actives que celles de Vichy, une, deux, ou trois pastilles croquées de 10 en 10 minutes suffisent pour neutraliser les acides. (Pour plus de détails voir les *Maladies de l'Estomac* étudiées précédemment page 170).

CHAPITRE XXXVII.

Maladies nerveuses chez les hommes.

Chez les hommes, les maladies nerveuses ont à peu près toujours le surmenage cérébral comme cause. Que celui-ci soit produit par l'excès de travail, l'abus des plaisirs, ou d'autres excès, les effets sur le système nerveux sont toujours les mêmes.

Par suite de la solidarité intime qui existe entre le système nerveux et toutes les parties du corps humain, il résulte que toute maladie du système nerveux se répercute sur toute l'économie, de même que toute maladie qui frappe l'organisme en général, vient bientôt affecter profondément le système nerveux. L'observation clinique nous a démontré l'impérieuse nécessité, pour arriver à la guérison certaine et rapide des maladies nerveuses, d'agir simultanément sur le système nerveux par le *Phosphovinate d'or*, et sur l'organisme, dans son ensemble, au moyen des préparations *Iodophosphatées du Dr Foy* (vin et pilules), dont l'action, plus généralisée que celle des sels d'or, s'étend mieux à tout l'organisme en général en raison de la grande diffusibilité de l'Iode.

Nous avons précédemment distingué deux phases dans l'évolution des maladies nerveuses : une première phase dans laquelle les maladies nerveuses ne sont pas caractérisées, où elles se manifestent sous les formes aussi nombreuses que variées de la neurasthénie. On ne trouve aucune lésion de l'appareil nerveux ; elles sont produites uniquement par la déphosphatisation des cellules nerveuses. Dans la deuxième phase, au contraire, les maladies nerveuses sont caractérisées par des lésions plus ou moins nombreuses et plus ou moins profondes. Nous expliquerons pourquoi le traitement doit être identique dans tous les cas, différant seulement sur l'énergie du mode d'action.

Traitement. 1re *Phase. Maladies nerveuses non caractérisées. Neurasthénies. Affaiblissement général. Impuissance, etc.*

Les troubles neurasthéniques chez l'homme, à quelque âge qu'ils se produisent, quelles qu'en soient les causes originelles, si peu prononcées qu'ils soient, doivent toujours être envisagés très sérieusement. Si le malade est jeune, à peine âgé de 30 ans ou même au-dessous ; que les troubles neurasthéniques soient dus au surmenage cérébral excessif par les études, ou à l'abus des plaisirs sexuels, l'affaiblissement de l'énergie vitale qui accompagne ces troubles nerveux compromet l'avenir de ces malades. Ajoutons encore que si, chez eux, les états diathésiques sont masqués dans leurs manifestations spéciales, ils peuvent cependant, par suite de l'affaiblissement général, exercer une grande influence sur l'action curative du traitement.

Si le malade a dépassé la trentaine, nous devons avoir la certitude absolue que l'état constitutionnel exercera sur la marche et la terminaison de la maladie l'influence la plus considérable.

Un homme est un capital de grande valeur qu'il ne faut pas compromettre à la légère. Si les manifestations nerveuses momentanées sont légères, si elles ne donnent aucune inquiétude, au lieu de nous endormir dans une sécurité trompeuse qui peut amener un réveil plein de dangers, nous aimons mieux supposer, gratuitement, le pire, agir énergiquement et, par ce moyen, écarter toutes craintes pour l'avenir, si faibles qu'elles paraissent.

En conséquence, nous conseillons le traitement suivant :

1re semaine, à midi et le soir quelques minutes avant le repas 5 gouttes de *Phosphovinate d'or* dans un peu d'eau ; aussitôt après, une cuillerée à potage de *Vin Iodo-phosphaté du Dr Foy* ; 2e semaine, 10 gouttes de phosphovinate à midi et autant le soir, après, une cuillerée de vin Foy et une pilule Iodée Foy ; 3e semaine, 15 gouttes de phosphovinate à chaque fois, puis, une cuillerée de vin et 2 pilules ; 4e semaine, 20 gouttes de phosphovinate à midi et autant le soir, puis, une C. de vin et 3 pilules. Continuer à cette dose jusqu'à guérison complète, soit 6 mois au moins.

2e Phase. *Maladies nerveuses caractérisées. Hystérie. Epilepsie. Ataxie. Paralysie. Démence*, etc.

Quand les maladies nerveuses sont spécifiées, quel que soit le sexe et l'âge des malades, le traitement doit être le même et les doses égales. Ce qui caractérise ces maladies, indépendamment de la déphosphatisation nerveuse générale, c'est la localisation avec altération ou lésion plus ou moins profonde du tissu nerveux, altération qui se continuera, plus ou moins rapidement, jusqu'à la destruction complète, avec, comme conclusion, l'incurabilité de la maladie.

Plus la maladie est près de ses débuts, plus les chances de guérison complète sont nombreuses et plus les succès seront rapides. Nous avons obtenu, cependant, la guérison de plusieurs cas de tabès datant de plus de 2 ans. Quand les maladies sont plus anciennes, nous ne pouvons pas affirmer la guérison complète, elle dépend du degré d'altération des tissus nerveux. En tout cas, même lorsque les chances de guérison sont peu probables, le traitement sera encore d'une très grande utilité, en ce sens qu'il fera disparaître une foule de manifestations secondaires, qu'il enrayera complètement, ou qu'il retardera tout au moins considérablement la marche de la maladie, son aggravation et la terminaison fatale.

Pendant les 4 premières semaines, on suit le traitement comme il est indiqué pour la 1re phase. Pendant les 4 semaines suivantes, le nombre des gouttes de phosphovinate est porté progressivement jusqu'à 2 fois 40 gouttes par jour, la quantité de Vin Iodo-phosphaté est élevée à 4 cuillerées par jour, et celle des pilules à 8 par jour. Ce traitement doit être suivi sans interruption jusqu'à guérison complète, c'est-à-dire pendant plusieurs années, si c'est nécessaire.

CINQUIÈME PARTIE

MALADIES DÉRIVANT DE LA NUTRITION ALTÉRÉE

CHAPITRE XXXVIII

Mauvaises constitutions. Lymphatisme. Maladies chroniques, infectieuses, etc.

Le professeur Bouchard a publié, en 1882, l'ouvrage intitulé : *Maladies par ralentissement de la nutrition*, qui était la reproduction de son cours de pathologie générale de 1879-80. Cet ouvrage a eu un retentissement considérable, par les horizons nouveaux qu'il ouvrait sur la pathogénie d'un certain nombre de maladies, parmi lesquelles celles qualifiées de chroniques.

Si l'on veut bien se reporter au chap. de ce volume, page 129, « sur les différents modes de perversion nutritive », on comprendra que le titre de maladies par ralentissement de la nutrition, adopté par le savant professeur, manque de précision, puisqu'il comprend dans le même cadre, les maladies résultant de la nutrition abaissée par insuffisance de principes constituants, telles que les anémies, les maladies nerveuses, et celles résultant de la nutrition altérée qu'il a, seules, voulu envisager.

Nous avons donc cru devoir employer le titre de maladies dérivées de la nutrition altérée comme étant plus précis, d'autant plus que nous avons déjà étudié les maladies de la nutrition abaissée.

En étudiant l'altération nutritive dans l'organisme humain, page 137, qui lui imprime un état constitutif particulier, nous avons fait ressortir que le processus pathologique pouvait résulter :

1º D'une *altération de la digestion alimentaire gastro-intestinale*, encore peu connue, qui permet l'évolution dans l'intestin de diverses colonies microbiennes, dont les germes sont nombreux et variés dans toute l'étendue de l'appareil digestif. Les conséquences de cette altération digestive sont de deux sortes, à savoir : digestion plus ou moins imparfaite et plus ou moins incomplète des matériaux nutritifs alimentaires, qui fournit aux globules sanguins des principes d'assimilation difficile ou impossible, souvent aussi en quantité insuffisante. Enfin, fait beaucoup plus grave, production de toxines (ptomaïnes et diverses) qui, introduites dans le torrent circulatoire par les chylifères, vont altérer la nutrition histologique. Ces altérations digestives gastro-intestinales sont beaucoup plus fréquentes qu'on ne le croit, à tous les âges de la vie ; la diarrhée verte des enfants en est une des premières manifestations.

2º D'une *altération de la digestion intra-cellulaire histologique*. Celle-ci s'effectue en deux phases. D'abord, les matériaux alimentaires introduits dans le sang doivent être intégrés et digérés par les globules hématiques, afin de servir à leur accroissement. Si ces matériaux sont de mauvaise qualité, ou ont été mal digérés dans les intestins, leur assimilation par le sang est rendue difficile. La présence simultanée de toxines d'origine gastro-intestinale pervertit la digestion intra-globulaire et contribue à altérer leur constitution. Nous avons démontré que ce sont les globules sanguins qui, introduits dans les vaisseaux de la circulation locale de chaque tissu, sont dissociés pour servir à la nutrition des éléments anatomiques de ces tissus, après avoir été soumis à une nouvelle digestion intra-cellulaire qui les rend assimilables. Si les matériaux qui résultent de leur dissociation sont de mauvaise qualité, s'ils sont accompagnés de toxines existant dans leur masse et dans le plasma hématique, la digestion intra-cellulaire est altérée ; les produits mal digérés, incomplètement assimilables sont difficilement utilisés, la restauration histologique s'accomplit imparfaitement et l'énergie vitale est abaissée. De plus, des travaux récents ont établi d'une manière indiscutable que, dans la digestion intra-cellulaire altérée, il se produit aussi des toxines qui la continuent et l'aggravent, même quand la cause agissante première a disparu.

Nous savons que la cellule isolée, aussi bien que l'élément anatomique fédéré des tissus déviés de leur mode nutritif et vital normal continuent à vivre dans ce mode anormal, et qu'ils donnent naissance à d'autres éléments anatomiques, pour qui le mode vital anormal de la cellule mère devient leur mode vital normal. Ceci nous permet de comprendre la persistance de l'altération des constitutions et leur transmission à la descendance par l'hérédité. Ces phénomènes, bien entendu, ne se produisent et ne se continuent qu'autant qu'on n'intervient pas dans leur évolution par des procédés thérapeutiques ou autres. Or, notre but est précisément de chercher à intervenir dans ces digestions altérées et de nous efforcer à les ramener dans leur mode normal.

Comme ce sont primitivement les microbes des digestions gastro-intestinales et leurs toxines qui sont les premières causes d'altération de l'organisme, il faut donc, premièrement, faire de l'antisepsie gastro-intestinale, détruire ces microbes et neutraliser leurs toxines pour redresser ces premières digestions. Il faut, secondement, aller faire de l'antisepsie et de l'antitoxie jusque dans la profondeur des éléments anatomiques pour redresser leur digestion intra-cellulaire.

Pour obtenir l'antisepsie intestinale, nous avons les *Cachets digestifs antiseptiques* et les *cachets antidiarrhéiques*.

L'antitoxie intestinale, de même que l'antisepsie et

l'antitoxie des éléments anatomiques sont obtenues par l'iode métalloïde administré sous la forme des préparations *Iodo-phosphatées du Dr Foy* (vin et pilules).

Nous avons fait remarquer au chapitre de la nutrition altérée que toutes les causes les plus variées qui exercent une action, depuis les mauvaises conditions hygiéniques jusqu'aux intoxications pathologiques et autres : comme la goutte, les rhumatismes, le morphinisme, le saturnisme, etc., aussi bien que les maladies infectieuses, syphilis comprise, etc., agissent sur la nutrition histologique d'une manière identique, l'intensité d'action et d'altération étant seules variables.

D'autre part, lorsque la notion de la cellule a été introduite dans l'étude de l'anatomie et de la pathologie, il nous a été facile de comprendre le phénomène de la transmission des maladies par l'hérédité.

Nous savons encore que tous ces états, même la syphilis, lorsque la période contagieuse est passée, se traduisent chez l'enfant dans une forme unique que l'on appelle le *lymphatisme*. Ce n'est que plus tard, à mesure que l'enfant évoluera vers l'âge adulte, que les maladies se spécifieront.

Le lymphatisme mérite donc, au plus haut point, de fixer notre attention.

L'influence des constitutions altérées sur la marche, le traitement et l'issue des maladies exerce une influence considérable.

En étudiant l'anémie, nous avons signalé la chlorose.

A propos des maladies nerveuses, nous avons fait ressortir que les constitutions altérées opposent un obstacle si considérable à leur guérison, que pour y parvenir, on est obligé d'améliorer et de régénérer simultanément ces mauvaises constitutions ; que ce sont elles aussi qui contribuent, pour la plus large part, à produire les lésions qui les rendent incurables.

Dans l'âge adulte, un certain nombre de maladies se perpétuent avec des récidives plus ou moins fréquentes et une aggravation qui s'accentue avec l'âge ; on les désigne alors sous l'expression générique de *maladies chroniques*.

Enfin, ces constitutions altérées favorisent l'évolution des maladies infectieuses.

Si nombreuses que soient les maladies dérivant des constitutions altérées, nous pouvons les grouper dans trois genres :

Le *Lymphatisme* qui, comme nous l'avons dit, est la transmission à l'enfant dans un mode unique des mauvaises constitutions des parents.

Comme type des maladies chroniques nous pouvons prendre la *Goutte* et les *Rhumatismes* à côté desquels vient se placer l'*Asthme*.

Enfin, comme maladie infectieuse greffée sur les constitutions altérées, nous étudierons les *affections cancéreuses* et les *Tuberculoses*.

LYMPHATISME CHEZ L'ENFANT. — TRAITEMENT.

L'enfant, on l'a dit avec juste raison, est un terrain vierge que l'on peut modifier et transformer, chez lequel il n'y a, le plus souvent, pas de faits accomplis. C'est-à-dire que les tares transmises par l'hérédité n'ont généralement pas encore produit d'altérations profondes et incurables.

Le lymphatisme, chez l'enfant, peut affecter des degrés variables d'intensité selon la puissance des causes qui l'ont déterminé.

Le lymphatisme, caractérisé anatomiquement par un développement anormal et exagéré de tous les organes de l'appareil lymphatique, est la constitution la plus commune chez les enfants, dans toutes les classes de la société actuelle. Dans les classes pauvres, le lymphatisme est le résultat de mauvaises conditions hygiéniques, telles que : séjour dans des milieux malsains, humides, mal éclairés, alimentation défectueuse, de mauvaise qualité, etc. Dans les autres classes, c'est l'expression commune de la transmission héréditaire aux enfants des constitutions altérées des parents.

Le lymphatisme donne aux enfants un faciès spécial. Les formes sont arrondies et le teint d'un blanc mat, quelquefois rosé, pourraient faire croire à un état de santé magnifique. Chez tous les lymphatiques il y a abaissement de l'énergie vitale qui, souvent, se manifeste par de la mollesse dans le caractère, dans le travail, etc. Ce n'est pas toujours la maladie, à proprement parler, c'est seulement une prédisposition plus ou moins grande ; c'est, en tout cas, une porte ouverte à une foule d'infections, telles que : *rougeole, scarlatine, angines*, etc. L'*impétigo* (gourme), l'*acnée* polymorphe, certaines formes de l'*eczéma*, les engorgements des ganglions du cou, les inflammations des paupières sont des manifestations fréquentes du lymphatisme.

Si nous remontons aux causes originelles du lymphatisme, qu'il soit acquis, ou imposé par l'hérédité, nous trouvons qu'il est pathologiquement caractérisé par la nutrition intra-cellulaire histologique altérée, dont la conséquence apparente est l'abaissement de l'énergie vitale. Les globules du sang, éléments anatomiques isolés, sont dans les mêmes conditions pathologiques, que ceux des autres tissus ; leur nutrition étant altérée, leur constitution n'est pas normale ; leur hémoglobine n'ayant pas acquis son élaboration parfaite, le sang paraît peu coloré et plus ou moins anémique. Cette manière d'interpréter le lymphatisme, rigoureusement scientifique, est déduite logiquement de l'étude de pathologie cellulaire que nous faisons.

On observe que les enfants lymphatiques ont le plus souvent l'appétit irrégulier, capricieux, généralement faible. On a cru, jusqu'à ce jour, qu'il suffisait d'exciter et d'augmenter cet appétit pour corriger le lymphatisme. Les résultats n'ont pas confirmé cette opinion.

Les deux préparations les plus fréquemment administrées aux enfants, pour corriger le lymphatisme, sont : le *sirop antiscorbutique* et l'*huile de foie de morue*.

Le sirop antiscorbutique est une vieille préparation à laquelle personne n'attribue plus grande valeur. Si l'on continue à l'employer, c'est pour honorer sainte Routine ; nous ne nous en occuperons pas.

Huile de foie de morue. — Il y a plus d'un demi-siècle

que l'huile de foie de morue est employée comme médicament ; il en est peu qui soit aussi largement employé chez les enfants, dans les affections tuberculeuses et dans tous les états consomptifs en général.
Nous avons tous les éléments pour en apprécier la valeur thérapeutique exacte : vaste expérimentation sur
des millions de sujets ; durée un demi-siècle. Nous
pourrions nous prononcer immédiatement ; nous ne le
ferons, qu'après avoir analysé les travaux remarquables et récents du professeur A. Gautier et Mourgues ;
travaux qui, nous faisant connaître les éléments actifs
de l'huile de foie de morue, les propriétés physiologiques de chacun d'eux et celles de leur mélange dans
l'huile, nous donnent l'explication scientifique des propriétés que l'observation clinique avait révélées.

Nous dirons immédiatement que cet important travail conduit, d'une façon indiscutable, à considérer les
huiles colorées comme les plus efficaces, parce que,
seules, elles renferment les principes actifs que nous
allons énumérer.

Les foies abandonnés pendant quelques jours dans
des tonneaux subissent une sorte de liquéfaction, d'où
il se dégage une huile colorée qui vient surnager.
On a cru, jusqu'à ce jour, que cette altération des foies
était une véritable putréfaction ; cette croyance est erronée. Il faut plusieurs mois de séjour pour que les
foies subissent la putréfaction, et l'huile noire qui en
résulte n'est pas employée en pharmacie. Les foies subissent une auto-digestion sous l'influence des ferments
qu'ils renferment, et au cours de laquelle il se forme des
acides, des alcaloïdes, en même temps que des composés phosphorés divers sont mis en liberté. Tous ces
produits dissous dans l'huile contribuent à lui donner
ses propriétés thérapeutiques.

On a découvert dans l'huile de foie de morue brune
claire six espèces d'alcaloïdes, dont la quantité totale
est d'environ un demi-gramme par kilo ; ce qui représente par cuillerée à bouche d'huile environ 6 milligr.
et 1/2 d'alcaloïdes, quantité très appréciable pour produire des effets thérapeutiques.

La *Butylamine* représente 1/6 de la totalité des bases. A dose suffisante, elle provoque chez les animaux de la fatigue, de la stupeur, des vomissements ; elle excite la sécrétion urinaire.

L'*Amylamine* entre pour 1/3 de la totalité des bases. A faible dose, elle excite les réflexes et augmente la production de l'urine. A dose forte, elle provoque un tremblement convulsiforme, puis de véritables convulsions et la mort.

L'*Hexylamine*, en très faible proportion, jouit à peu près des mêmes propriétés que l'amylamine, mais moins énergiquement.

La *dihydrolutidine*, représentant 1/10ᵉ des alcaloïdes, est une base toxique à action convulsivante.

L'*aselline*, à dose suffisante, produit de la dyspnée, de la stupeur, des troubles convulsifs et la mort.

La *morrhuine*, qui forme le 1/3 des alcaloïdes, est remarquable par son odeur qui rappelle les fleurs d'acacia. C'est un puissant stimulant des fonctions de la nutrition et de la désassimilation. C'est ce qui explique la propriété de l'huile d'exciter l'appétit.

Tous ces alcaloïdes sont combinés à divers acides, dont le plus important est l'*acide morrhuique*, acide faible qui jouit de propriétés stimulantes identiques à celles de la morrhuine.

Enfin, on rencontre aussi dans l'huile de foie de morue de l'*acide phosphorique* libre, de l'*acide phosphoglycérique* en très faibles quantités, ainsi que des traces d'*iode* et de *brome*.

D'après la composition révélée par les travaux de MM. Gautier et Mourgues, nous voyons que les principes stimulants, la morrhuine et l'acide morrhuique, sont prédominants ; ils expliquent donc les effets cliniques observés : à savoir que l'huile de foie de morue est un stimulant de la nutrition, à la condition que l'estomac la digère.

L'huile de foie de morue, rendue facilement assimilable par la présence de diastases hépatiques et de divers produits biliaires en dissolution, fournit à l'économie un aliment de calorification utile dans les états consomptifs.

Les principes phosphorés, l'iode, le brome, agents reconstituants, stimulants et antiseptiques, sont en trop minime proportion pour donner à l'huile de foie de morue une action vraiment reconstituante et régénératrice.

En résumé, les principes actifs contenus dans l'huile de foie de morue auxquels on pourrait attribuer des propriétés médicamenteuses n'excèdent pas un gramme par kilogramme d'huile ; ils sont donc tout à fait insuffisants pour que l'on puisse la considérer comme un médicament. *Ce n'est donc qu'un aliment gras un peu plus digestible que d'autres.*

Pouvons-nous conclure que l'huile de foie de morue, par sa composition et par ses effets, est le correcteur par excellence des constitutions lymphatiques ? Les résultats cliniques observés depuis 50 ans s'y opposent.

Les lymphatiques sont les candidats privilégiés à toutes les maladies. La preuve en est que toutes les maladies infectieuses spéciales à l'enfance, la tuberculose, etc., progressent chaque année d'une manière inquiétante, dans les villes surtout, malgré une hygiène mieux entendue et une alimentation plus soignée.

Se cantonner dans le *statu quo* serait une négligence coupable. Il reste de grands progrès à accomplir ; nous voulons y travailler dans la mesure de nos moyens.

Traitement du lymphatisme. — Il ne suffit pas qu'un agent thérapeutique, l'huile de foie de morue, par exemple, puisqu'elle est encore considérée comme telle, renferme les principes médicamenteux utiles à l'organisme ; il faut encore qu'ils s'y trouvent en quantité suffisante pour produire la somme des effets nécessaires ; c'est-à-dire dans l'espèce, pour modifier complètement la constitution lymphatique, la transformer et la ramener au type normal. Or, c'est précisément parce que l'huile de foie de morue ne renferme les agents thérapeutiques phosphorés et iodés qu'en trop faible proportion, qu'elle n'a donné que des résultats tout à fait insuffisants, au point de vue de la régénération des constitutions et qu'elle n'a exercé aucune action prophylactique des maladies infectieuses.

Avec le *vin iodophosphaté du Dʳ Foy* nous pouvons graduer la quantité d'iode selon l'âge de l'enfant et l'intensité de l'état lymphatique. Jusqu'à l'âge de 6 ans, un verre à liqueur de vin, pris, en deux fois avant le déjeuner et le diner, représente la dose moyenne. Mais, quand l'état lymphatique est très accentué par des manifestations morbides quelconques on peut, sans aucun inconvénient, ni aucun danger, élever la dose à un verre à liqueur à midi et autant le soir. Dans ce cas, on commence par un verre à liqueur par jour, pendant 15 jours, et on porte ensuite la dose à 2 par jour. De 6 à 12 ans, on donne un verre à liqueur avant chaque repas. S'il y a des manifestations tendant à la scrofule, au bout de 15 jours on doit, sans hésiter, donner 4 verres à liqueur de vin par jour.

Anémie. — L'état anémique est à peu près constant chez les enfants lymphatiques ; nous en avons précédemment expliqué les causes.

Le *sirop d'iodure de fer*, qui est le remède banal de ces états, est une mauvaise préparation.

L'iodure de fer est un astringent puissant, qui entrave la sécrétion du suc gastrique de l'estomac et produit fréquemment la constipation.

Décomposé par les alcalis intestinaux, il donne de l'iodure alcalin, dont la dose est trop minime pour produire un effet thérapeutique suffisant et de l'oxyde de fer insoluble, partant sans action thérapeutique, mais produisant la constipation.

Enfin, il ne renferme pas d'acide phosphorique, seul agent actif, ainsi que nous l'avons démontré au chapitre anémie.

L'anémie étant greffée sur une constitution altérée, il faut employer simultanément le *vin iodophosphaté du Dʳ Foy* aux doses indiquées ci-dessus et le *phosphate de fer hématique Michel granulé*. Afin de procurer aux enfants un ferrugineux qu'ils puissent prendre avec plaisir, nous avons granulé le phosphate de fer avec du sucre aromatisé. Il se prend dans un peu d'eau avant le repas.

Une cuillerée à café de poudre renferme 10 centigr. de phosphate de fer soluble et quantité égale de phosphate de soude. Pour les enfants jusqu'à 6 ans la dose est d'une demi-cuillerée à café par jour. De 6 à 12 ans une cuillerée à café par jour en deux fois un peu avant le déjeuner et avant le dîner.

Ce traitement ayant pour but de transformer et de régénérer la constitution altérée, il doit être suivi pendant plusieurs années sans interruption.

CHAPITRE XXXIX.

Goutte et Rhumatisme.

Si nous nous en rapportons à l'observation générale, la *goutte* est la maladie des maîtres, des riches, des savants, des financiers, etc., de ceux en un mot qui ont une existence sédentaire et une alimentation carnée riche, abondante, accompagnée de vins généreux ; tandis que les *rhumatismes* sont des maladies de refroidissement et de ceux qui s'y exposent, c'est-à-dire les maladies des travailleurs des villes aussi bien que des campagnes, dont l'alimentation est loin d'être riche.

GOUTTE.

Historique.

L'histoire nous fournit la preuve que la goutte était connue depuis les temps les plus reculés. A Athènes, Hippocrate l'a parfaitement décrite sous le nom de podagre. A l'avènement de l'empire romain, elle est signalée à Rome par des médecins illustres, tels que Celse et Galien, par des poètes comme Ovide, des historiens tels que Sénèque, etc. A la décadence de l'empire romain elle est connue à Constantinople où il est de bon ton d'être goutteux. Les Arabes, au moyen âge, nous apprennent que cette maladie continue à régner dans les divers pays d'Europe, en Asie, en Afrique, dans tous les centres riches. C'est seulement à cette époque qu'elle prit le nom de *goutte*, parce qu'on supposait qu'une humeur peccante s'était déposée *goutte à goutte* dans l'articulation.

D'après les auteurs les plus récents, la goutte s'observe actuellement de préférence à Londres où elle est la maladie dominante dans les classes aisées et aussi dans plusieurs provinces de la France et de l'Allemagne. Par contre, elle est devenue rare à Athènes, à Rome et à Constantinople, où elle sévit surtout sur les étrangers.

En somme, depuis que la goutte est connue, nous la voyons suivre la fortune, partout où elle vient s'accumuler, suivant la succession des temps. Elle est la suite fatale de la somptuosité dans les repas et de l'oisiveté. En un mot, la goutte est fréquente chez les nations, ou plutôt chez les individus qui ont une alimentation trop succulente, trop animalisée et qui abusent, ou usent trop largement des boissons alcooliques. Elle est très rare, au contraire, chez les nations et les individus sobres. Pour cette raison, on observe que la femme est beaucoup plus rarement goutteuse que les hommes ; mais, d'autre part, elle est plus sujette aux coliques hépatiques.

Causes de la goutte.

Tous les auteurs qui, depuis Sydenham jusqu'à nos jours, ont écrit sur la goutte et les rhumatismes sont partis d'un même point — *l'acide urique* — dont ils ont fait le pivot de ces deux classes de maladies. Celles-ci se sont trouvées rapprochées, mais non confondues, cependant, par cette unité admise de cause étiologique.

Si, selon l'expression du professeur Bouchard, on a fait de l'acide urique la matière peccante de la goutte, c'est parce qu'on le voit sans le chercher ; mais on ne parle pas de ce qu'on ne voit pas et surtout de ce qu'on ne cherche pas.

Le Dr Lancereaux s'exprime ainsi : « La constatation par Garrod d'un excès d'acide urique dans le sang a depuis lors servi de base à la théorie de la goutte et l'on a attribué à la présence de cet acide l'accès de goutte et même la plupart des accidents attribués à cette maladie. Cette théorie, quoique généralement admise, ne peut cependant donner raison de la goutte, car, la présence de l'acide urique dans le sang n'étant jamais un fait primitif, mais un effet de la nutrition intime des tissus, c'est au trouble de la nutrition générale ou mieux du système nerveux qui préside à cette nutrition qu'il conviendrait de faire remonter l'origine de la goutte, si celle-ci était bien sous la dépendance de l'excès d'acide urique. Malheureusement, cette dépendance est difficile à établir : d'une part, ce n'est que le petit nombre des goutteux qui présentent des incrustations uratiques des articulations et, d'autre part, il n'est pas admissible que les manifestations concomitantes de l'accès de goutte aient pour condition pathogénique l'excès d'acide urique du sang ; aussi sommes-nous conduits à considérer cet excès comme une des conséquences, au même titre que beaucoup d'autres désordres, de la maladie générale à laquelle se rattachent les poussées articulaires. »

Avant de chercher à préciser le rôle de l'acide urique dans l'accès de goutte, il est utile, croyons-nous, d'indiquer l'état de nos connaissances sur ce corps. L'acide urique est un produit normal de désassimilation de l'organisme, qu'il fabrique en quantités très variables selon une foule de conditions. Ainsi, la marche, les exercices physiques, le travail manuel, etc., déterminent la formation d'une assez grande quantité d'acide urique ; mais ils facilitent aussi son élimination par la suractivité qu'ils impriment aux sécrétions.

Aussi trouve-t-on fréquemment un abondant dépôt d'acide urique et d'urate dans l'urine de la nuit.

Dans les états fébriles en général, on observe une production d'acide urique et d'urates parfois extrêmement abondante. Nous pourrions multiplier les exemples.

On a longtemps considéré l'acide urique comme un produit d'oxydation intermédiaire des substances albuminoïdes moins avancé que l'urée. C'est possible, mais on n'en a fourni aucune preuve positive ; les recherches de chimie pure n'ont donné aucun résultat en faveur de cette théorie. Les recherches cliniques ne sont pas favorables à cette hypothèse, en ce sens que dans les cas de surproduction d'acide urique que nous avons signalés plus haut, il y a simultanément augmentation très notable de la proportion d'urée.

Nous nous demandons si l'acide urique ne serait pas un produit d'oxydation latéral à l'urée ; et, comme il exige moins d'oxygène pour se produire, ne se formerait-il pas en plus grande abondance dans tous les cas où ce gaz est insuffisant pour oxyder complètement tous les produits de désassimilation. C'est une simple hypothèse que nous émettons. En tout cas, elle permet d'expliquer pourquoi les personnes qui abusent de l'alimentation carnée produisent une plus grande quantité d'acide urique ; l'organisme ne pouvant pas brûler complètement tous les matériaux azotés que l'alimentation apporte en excès.

L'abus des vins généreux et des boissons alcooliques comme cause occasionnelle de la goutte trouve aussi son explication rationnelle. Observons ce qui se passe en nous, quand nous avons bu un ou deux petits verres de cognac qui représentent 10 ou 20 grammes d'alcool pur environ ; au bout d'un temps très court, nous éprouvons une sensation de chaleur, une augmentation de la température du corps qui prouve bien la combustion d'une partie au moins de cet alcool. Supposons que tout soit brûlé, il aura fallu un peu plus du double d'oxygène en poids pour brûler cet alcool. Si, au lieu d'alcool, c'est du vin qui est absorbé, il faudra un grand verre de vin pour équivaloir à un petit verre de cognac ; l'alcool étant délayé, la production de calorique sera moins rapide, moins évidente. On pourra facilement boire une bouteille de vin de 60 centilitres à son repas ; l'alcool ingéré sous cette forme diluée sera d'environ 50 grammes. Or, la quantité d'oxygène nécessaire pour brûler cette quantité d'alcool étant d'un peu plus de 100 grammes, elle correspond à très peu près au septième du poids d'oxygène qu'un homme dépense en 24 heures. On comprend donc que l'ingestion de vins généreux ou de boissons alcooliques dépassant cette quantité, enlèveront à l'organisme une partie de son oxygène nécessaire à brûler d'abord les farineux et ensuite les produits azotés de désassimilation. On peut donc admettre facilement que l'acide urique, exigeant moins d'oxygène que l'urée pour se former, l'organisme en produira davantage.

L'homme, selon l'expression de Beaumès, étant un être essentiellement azoté, on a cru conclure logiquement de là que l'alimentation carnée, la plus riche en azote, est la plus parfaite. C'est encore la croyance générale de notre époque. Il est certain que l'alimentation carnée présente à l'organisme, sous un petit volume de digestion facile, la plus grande somme de principes nutritifs azotés.

Il est une règle d'hygiène facile à comprendre, c'est que la quantité d'aliments absorbés ne doit pas trop dépasser les besoins de notre économie. Il est certain qu'un homme jeune, dans la vigueur de l'âge, qui a des occupations exigeant une grande activité, dépense plus qu'un autre, plus âgé, ayant peu d'occupation ou des occupations sédentaires. Le premier aura besoin d'une alimentation copieuse, abondante, tandis que le second devra être plus sobre. Malheureusement, avec la cuisine raffinée on flatte le palais des gourmets au détriment de l'estomac ; aussi absorbe-t-on souvent beaucoup plus d'aliments qu'il n'est nécessaire.

L'organisme fait bien une réserve d'une certaine quantité de matériaux nutritifs pour répondre à des besoins extraordinaires ; mais, pour le surplus, il cherche à s'en débarrasser par oxydation et élimination. Ne disposant que d'une quantité limitée d'oxygène pour ces oxydations, quoiqu'il en passe dans les organes respiratoires une quantité énorme, les matériaux en excès sont imparfaitement oxydés et, parmi ces déchets, il se trouve des substances toxiques et d'autres qui le deviennent par leur quantité excessive. Tel est le cas de l'acide urique qui, déchet normal de désassimilation, devient poison des éléments histologiques de nos tissus, dès qu'il se trouve en excès pendant un temps assez prolongé.

Quand l'organisme d'un individu se trouve soumis d'une manière continue et prolongée à l'influence altérante de l'acide urique, il subit une modification pathologique spéciale, définitive : c'est la *diathèse goutteuse* transmissible à la descendance par hérédité. Alors, le goutteux par acquisition ou par hérédité est un malade à constitution altérée ; on ne doit donc pas être surpris de voir chez lui le système nerveux également altéré jouer un rôle important. Chez lui, les trois digestions : gastro-intestinale, intra-hématique, intra-cellulaire ne sont plus normales ; une multitude de causes et des plus variées altèrent ces digestions avec la plus grande facilité. Parmi les produits de ces altérations digestives se trouvent des acides en quantité abondante ; ils ont pour effet de diminuer l'alcalinité du sang. A certaines époques de l'année, à l'automne et au printemps, principalement, sous l'influence de très larges variations de température et d'hygrométricité, les altérations digestives avec hyperacidité sont plus fréquentes ; elles exercent sur l'économie une action profonde. La diminution de l'alcalinité du sang a pour effet de transformer les urates neutres de l'économie en urates acides beaucoup moins solubles encore, les premiers l'étant déjà fort peu. Ces urates vont se condenser dans les articulations, de préférence, chez les goutteux ; peut-être, parce qu'en raison de leur état sédentaire, elles ne fonctionnent pas suffisamment.

Nous avons envisagé l'altération constitutionnelle occasionnée par une production anormale d'acide urique ; ce n'est pas le seul cas. L'altération constitutionnelle peut avoir aussi, et cela très fréquemment, une tout autre origine. L'acide urique qui se forme alors n'est plus qu'un effet de ces constitutions, tandis que dans les premiers, il en est la cause primitive. En tout cas : *que l'acide urique soit cause primitive ou qu'il soit simplement effet secondaire, c'est toujours lui qui imprime à la maladie son cachet spécial.*

RHUMATISMES

Dans l'antiquité, les rhumatismes ont été confondus avec la goutte, surtout les rhumatismes articulaires déformants ; c'est seulement à partir de Sydenham que l'on commence à établir une distinction entre les deux maladies. Il y a des déformations d'origine goutteuse, comme il y en a de nature rhumatismale. Extérieurement, elles ne se distinguent pas les unes des autres. Au point de vue de l'élément douleur, on constate déjà une différence entre les deux genres de déformations. Ainsi, tandis que les déformations goutteuses deviennent douloureuses de temps à autre, les autres sont généralement indolores. L'anatomie, si elle était toujours utilisable comme moyen d'investigation, fournirait d'autres signes différentiels importants ; à savoir que, dans les déformations articulaires goutteuses, il y a accumulation d'urates acides ; tandis que dans les déformations rhumatismales il n'y a pas d'urates. Dans ces dernières, on constate l'état inflammatoire des différents tissus et des déformations osseuses.

Si l'on considère que, chez les goutteux il y a une quantité excessive d'acide urique d'origine alimentaire, par suite des excès de table chez les riches et oxydation incomplète des matériaux, on comprend le dépôt d'urates dans les déformations goutteuses.

Chez les rhumatisants, l'acide urique, beaucoup moins abondant dans l'organisme, parce qu'il n'y a pas suralimentation carnée, dérive pour une part de la désassimilation fonctionnelle et, pour l'autre, de l'oxydation incomplète résultant de l'altération de la constitution ; on conçoit que chez eux il ne s'en forme pas de dépôt dans les déformations articulaires.

L'accès de goutte se produit à la suite d'un état hyperacide de l'organisme de cause accidentelle encore mal connue, transformant les urates neutres, déjà fort peu solubles, en urates acides plus insolubles encore, les figeant là où ils sont accumulés, c'est-à-dire dans des articulations déjà malades antérieurement. Cette accumulation d'urates est encore favorisée par une diminution fort appréciable de la sécrétion urinaire.

L'accès de rhumatisme se produit par le refroidissement brusque de l'homme en transpiration qui diminue la solubilité des urates, fait obstacle à leur élimination par la raréfaction de la sécrétion urinaire et les cristallise partout où ils existent. Ces urates, en faible quantité, produiront surtout des effets irritants et inflammatoires des séreuses, des glandes synoviales, des gaines tendineuses et des couches périostées. On observe aussi, en même temps, une dyscrasie acide, qui pourrait bien être une cause importante de la précipitation urique. Cela explique pourquoi les rhumatismes sont rares dans les contrées constamment chaudes de l'équateur ou régulièrement froides des pôles, tandis qu'ils sont fréquents dans les régions tempérées.

La quantité d'urates acides qui existent dans l'organisme étant fort différente chez les goutteux et les rhumatisants lors des attaques, on comprend qu'il y ait grande importance à établir la distinction entre les deux genres de maladies dans les phases aiguës, puisque le traitement doit être différent.

Si, en mettant en relief les caractères différentiels, dans les attaques aiguës de la goutte et du rhumatisme, nous avons été favorable, pour ainsi dire, à la dualité des deux maladies, notre but essentiel est, d'autre part, de démontrer que l'altération constitutionnelle, c'est-à-dire le mode nutritif altéré de l'organisme, dans ce que l'on appelle les *diathèses goutteuse* et *rhumatismale*, est identique. C'est le but exclusif de notre étude.

car nous voulons en tirer des indications thérapeutiques pour transformer ces constitutions défectueuses
et les régénérer.

Identité des constitutions Goutteuse et Rhumatismale.

Si, précédemment, nous avons dit que l'organisme
des goutteux est plus encombré d'acide urique que celui des rhumatisants, il ne faut pas croire que cette
différence porte sur des chiffres élevés.

L'acide urique est extrêmement peu soluble dans
l'eau froide. Il faut de 14 à 15 mille parties d'eau pour
en dissoudre une d'acide urique ; dans l'eau bouillante
il en faut 10 fois moins, soit de 14 à 15 cents parties.
L'urate de chaux est soluble dans 603 parties d'eau
froide et 276 d'eau bouillante. L'urate neutre de soude
se dissout dans 77 parties d'eau froide et dans 75 d'eau
bouillante ; l'urate acide exige de 11 à 1200 parties
d'eau à 15° pour se dissoudre et 120 à 125 d'eau bouillante.

Avec une alimentation normale moyenne la quantité
d'acide urique éliminé en 24 heures est d'environ 0 gr.
50. Si l'alimentation est très animalisée la quantité
d'acide urique éliminé pourra s'élever à 0,90. Chez des
individus trop copieusement nourris et faisant peu
d'exercice, elle peut s'élever à 1 gr. et 1 gr. 5 par jour.
Elle tombe à 0,30 par une alimentation exclusivement
végétale.

Si, dans un certain nombre de cas pathologiques,
on voit l'acide urique urinaire s'élever à des proportions beaucoup plus élevées, cela tient très probablement à ce que, dans une première phase de la maladie,
il s'est formé, en même temps que d'autres acides, une
grande quantité d'acide urique qui, en raison de son
insolubilité, se sera déposé sous forme de concrétions
dans son milieu de formation ; que, dans une seconde phase de la maladie les acides produits étant
beaucoup moins abondants, l'acide urique pourra se

transformer en urates neutres beaucoup plus solubles dont l'organisme se débarrasse le plus vite possible.

Ce que nous voulons faire ressortir, surtout, par les quelques considérations dans lesquelles nous venons d'entrer, c'est que, si dans la goutte l'organisme est encombré d'acide urique et d'urates, ceux-ci existent sous deux états différents : une partie, la plus grande, insolubilisée sera déposée sous forme de concrétions dans les articulations. Elle exercera une action inflammatoire sur les tissus proprement dits et elle corrodera le tissu osseux ; son action sera uniquement locale. L'autre partie, faible, soluble, gênée dans son élimination, agit seule sur la nutrition cellulaire. On comprend alors comment, dans les diathèses goutteuse et rhumatismale, alors que l'organisme est si différemment pourvu d'acide urique et d'urates, leur action sur l'organisme peut être identique dans les deux cas, puisque, seule, la faible quantité dissoute agit comme modificatrice de la nutrition cellulaire.

L'acide urique, cela est aujourd'hui unanimement établi, est un poison cellulaire dont il modifie la nutrition dans un mode particulier, comme des poisons de nature différente peuvent la modifier dans un autre sens. Or, ce qui démontre mieux que tous les raisonnements, l'identité de l'altération constitutionnelle dans les deux diathèses goutteuse et rhumatismale, c'est le cortège d'indispositions et de maladies identiques qui viennent successivement frapper les goutteux et les rhumatisants acquis et aussi les enfants auxquels une de ces diathèses a été transmise par hérédité. Ce qui contribue encore à prouver l'identité du mode d'altération nutritif dans les deux cas, c'est la facilité avec laquelle des rhumatisants deviennent goutteux et réciproquement par le simple changement des conditions hygiéniques dans lesquelles ils vivront.

Le docteur Lancereaux, d'un côté, le professeur Bouchard de l'autre, ont donné, chacun dans leurs ouvrages : l'un une description de toutes les successions morbides qui frappent les rhumatisants ; l'autre les goutteux. Les deux tableaux offrent les ressemblances les plus frappantes. Nous n'avons pas besoin de les retracer ici ; on les trouve dans leurs ouvrages.

Il est hors de doute, alors, que dans ce mode d'altération nutritive, l'acide urique, quelle que soit son origine, contribue à lui donner son cachet spécial.

Quand nous envisageons l'altération nutritive de l'organisme, il est certain que tous les départements physiologiques sont impressionnés dans le même sens et que ceux-là le sont davantage dont l'activité vitale et fonctionnelle est plus puissante. Tel est le cas du système nerveux. On comprend donc qu'en raison de son altération nutritive, le système nerveux, par action réflexe sur l'organisme, donne naissance à des manifestations morbides spéciales, dont on ne peut établir l'origine que par l'intervention du système nerveux.

Traitement.

Attaques aiguës. — Nous n'avons pas à donner ici d'indications sur la manière de soigner les attaques aiguës de goutte et de rhumatisme ; c'est au médecin seul qu'il appartient de choisir, entre toutes les méthodes en usage, celle qui convient le mieux à son malade.

Traitement préventif et curatif. — Notre rôle, plus modeste, se borne à faire connaître la meilleure manière de prévenir les attaques et les rechutes ; comment on peut corriger les constitutions goutteuse et rhumatismale et préserver du cortège de maladies qui en sont la conséquence.

Cette méthode de traitement doit donc être double :

1° Saturer l'excès des acides de l'organisme qui précède et accompagne toujours les crises et dont l'hyperacidité du suc gastrique est un symptôme à peu près constant. Par ce moyen, on évite la précipitation de l'acide urique libre et celle des urates acides, causes des crises. Il convient aussi d'augmenter la diurèse, qui diminue d'une façon appréciable à ce moment, afin

de faciliter l'élimination de l'acide urique et des urates,

2° Corriger les constitutions goutteuse et rhumatismale ; ce que l'on a considéré jusqu'alors comme impossible, d'où maladies décrétées incurables, Il est vrai
qu'on n'a jamais conseillé, dans ce but, que quelques
mesures hygiéniques, ce qui est bien insuffisant.

Préservation des accès. — Le printemps et l'automne
étant les deux saisons où les attaques rhumatismales
et goutteuses sont les plus fréquentes : c'est à ces deux
époques principalement qu'il est sage de suivre le traitement préventif des accès, même si aucun symptôme
d'hyperacidité stomacale ne fait prévoir l'imminence
d'une attaque. Les cures hydrominérales aux sources
constituent pour les classes aisées la méthode habituelle de traitement des affections goutteuses et rhumatismales. On peut leur faire deux reproches : la saison d'été pendant laquelle elle est effectuée serait mal
choisie, si elle était choisie ; mais nous savons qu'elle
est imposée par diverses raisons. Leur durée est généralement trop courte ; malgré cela, on n'en peut
contester les effets salutaires, quoiqu'ils soient incomplets.

Les bicarbonates alcalins, les sels de lithine et les
eaux naturelles qui les renferment sont à peu près exclusivement employées à cet usage ; mais nous savons
que la solubilisation et l'élimination de l'acide urique
se font encore avec lenteur et difficulté sous l'influence
de ces agents et il faut les employer à dose assez élevée ; ce qui va souvent à l'encontre du résultat cherché (voir page 172).

Les silicates alcalins donnent des résultats bien supérieurs et à dose beaucoup plus faible.

SILICATES ALCALINS. EAU SULFO-SILICATÉE.

Si l'on considère les importantes recherches qui ont
été faites sur les propriétés thérapeutiques des silica-

tes alcalins par des savants de grande valeur et les heureux résultats qu'ils en ont obtenus, il y a lieu d'être surpris qu'ils ne soient, pour ainsi dire, pas employés.

Sous le nom de liqueur de cailloux, le silicate de potasse fut employé par Basile Valentin au Moyen-âge contre certaines affections articulaires et les maladies de vessie.

En 1860, Bonjean de Chambéry démontre que le silicate de soude dissout très facilement l'acide urique. Administré à l'intérieur à des malades dont les urines déposaient de l'acide urique, celles-ci deviennent limpides au bout de quelques jours et ne laissent plus déposer trace d'acide urique.

Petrequin et Socquet, de Lyon, expérimentant sur eux-mêmes le silicate de soude, ils reconnurent que 50 centigr. de ce sel ajoutés à l'eau de Saint-Galmier rendaient les urines alcalines ; ils obtinrent ensuite les mêmes résultats avec 25 centigr.; d'où cette conclusion : « que les sels de silice agissent dans l'organisme comme les bicarbonates alcalins, mais à dose beaucoup moindre ».

Socquet administra le silicate de soude à l'Hôtel-Dieu de Lyon, dans les cas de goutte et de gravelle. En 1856, il publia les résultats obtenus par lui et conclut : que le silicate de soude était plus efficace dans la diathèse urique que le bicarbonate de soude.

En 1872, Dumas communique à l'Académie de Médecine un long mémoire sur la fermentation alcoolique. Il faisait connaître l'action antizymotique des silicates alcalins. Rabuteau et Papillon étudient l'action des silicates alcalins sur les diverses fermentations ; le professeur Picot, de Tours, fait les mêmes études de son côté ; ils arrivent aux mêmes conclusions :

« Le silicate de soude arrête les fermentations alcoolique, lactique, amygdalique, sinapisique, putride, la décomposition du sang et du pus, celle de la bile et des œufs.

Une fois l'action des silicates alcalins connue, divers médecins se demandèrent si ce n'était pas à la pré-

sence de ce corps que devaient être attribuées les propriétés curatives de certaines eaux minérales. Ce sont
ces travaux qui ont fait la réputation de la source Man-
hourat de Cauterets, des Eaux de Plombières, de Sail-
les-Bains qui contiennent de 10 à 12 centigr. de silicate
de soude par litre d'eau. Parmi les travaux remarquables sur ce sujet nous devons signaler ceux du Dr Gi-
got-Suard.

Les eaux naturelles sont ce qu'on les trouve, tandis
que les eaux artificielles sont ce qu'on les fait ; c'est-
à-dire que, guidé par les indications de la science, on
peut leur donner le maximum d'activité médicamenteuse. C'est ce qui a engagé le Dr Tripier à composer
une eau artificielle légèrement sulfureuse et suffisamment silicatée qui, largement expérimentée depuis de
longues années, a été toujours absolument constante
et puissante dans ses effets.

Cette eau se vend en solution concentrée ; chaque
flacon sert à préparer cinq litres d'eau dont on boit un
verre dans la matinée, pure ou additionnée d'un peu
de lait chaud et un demi verre dans l'après-midi. La
durée du traitement, au printemps et à l'automne,
doit être de deux mois au moins et trois mois le plus
souvent ; soit 4 ou 6 flacons pour le traitement. Indépendamment de ces deux époques, chaque fois que l'on
constate une diminution appréciable et persistante dans
l'émission urinaire ; qu'à cet état coïncide une hyperacidité stomacale anormale ; on peut prévoir une attaque goutteuse ou rhumatismale à courte échéance. Il
est sage et prudent, alors, de faire usage de l'eau sulfureuse silicatée, on préviendra ou on jugulera immédiatement toute attaque imminente.

Régénération de la constitution. — Nous savons que la
constitution altérée est transmissible par hérédité ;
qu'elle est passible d'un assez grand nombre d'affections qui se manifestent dès la plus tendre enfance, se
succédant et se modifiant avec l'âge jusqu'à ce qu'elle
se spécifie dans l'âge adulte.

Au chapitre lymphatisme nous avons étudié la constitution altérée chez l'enfant et chez l'adolescent; nous en avons en même temps indiqué le traitement. Chez l'adulte, le traitement est évidemment le même ; il n'y a que les quantités qui diffèrent. C'est par l'usage des préparations iodo-phosphatées du Dr Foy, vin et pilules, qu'on arrive à régénérer la constitution goutteuse ou rhumatismale. On suit le traitement iodo-phosphaté dans les périodes de temps où l'on ne fait pas usage de l'eau sulfo-silicatée. Il faut suivre ce traitement pendant deux ou trois années au moins ; ce qui ne comporte en réalité que 6 à 8 mois de traitement en deux périodes chaque année, pour éviter les rechutes et les autres complications qui deviennent de plus en plus fréquentes et plus graves à mesure qu'on avance en âge.

On prend 2 cuillerées de *vin du Dr Foy* en 2 fois chaque jour un peu avant chacun des principaux repas, pendant une semaine ; pendant la seconde semaine, la dose est de 2 c. de vin et 2 pilules du Dr Foy, les pilules en même temps que le vin ; dans la 3e sem. 3 c. de vin et 3 pilules ; dans la 4e sem. 4 c. de vin et 4 pilules ; dans les 5e et 6e sem., on élève les pilules à 6, puis à 8, sans augmenter la quantité de vin. On continue le traitement à cette dose sans interruption. A chaque période de traitement on recommence de la même manière.

Troubles nerveux. — Parmi les goutteux et les rhumatisants, le plus grand nombre par leurs occupations sont des surmenés du cerveau. Ils croient trouver dans l'alimentation copieuse les matériaux réparateurs qu'ils dépensent ; or, c'est là une erreur que nous avons combattue avec des chiffres, au chapitre des maladies nerveuses.

Chez ces malades, les affections nerveuses sont très fréquentes; elles commencent à peu près toujours par des troubles neurasthéniques auxquels on ne prête aucune attention, parce qu'ils ne présentent aucune gravité apparente. Il y a dans cette manière d'agir un très grand danger que nous devons signaler. Les troubles

neurasthéniques peuvent durer plus ou moins longtemps sans aggravation sensible ; puis, tout à coup, sans
cause bien sérieuse, éclate comme un coup de foudre
une affection nerveuse grave, dont la guérison sera longue, difficile, peut-être même impossible.

Nous concluons alors que tous les troubles nerveux,
quels qu'ils soient, chez les goutteux et les rhumatisants
doivent être, dès leurs débuts, l'objet de traitements
sérieux. En raison des états diathésiques des malades,
les préparations phosphatées seules seront sans effet;
il faut recourir immédiatement au *Phosphovinate d'Or*,
progressivement, jusqu'à 40 gouttes par jour. Il est absolument nécessaire de lui adjoindre, pour combattre
les états diathésiques, les préparations Iodo-phosphatées du Dr Foy, vin et pilules, comme il est indiqué
plus haut.

OBSERVATION.

Après ce double traitement, les attaques de goutte et
de rhumatisme ne devraient plus récidiver ; malheureusement, par leur manière de vivre, un grand nombre de malades préparent les rechutes et tendent à les
perpétuer en continuant : les uns, les goutteux, par une
alimentation trop abondamment carnée et en s'abste-
nant d'exercices physiques qui favorisent les oxydations et l'élimination des déchets par l'augmentation
des sécrétions. Les autres, les rhumatisants, en s'exposant aux refroidissements qui donnent naissance aux
attaques. Comme les uns et les autres ne veulent jamais avouer qu'ils continuent les régimes contraires à
leur santé ; qu'ils ne veulent ou ne peuvent pas les
changer ; ils cachent leurs écarts hygiéniques et expliquent les rechutes en les attribuant à l'incurabilité
de la maladie.

Notre expérience nous permet d'affirmer, toutefois,
qu'après les traitements précédents, les accès deviennent de moins en moins fréquents, moins douloureux,
de durée plus courte. En outre, tous les malaises, toutes les indispositions, toutes les maladies inhérentes

aux constitutions goutteuse et rhumatismale disparaissent, plus ou moins complètement, selon la durée du traitement suivi. En fait, il y a donc, quand même, régénération de la constitution et amélioration considérable de l'état de santé.

De plus, il est toujours possible d'éviter les rechutes. A la fin de l'hiver et à la fin de l'été, aux époques des variations brusques de température, il suffit, pour cela, de débarrasser l'organisme de l'acide urique qu'il peut avoir accumulé de nouveau, en faisant usage de deux ou trois flacons de solution sulfureuse silicatée.

ASTHME

L'asthme est une maladie nerveuse spasmodique des organes respiratoires qui se manifeste sous forme d'accès. Ceux-ci se produisent la nuit, le plus souvent, et ne durent généralement que quelques minutes, pendant lesquelles la respiration est plus ou moins suspendue ; c'est pourquoi les malades ouvrent les fenêtres, espérant que le grand air va leur rendre la respiration plus facile. Les changements brusques de température, le temps orageux favorisent les accès.

L'asthme appartient à la grande famille de l'arthritisme voisin de la goutte et des rhumatismes. Il forme lui-même une petite famille, en ce sens qu'il peut être remplacé par l'emphysème pulmonaire ou les bronchites catarrhales. C'est sous cette dernière forme que se traduit l'asthme chez les enfants.

Si nous condensons les deux données qui précèdent, nous dirons que : *l'asthme est une maladie nerveuse spasmodique des organes respiratoires greffée sur une constitution dont la nutrition est altérée.*

L'asthme étant considéré comme une maladie incurable, on ne se donne pas la peine de le soigner sérieusement. Cette opinion a été accréditée, comme toujours, parce qu'on n'a jamais cherché à le soigner dans ses causes originelles.

Traitement. — Le traitement de l'asthme est double : il y a le traitement de l'accès et le traitement de la maladie proprement dite.

Accès. — Nous n'avons rien à apprendre, en disant que les accès sont enrayés par la fumée des solanées vireuses, datura, belladone, etc.

Traitement curatif. — La nature nerveuse de la maladie est guérie par le *Phosphovinate d'Or.* On commence par 10 gouttes 2 fois par jour dans un peu d'eau, quelques minutes avant le repas. Chaque semaine on augmente de deux fois 5 gouttes jusqu'à 40 gouttes par jour. On continue à cette dose pendant 6 mois au moins.

La constitution altérée est corrigée et redressée au moyen des préparations *Iodo-phosphatées du Dr Foy* (vin et pilules). Elles sont bien préférables à l'iodure de potassium, parce qu'elles ne fatiguent jamais l'estomac et qu'elles permettent de suivre le traitement sans interruption aucune pendant tout le temps nécessaire, c'est-à-dire pendant deux années au moins.

On commence par 2 cuillerées de vin la 1re semaine, après les gouttes de phosphovinate ; 2 c. de vin et 2 pilules la 2e semaine ; 3 c. de vin et 3 pilules la 3e sem. ; 4 c. de vin et 4 pil. la 4e semaine ; les 5e et 6e semaine on élève successivement le nombre des pilules à 6 et à 8. On continue le traitement iodé à cette dose pendant une année. Puis, pendant une deuxième année, on continue le traitement iodé en réduisant les doses de vin et de pilules à la moitié.

CHAPITRE XI.

Cancer.

Le cancer est une tumeur. Dans le langage scientifique moderne on lui donne le nom de *néoplasme.* Il se produit par une perversion nutritive et reproductrice d'éléments anatomiques normaux. Nous ne connaissons pas encore les causes primitives qui favorisent cette prolifération monstrueuse et circonscrite des tissus ; la dernière hypothèse émise est qu'elle serait due à l'action d'une substance toxique contenue dans le plasma du sang, peut être aussi à l'absence ou à l'insuffisance de certains principes constituants ; par contre, nous connaissons un certain nombre de causes occasionnelles telles que : blessures, coups, irritations diverses, etc.

Les tumeurs cancéreuses se développent sur des organes divers et de tissus différents. Comme ce sont des éléments anatomiques normaux qui, ayant été déviés de leur nutrition, donnent naissance à ces néoplasmes, on comprend que leur structure interne puisse varier selon le siège et la nature des tissus qui ont servi de point de départ. Si toutes ces questions sont intéressantes au point de vue de l'anatomie pathologique, elles sont sans utilité pour la thérapeutique.

Les tumeurs cancéreuses sont-elles de nature ou d'origine microbienne ? Le microbe du cancer découvert par Scheurlen est rentré dans l'oubli ; les pseudococcidies sur lesquelles l'attention a été si longtemps retenue, de même que toutes les formes qui ont été décrites comme des organes parasites inclus dans les cellules cancéreuses sont des formes anormales de kariokinèse, ou de prolifération par segmentation indirecte des noyaux de ces cellules. L'arrangement nouveau de la matière colorable par les réactifs du noyau qui se fait dans les cellules normales suivant deux centres, se réalise dans les cellules cancéreuses suivant 3, 4 et jusqu'à 6 centres, sous l'influence de l'excitation violente d'un mouvement nutritif désordonné que crée la cause efficiente, encore inconnue, de la prolifération cancéreuse.

Ces centres kariokinétiques sont, non seulement, multiples, mais représentent des formes monstrueuses ; les végétations les plus extraordinaires sont sous forme de bourgeons, de polypes, de champignons ; ce sont ces formes qu'on a prises pour des parasites.

Au congrès de Montpellier (1898) le Dr Bosc a communiqué le résultat de ses recherches sur les microbes du cancer. Les tumeurs cancéreuses auxquelles on a donné des noms divers seraient produites par des parasites de la classe des sporozoaires que l'on rencontrerait sous six formes morphologiques spéciales. Un grand nombre d'inoculations de produits de ces tumeurs renfermant des sporozoaires ont été faites avec succès d'animaux à animaux et de l'homme aux animaux.

Ces sporozoaires que l'on rencontre dans les tumeurs cancéreuses sont communs dans la nature ; on en trouve chez le chien, le lapin, le rat, des gallinacées, des poissons, dans le rein de l'escargot (klossia) dans les lombrics terrestres (grégarines).

Le cancer serait donc une maladie parasitaire dont on trouve la cause dans le monde extérieur et dont les formes parasitaires représentent les étapes d'évolution des divers cycles d'une espèce de sporozoaire, espèce que l'on peut même parfois arriver à déterminer.

Ces études ont une importance que l'on ne saurait contester ; mais il reste encore beaucoup à faire pour que le problème de l'infection cancéreuse soit résolu. Si la fréquence de ces affections dans certaines localités humides et boisées des campagnes riches en sporozoaires, jointe à l'absence d'hygiène à peu près complète des habitants, peut expliquer l'infection, elle devient difficile lorsqu'on se trouve en présence de malades des classes riches. Nous ne connaissons pas encore leur mode de pénétration dans certains organes comme les mamelles, le foie, le pancréas, l'utérus, etc. Enfin il y a encore l'âge où cette maladie évolue habituellement qui complique aussi les explications étiologiques.

Les tumeurs cancéreuses présentent un caractère qui les rapproche des maladies microbiennes ; c'est la production abondante de substances toxiques qui, se diffusant par l'intermédiaire du sang, viennent infecter l'organisme entier, produire cet état cachectique si connu et favoriser, probablement encore, le développement de nouveaux néoplasmes cancéreux.

CONCLUSION. — La tumeur cancéreuse est un foyer de fabrication de produits toxiques non encore définis, qui infecte et intoxique progressivement l'organisme jusqu'à amener la mort.

TRAITEMENT

EXAMEN DES MÉTHODES ACTUELLES DE TRAITEMENT.

Jusqu'à ce jour, le traitement des tumeurs cancéreuses a été local, uniquement. Au moyen de pommades calmantes ou fondantes, on a cherché plutôt à illusionner les malades qu'à les guérir. Le seul traitement énergique est chirurgical ; il consiste dans l'ablation des tumeurs, lorsque cela est possible. Quand l'opération est pratiquée de bonne heure, le malade peut trouver de l'accalmie pendant quelque temps ; mais il y a toujours récidive à plus ou moins longue échéance et finalement le malade est emporté par son affection cancéreuse. Si l'opération est pratiquée tardivement, ce qui est le cas fréquent, elle précipite souvent la terminaison fatale.

L'insuccès constant du traitement chirurgical est parfaitement explicable. Par l'ablation de la tumeur on enlève, il est vrai, le foyer de formation des toxines, mais l'organisme en reste infecté et rien ne fait obstacle à la création de nouveaux foyers cancéreux.

Dans ces derniers temps on a essayé la sérumthérapie.

En avril 1895, MM. Emmerich et Scholl, poursuivant des recherches entreprises l'année précédente avec un certain nombre d'autres confrères, font savoir qu'ils ont guéri des cancers récidivés du sein et un sarcome de l'épaule par du sérum sanguin de mouton inoculé au moyen de cultures d'érysipélocoques.

A peu près à la même époque, MM. de Héricourt et Richet se servent de sérum sanguin d'un âne inoculé avec du suc d'ostéo-sarcome et obtiennent indifféremment la guérison d'un fibro-sarcome et d'une tumeur indéterminée de l'estomac.

Les expérimentateurs précédents ont observé une diminution rapide du volume des tumeurs, parfois même la disparition complète de celles-ci. Ces résultats, fort intéressants, sans doute, peuvent-ils être considérés comme constituant guérison ?

Des observations toutes récentes ont établi que, même chez les malades chez lesquelles on avait obtenu la plus grande diminution du volume des tumeurs, la maladie a continué son évolution et la terminaison a été fatale.

Pour nous, que la tumeur soit enlevée au moyen du bistouri ou que l'on obtienne sa résorption au moyen d'injections quelconques le résultat est et sera toujours identique. Nous connaissons les suites des opérations chirurgicales ; attendons celles de ces méthodes qui sont trop récentes pour que l'on puisse se prononcer définitivement.

Au lieu de recourir à des sérums aussi difficiles à obtenir qu'à conserver, nous nous demandons si une injection de liquide iodo-ioduré et glycériné contenant un milligramme ou deux d'iode métalloïde par gramme qui n'est pas caustique, mais simplement antiseptique et antitoxique, n'amènerait pas aussi bien la fonte des tumeurs cancéreuses. Ce liquide absolument inoffensif pourrait être expérimenté sans crainte de complications ultérieures. Nous soumettons cette idée à qui de droit, mais seulement comme traitement local, qu'on ne l'oublie pas.

Traitement curatif vrai.

Avant d'exposer la méthode de traitement que nous préconisons, nous croyons d'autant plus utile de reproduire l'opinion du Dr Boinet, dont le texte est emprunté à son remarquable traité d'iodo-thérapie, que ce sont ses travaux qui ont inspiré nos recherches.

« A cette heure, le mot *cancer* est synonyme d'*incu-*

rable, et une fois qu'il a été prononcé, il n'y a plus rien à dire. Quand l'élève a entendu ces paroles désolantes tomber de toutes les chaires, se répéter dans toutes les cliniques, dans toutes les sociétés de médecine, il n'ose plus penser autrement. Partant de cette idée que le cancer est incurable, l'immense majorité des chirurgiens et des médecins ne songent même pas à essayer un traitement préalable ; et lorsque l'opération est possible, ils ne voient que ce moyen comme seul et unique traitement. Mais alors, comment savoir si cette maladie si grave et si justement redoutée est absolument incurable, si on ne la traite que localement.

« Si l'organisme a pu subir des altérations vitales qui l'ont rendu propre à produire le cancer, répugne-t-il donc tant à la raison de croire que si, par une médication quelconque, on pouvait arrêter, neutraliser, faire disparaître ces modifications fâcheuses, on débarrasserait l'économie des éléments cancéreux qui naissent dans certaines conditions particulières de la vitalité. N'est-il pas prouvé par les faits, par la marche de la maladie, que cette diathèse, suivant son ancienneté, est plus ou moins intense ; qu'à son début elle n'est pas appréciable dans le plus grand nombre des cas, mais que, toujours agissante, elle a une marche progressive et finit par envahir tout l'organisme ? *Et si on l'attaquait dès qu'on la craint et aussitôt qu'elle s'est révélée, même par une manifestation douleuse, ne pourrait-on changer, modifier cet état morbide qui engendre le cancer ?*...

« Si nos devanciers, si quelques médecins de nos jours ont guéri quelquefois le cancer, c'est parce que, moins préoccupés que nous de choses diverses, ils ont mieux observé l'action des médicaments, ils ont eu plus de confiance dans leur action et ont cherché avec plus de persévérance à obtenir la guérison par tous les moyens en leur pouvoir. D'après plusieurs faits que nous avons observés nous-même et suivis avec le plus grand soin, dans l'intention bien arrêtée de savoir si le cancer était curable, *il nous semblerait que les préparations iodiques, à raison surtout de leur propriété résolutive et modificatrice, auraient quelques propriétés curatives contre les maladies cancéreuses ? »*

Diagnostic.— Au début, les tumeurs cancéreuses peuvent être confondues avec des engorgements lymphatiques. Ces derniers se rencontrent exclusivement dans l'enfance et dans l'adolescence ; aussi toute tumeur se produisant chez un adulte doit-elle être envisagée comme suspecte.

Il arrive aussi, que la diathèse cancéreuse ne se mafeste extérieurement par aucun gonflement ou engorgement quelconque. C'est quand la maladie se concentre sur quelque organe interne (foie, estomac, utérus, etc.). Dans les cas de ce genre, aussi bien que dans les précédents, d'ailleurs, nous avons un autre élément de diagnostic de la plus haute importance. Les affections cancéreuses se déclarent habituellement entre 40 et 60 ans ; à ce moment, sans cause bien marquée, souvent, on voit les individus s'affaiblir ; l'appétit se perd, les couleurs disparaissent et le teint devient pâle avec nuance terreuse. Cet état particulier est une pseudo-anémie qui résiste aux ferrugineux ; elle est toujours l'expression d'une évolution morbide très grave, dont la nature va se spécifier, si on ne la soigne pas énergiquement. Qu'elle soit ou non le prélude d'une évolution cancéreuse, le traitement est le même dans tous les cas.

Traitement interne.— C'est dans le traitement interne énergique par l'emploi de l'iode métalloïde à dose assez élevée que réside tout le succès. Il consiste dans l'emploi simultané du *Vin et des Pilules Iodo-phosphatés du D⁻ Foy*. On commence par une cuillerée de vin iodé à midi et le soir, un peu avant le repas, pendant une semaine.— 2ᵉ semaine, 2 c. de vin, à chaque fois.— 3ᵉ semaine, en même temps que le vin, 2 fois par jour une pilule iodée. Les semaines suivantes, en plus des 4 cuillerées de vin iodé par jour, on élève le nombre des pilules jusqu'à 12 par jour, en augmentant de 2 chaque semaine.

Ce traitement intensif doit être suivi pendant une année, au moins, sans aucune interruption. Puis, pendant 2 ou 3 années suivantes on suit encore le même traitement en réduisant de moitié les doses de vin et de pilules.

Traitement local. — Nous avons la conviction que toutes les opérations auront les plus grandes chances de succès si on attend pour les pratiquer que le malade ait déjà suivi le traitement interne depuis 3 mois au moins.

Si l'on veut faciliter la résorption de la tumeur au moyen d'injections interstitielles, nous recommandons le liquide suivant qui n'est pas caustique :

Iode métalloïde.............. 0,10 centigr.
Chlorure de sodium.......... 2,50 centigr.
Glycérine pure............... 10 gr.
Eau distillée................ 40 gr.

Après chaque injection il faudra laver la seringue d'abord, dans de l'eau additionnée d'un peu de sous-carbonate de soude, puis ensuite, dans l'eau chaude pure.

CHAPITRE XL.

Diabète.

Sous le nom générique de diabète on a réuni d'abord un certain nombre d'entités morbides ayant pour caractères généraux communs une sécrétion urinaire abondante (polyurie), une soif exagérée et un état général consomptif plus ou moins accentué. On a groupé ensuite tous ces cas en deux classes se distinguant l'une de l'autre par l'absence ou la présence de sucre (glucose) dans l'urine. On a donc distingué le *diabète insipide* et le *diabète sucré* ou glycosurique. On a créé ensuite des subdivisions.

Ainsi, on a subdivisé le *diabète insipide* en diabète azo-
turique, albuminurique, oxalurique, phosphatique,etc.;
selon que les urines contiennent, en quantités exagérées, des matériaux azotés, de l'albumine, de l'oxalate
de chaux, des phosphates, etc. Tous ces états pathologiques appartiennent à la classe des maladies par nutrition altérée, à l'exception du diabète phosphatique
(ou phosphaturie) qui est une manifestation d'une altération nerveuse déjà établie ou devant se déclarer à
courte échéance.

Nous ne nous arrêterons pas à étudier chacun de ces
états qui ne sont que symptomatiques ; nous conseillerons de leur appliquer la *médication générale iodo-
phosphatée* des nutritions altérées par l'emploi simultané du *Vin* et des *Pilules du D*ʳ *Foy.*

DIABÈTE SUCRÉ OU GLYCOSURIQUE.

Aujourd'hui, on ne désigne plus sous le nom de *diabète* que l'état pathologique caractérisé par la présence
du sucre dans l'urine. Ce n'est pas une entité morbide
simple, comme on l'a cru jusqu'alors ; ce n'est qu'un
symptôme commun à des maladies différentes, liées
entre elles, cependant, par plusieurs causes générales
communes. On a voulu expliquer tous les cas par l'a-
natomo-pathologie, exclusivement, sans rechercher les
causes générales ; on n'a fait qu'embrouiller la question et la rendre de plus en plus incompréhensible.
Tel est le résultat le plus clair qui ressort des travaux
du Congrès de médecine interne de Lyon (1894) où cette
question avait été mise à l'ordre du jour.

Les expériences anciennes de Cl. Bernard, celles
plus récentes de MM. Schiff, de Cyon, Pavy, Aladoff ;
les travaux récents de MM. Chauveau et Kaufman
établissent d'une manière indiscutable que le système
nerveux intervient dans l'étiologie du diabète ; les troubles concomitants chez les diabétiques en fournissent
d'autres preuves aussi probantes.

Si, d'autre part, on interroge tous les diabétiques

avec lesquels on est en relation, on constate que tous sont : rhumatisants, goutteux, syphilitiques, qu'il y a des cancéreux dans la famille, etc., en d'autres termes, chez les diabétiques la constitution est altérée.

Nous voulons démontrer qu'on doit définir le diabète : *Une maladie nerveuse greffée sur une constitution altérée* ; et que toutes les espèces de diabète que l'on admet cliniquement trouvent parfaitement leur place dans cette classe unique.

Pour arriver à résoudre ce problème, de plus en plus important de la pathologie par sa fréquence, il faut établir, d'abord, comment se forme le glucose dans l'organisme ; quels sont les organes qui participent à sa production ? Ensuite, comment il disparaît et quels sont les organes destructeurs ?

Origine et formation du glucose. — Les matières albuminoïdes et les graisses peuvent produire du sucre ; mais ce sont surtout l'amidon et les fécules de nos aliments qui servent à former ce produit.

Des recherches précises ont établi depuis longtemps qu'un homme du poids moyen de 63 kilogr. doit brûler en 24 heures environ 265 grammes de carbone pour maintenir constante la température du corps ; c'est ce que l'on appelle la ration d'entretien ; la ration habituelle, un peu plus élevée, est d'environ 300 grammes. Supposons que le tiers de ce carbone soit fourni par les corps gras (ce qui est exagéré) il reste 200 grammes pour les féculents. Ces 200 grammes de carbone correspondent à 450 grammes d'amidon ou environ 600 grammes de pain. Or, les 450 gr. d'amidon saccharifiés et transformés en glucose donnent exactement 550 gr. de sucre.

On sait que le glucose diffère de l'amidon par la fixation de 2 molécules d'eau. On a donc :

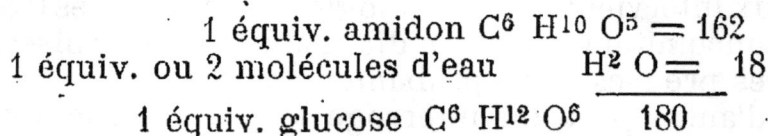

$$1 \text{ équiv. amidon } C^6 H^{10} O^5 = 162$$
$$1 \text{ équiv. ou 2 molécules d'eau } \quad H^2 O = \quad 18$$
$$1 \text{ équiv. glucose } C^6 H^{12} O^6 \quad \overline{\quad 180}$$

17.

La formation du glucose par la fixation de deux molécules d'eau n'est en réalité qu'un moyen de solubilisation, afin de permettre la diffusion et la pénétration dans tous les milieux organiques. On voit, par là, que l'organisme fabrique normalement et quotidiennement une quantité considérable de glucose.

On nous demandera peut-être si l'amidon ne peut pas être brûlé directement et réduit à l'état d'acide carbonique et d'eau sans passer par la forme chimique de glucose ; nous répondrons que ce résultat ne peut même pas être produit dans les laboratoires par l'action des oxydants les plus énergiques. En effet, si l'on arrête l'action à différentes périodes, on constate dans les liquides la présence de la dextrine et du glucose. Le terme ultime de ces oxydations est pour la plus grande partie de l'acide oxalique.

La fixation de l'eau sur l'amidon d'où résulte le glucose n'est pas un phénomène aussi simple qu'on pourrait le croire ; le glucose n'est obtenu qu'après avoir passé par deux états intermédiaires :

1º L'amidon se solubilise en se transformant en *dextrine* ; cette substance doit son nom à la propriété qu'elle possède de dévier à droite la lumière polarisée ; c'est un polymère de l'amidon, en ce sens qu'elle résulte de la soudure de deux molécules d'amidon. Elle est sans action sur la liqueur de Fehling.

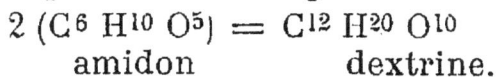

$$2 (C^6 H^{10} O^5) = C^{12} H^{20} O^{10}$$
amidon　　　　　dextrine.

2º La dextrine fixe un équivalent d'eau et donne naissance à un sucre particulier le *maltose*.

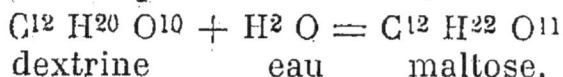

$$C^{12} H^{20} O^{10} + H^2 O = C^{12} H^{22} O^{11}$$
dextrine　　　eau　　　maltose.

Le *maltose* dévie également à droite la lumière polarisée comme le glucose ; mais son pouvoir rotatoire est *trois fois* plus considérable. Son pouvoir réducteur de la liqueur de Fehling est d'environ *un tiers* plus faible que celui du glucose.

3º Enfin, le maltose fixe une nouvelle molécule d'eau et se scinde en 2 équivalents de glucose.

$$C^{12} H^{22} O^{11} + H^2 O = 2 (C^6 H^{12} O^6)$$
$$\text{maltose} \qquad \text{eau} \qquad \text{glucose.}$$

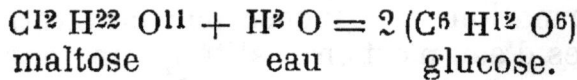

La saccharification de l'amidon par la diastase des céréales passe par ces trois phases. Les différents corps intermédiaires dextrine, maltose, ont pu être isolés en arrêtant l'opération de la saccharification à des époques diverses.

Dans l'organisme, l'amidon subit les mêmes transformations, exactement comme si l'on opérait dans une cornue. Un examen sommaire de la digestion nous montre bien qu'il n'en peut pas être autrement. En effet, les aliments introduits dans la bouche sont broyés, mastiqués et humectés par la salive renfermant une diastase analogue à celle des céréales, « *la ptyaline* », laquelle commence une hydratation partielle. Dans l'estomac, l'action de la ptyaline peut se continuer ; la pepsine, ferment stomacal spécial, ne paraît pas avoir d'action sur l'amidon et n'entrave pas l'action de la ptyaline. Nasse, Seegen et Musculus ont constaté *in vitro* que la ptyaline transforme l'amidon en maltose. Dans l'intestin où s'achève la digestion, la masse alimentaire subit l'action d'un autre ferment complexe, « *la pancréatine* », qui contient une diastase spéciale « *l'amylopsine* », ayant aussi la propriété de saccharifier l'amidon. Le ferment pancréatique opérant *in vitro* transforme aisément l'amidon en dextrine et en maltose. D'après Méring, le maltose en contact prolongé avec la pancréatine se transforme en glucose. Si nous considérons que le pancréas est une glande très volumineuse, comparée aux glandes salivaires, on peut admettre que la pancréatine est sécrétée en une certaine proportion et que sa fonction est plus importante que celle de la ptyaline. Elle pourrait au besoin la remplacer complètement.

Il est d'un très haut intérêt, croyons-nous, de préciser ici par quel mécanisme s'opère la saccharification de l'amidon, c'est-à-dire son hydratation. C'est à Würtz que nous devons cette intéressante découverte. La diastase forme une combinaison passagère avec l'amidon ; celle-ci au contact de l'eau se dissocie dans une seconde phase et engendre une substance sucrée, remettant en liberté la diastase qui peut entrer dans une nouvelle combinaison. Par cet ingénieux mécanisme une quantité limitée de diastase peut saccharifier une forte proportion d'amidon. Nous ajouterons d'ailleurs que la saccharification de l'amidon par les acides s'opère par des réactions successives analogues.

Le glucose, par des oxydations successives, jusqu'à sa résolution en eau et en acide carbonique produit la plus grande partie du calorique humain, dont une partie est transformée en force, tandis que l'autre sert à maintenir constante la température du corps.

Distribution et fixation du glucose. Glycogène. — Comme chez l'homme, l'alimentation s'effectue plusieurs fois par jour à des heures à peu près régulières, il s'en suit que l'organisme devrait être alternativement encombré de sucre combustible et, à d'autres moments, n'en contenir plus qu'une quantité insignifiante qui serait tout à fait insuffisante. S'il en était ainsi, on comprend à quel aléa seraient exposées les fonctions organiques ; mais la nature prévoyante a obvié à ce danger. Sans doute, au moment de la digestion il se produit une quantité considérable de dextrine et de maltose solubles qui sont entraînés dans le torrent circulatoire ; mais les éléments anatomiques de tous nos tissus ont la propriété d'absorber par osmose, probablement, ces produits circulants, de les combiner et de les transformer en un corps particulier « *le Glycogène* », intermédiaire entre l'amidon et la dextrine ; il forme avec l'eau une demi-solution opalescente. Sous cette forme de glycogène peu soluble, les cellules de tous les tissus en emmagasinent une certaine quantité qui ne servira qu'au moment de besoins ultérieurs.

Cette fonction, commune à tous les éléments histologiques, paraît cependant être exercée par le foie avec une puissance beaucoup plus grande ; car, à certains moments, on trouve dans son tissu des quantités considérables de glycogène. Il paraît résulter de ces faits, absolument observés par l'analyse chimique, que chaque organe emmagasinerait une certaine quantité de glycogène pour des besoins ultérieurs et imprévus et qu'au foie serait dévolue la fonction de collecteur et de dispensateur général. Indépendamment du glycogène, on trouve dans le foie une diastase qui est associée à plus de 50 p. 100 de son poids de glycogène ; diastase qui, selon Cl. Bernard, serait une sécrétion spéciale du foie. On a découvert, depuis lors, que tous les éléments anatomiques sécrètent des diastases qui servent à leur digestion intra-cellulaire. Il est très probable que, parmi les fonctions multiples de ces diastases, elles possèdent celle de résolubiliser le glycogène suivant le mode d'action que nous avons indiqué plus haut. Il y a encore sur ce point spécial des transformations du glycogène une certaine obscurité ; mais cette lacune dans nos connaissances ne nous empêche pas de constater le résultat final, à savoir la régénération du sucre par le glycogène.

Nous résumerons cette étude sommaire de la saccharification des substances amylacées dans l'économie par les trois conclusions suivantes :

1° *Les substances amylacées ne peuvent être brûlées dans l'organisme qu'après avoir subi des transformations successives dans lesquelles l'état de glucose est la forme ultime de cette première phase des transformations.*

2° *La formation du glucose dans l'économie est une fonction exclusivement chimique, relativement indépendante de l'organisme ; celui-ci n'intervenant que par la sécrétion des diastases, agents catalytiques de cette fonction, qu'il peut augmenter, diminuer ou même supprimer par maladie de l'organe sécrétant.*

3° *Comme un certain nombre d'organes sécrètent des diastases, la fonction saccharifiante dans l'économie n'est pas complètement supprimée par la disparition de l'un d'eux.*

Combustion. — Ce phénomène, résultat des fonctions vitales est effectué dans l'intérieur des éléments anatomiques de tous les tissus et aussi par les globules du sang. Il produit du calorique dont une partie peut être transformée en force, l'autre servant à maintenir constante la température du corps. Dans l'accomplissement de ce phénomène, les éléments anatomiques se comportent absolument comme la levure de bière haute, laquelle brûle avec le concours de l'oxygène de l'air l'alcool qu'elle a contribué à former.

Dans notre organisme, pas plus que dans les laboratoires, au moyen des agents oxydants puissants que possède la chimie, on ne peut passer directement de l'élément glucose en ses produits ultimes eau et acide carbonique, il y a formation successive de produits plus oxydés et de composition plus simple par dédoublements. Ainsi, le glucose introduit dans le sang se dédouble d'abord en alcool et en acide carbonique. On ne comprendrait pas que cette opération de dédoublement ne pût s'accomplir, puisqu'il n'est rien emprunté au milieu ambiant et qu'elle met déjà en liberté deux molécules d'acide carbonique avec production de chaleur.

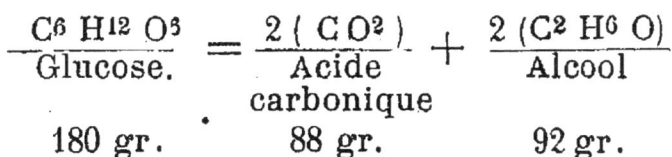

$$\frac{C^6 H^{12} O^5}{\text{Glucose.}} = \frac{2 (C O^2)}{\text{Acide carbonique}} + \frac{2 (C^2 H^6 O)}{\text{Alcool}}$$

180 gr.   88 gr.   92 gr.

Un chimiste très distingué de Besançon, E. Blondeau, a, il y a 25 ans environ, vérifié (in vitro) que des globules de sang placés dans une dissolution de glucose à la température de 30 à 35° déterminent une formation d'alcool en quantité très appréciable.

Puisque l'oxygène est distribué méthodiquement dans l'organisme, occlus dans les globules hématiques, l'alcool formé ne peut subir qu'une oxydation progressive ; il doit, par conséquent, passer par une forme oxydée intermédiaire qui est l'acide acétique, lequel acide acétique oxydé ensuite plus complètement se résout en eau et acide carbonique.

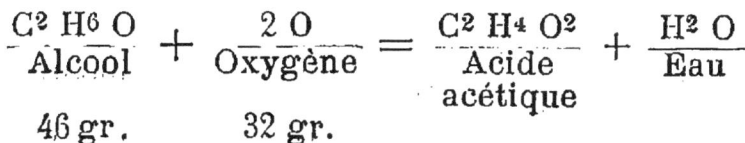

$$\frac{C^2 H^6 O}{\text{Alcool}} + \frac{2 O}{\text{Oxygène}} = \frac{C^2 H^4 O^2}{\text{Acide acétique}} + \frac{H^2 O}{\text{Eau}}$$

46 gr.   32 gr.

$$\underset{\substack{\text{Acide} \\ \text{acétique}}}{C^2\ H^4\ O^2} + \underset{\substack{\text{Oxygène} \\ \text{64 gr.}}}{4\ O} = \underset{\substack{\text{Acide} \\ \text{carbonique}}}{2\ (\ C\ O^2\ )} + \underset{\text{Eau}}{2\ [H^2\ O)}$$

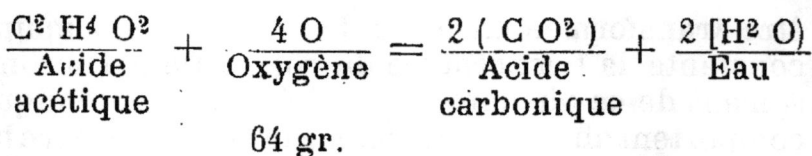

En résumé, un équivalent d'amidon de 162 grammes qui correspond à 72 grammes de carbone, demande 192 grammes d'oxygène pour être transformé en eau et acide carbonique.

Or, ce que la théorie indique, E. Blondeau l'a vérifié par l'expérimentation au moyen des procédés suivants faciles à vérifier. Si l'on évapore partiellement dans le vide une certaine quantité de sang frais placé sur de l'acide sulfurique, on trouve ensuite de l'éther parmi les produits dégagés de cet acide chauffé.

Si, d'autre part, on chauffe modérément et graduellement du sang frais additionné d'une petite quantité d'acide sulfurique, on constate la présence de l'acide acétique dans les produits de la distillation.

Nous n'affirmerons pas que le glucose subit rigoureusement les mêmes transformations dans tous les éléments anatomiques ; nous avons indiqué celles qui s'opèrent, dans le sang normal, le sang étant, certainement, le milieu où s'effectue l'oxydation de la plus grande partie du sucre, dont le foie est le dispensateur.

Dans le tissu musculaire, on rencontre un sucre spécial, l'inosite, qui se transforme en acides inosique, sarcolactique et acide acétique, par une série de dédoublements, comme il s'en opère dans la fermentation lactique.

Le Dr Thudicum, de Londres, a retiré du cerveau un hydrate de carbone cristallisé que M. Thierfelder a reconnu être identique à la galactose (sucre de lait) lequel par oxydation fournit de l'acide mucique.

RÉSUMÉ

Pour résumer tout ce qui précède, nous dirons :
Que la saccharification de l'amidon, phénomène nor-

mal de l'organisme, s'opère en trois phases successives, dextrine, maltose, puis glucose, sous l'influence des diastases ptyaline de la salive et amylopsine du pancréas.

Que ce glucose formé, soluble, est fixé dans le foie et les tissus à l'état de corps moins soluble, le glycogène.

Que la combustion de ce sucre, oxydation et dédoublement en acide carbonique et eau, est opérée exclusivement par les éléments anatomiques des tissus et ceux du sang.

Ce sont les modifications dans les unes ou les autres de ces opérations successives, qui donnent naissance à la glycosurie et contribuent à créer des espèces différentes de diabètes.

Pathogénie du diabète.

Nous avons vu que la saccharification des fécules se fait en trois phases. Ce qu'il importe de retenir, c'est que les deux espèces de produits intermédiaires, la dextrine et le maltose, qui est un sucre, ne sont pas assimilables par l'organisme, si leur transformation n'est pas complétée jusqu'à l'état de glucose ; en conséquence, ils sont éliminés. Leur présence a été constatée dans l'urine. Le maltose a été extrait en nature de l'urine de diabétiques et la dextrine a été caractérisée par sa coloration iodée.

Puisque le maltose dévie la lumière polarisée et réduit la liqueur de Fehling comme le glucose, mais dans des proportions différentes, les analyses par l'un ou l'autre de ces procédés ne peuvent pas servir à distinguer le maltose du glucose. On peut y arriver cependant par l'emploi simultané des deux procédés : si le saccharimètre indique une richesse en sucre notablement plus élevée que celle donnée par la liqueur de Fehling, on peut être certain qu'il se trouve du maltose dans le liquide sucré. Nous ferons remarquer que, lorsque des faits de ce genre se sont présentés, on a toujours attribué à l'inhabileté de l'un des opérateurs les différences des résultats obtenus.

On admet aujourd'hui 5 espèces de diabètes : 1º le diabète pancréatique ; 2º le diabète hépatique ; 3º le diabète nerveux ; 4º le diabète arthritique ; 5º le diabète par intoxication.

La glycosurie urinaire ne peut être produite que de trois manières : 1º la saccharification des fécules est incomplète ; la dextrine et le maltose non transformés sont éliminés (ce dernier donnant les réactions du glucose), exemple, le diabète pancréatique ; 2º le glucose formé ne peut être emmagasiné dans le foie à l'état de glycogène, c'est le cas du diabète hépatique ; 3º enfin le glucose formé ne peut être complètement brûlé par les éléments anatomiques, quand leur nutrition est altérée ; dans ce cas rentrent le diabète arthritique et le diabète par intoxication. Il reste le diabète nerveux qui paraîtrait en dehors ; mais les lésions nerveuses qui le produisent se traduisent dans l'une des trois manières précédentes, il ne forme donc pas une exception.

Nous allons encore condenser les indications précédentes en démontrant que tous les cas de diabète sont sous la dépendance d'une altération du système nerveux, ou d'une altération constitutionnelle. Et, le plus souvent encore, ces deux causes agissent simultanément, étant donné la solidarité intime entre le système nerveux et les tissus.

Diabète pancréatique. Diabète maigre.

Cette forme de diabète a été surtout signalée et étudiée cliniquement par le Docteur Lancereaux. Il a observé que l'intensité de la glycosurie est proportionnelle au degré d'altération de cet organe. Nous croyons savoir que, dans le plus grand nombre des cas où l'autopsie a pu être faite, l'altération du pancréas était de nature cancéreuse. MM. Bard et Pic ont observé un certain nombre de cancers du pancréas non accompagnés de glycosurie. Il y avait souvent en même temps des

ictères graves et des dilatations énormes de la vésicule biliaire.

Le diabète pancréatique est aussi appelé *Diabète maigre*, parce que les malades qui en sont atteints subissent généralement un amaigrissement considérable qui
peut aller jusqu'à 20 et 25 kilos.

La glycosurie est extrêmement intense (60 à 80 gr.
par litre).

La polyurie est énorme, 4 à 12 litres et plus.

L'appétit et la soif sont considérables et cependant
le malade maigrit quand même.

En même temps que la glycosurie, l'azoturie est aussi
très marquée ; on n'a pas observé de phosphaturie.

MM. von Meering et Minkowski ont produit le diabète expérimental par l'ablation du pancréas. Nous
n'entrerons pas dans les détails des expériences de ces
auteurs ; nous ferons remarquer seulement que les procédés employés pour les contrôler sont sujets à des erreurs sérieuses et par conséquent les déductions que
l'on en peut tirer.

La saccharification de l'amidon est commencée par
la *ptyaline* salivaire qui produit le maltose ; sucre inassimilable, intermédiaire entre l'amidon et le glucose,
sensible aux mêmes réactifs que ce sucre, mais à des
degrés différents. Le sucre urinaire par ablation du
pancréas peut donc être, très probablement, du maltose ; mais on ne pourrait le prouver qu'en extrayant
le produit et en le soumettant à ses réactifs spéciaux.
Il resterait à contrôler si la ptyaline, en l'absence du
pancréas, n'arrive pas, au bout de quelque temps, à le
suppléer, ce qui expliquerait la glycosurie temporaire.
Cette suppléance ne serait d'ailleurs pas un fait unique en physiologie.

La fonction du pancréas ne consiste pas seulement
à compléter la saccharification des fécules au moyen de
sa diastase spéciale l'*amylopsine* ; cette dernière, suivant les expériences de Würtz, contribue à la formation du glycogène et facilite son accumulation dans
le foie. Son absence, par suppression du pancréas, explique la disparition du glycogène hépatique et par

conséquentla glycosurie excessive (maltosique probablement).

MM. Chauveau et Kaufman, par des expériences extrêmement minutieuses que nous ne pouvons pas rap-
porterici,démontrent que l'action régulatrice des fonctions pancréatiques est sous la dépendance des centres
nerveux du foie. M. Thiroloix a établi que l'ablation du
pancréas ne produit de glycosurie permanente que
quand on détruit en même temps les troncs nerveux
qui se rendent au parenchyme pancréatique et dont les
plus volumineux suivent la direction des canaux excréteurs.

Une autre fonction du pancréas consistant à ache-
ver la digestion peptonique des aliments azotés albu-
minoïdiques au moyen d'une autre diastase spéciale, la
tripsine, par son ablation ou son altération profonde,
cette digestion est incomplète, les produits sont inutilisables par l'organisme, il les élimine. Ne trouvant
pas la somme des matériaux nécessaires à sa nutrition,
le malade maigrit, tout en mangeant beaucoup.

L'altération du pancréas, qu'elle soit de nature cancéreuse ou autrement, n'est pas une affection exclusivement localisée à l'organe ; c'est une manifestation locale d'un état général profondément altéré. Comme
conséquence, il se produit une dénutrition histologique
généralisée considérable, qui augmente l'amaigrissement et détermine l'azoturie urinaire.

Il résulte des faits qui précèdent que :

1º La dénutrition, l'amaigrissement, l'azoturie sont
sous la dépendance de l'altération du pancréas, celle-
ci n'étant qu'une manifestation localisée d'une altération générale constitutionnelle.

2º La polyurie, la glycosurie dérivent des lésions des
nerfs pancréatiques.

DIABÈTE HÉPATIQUE.

Le Dʳ Glenard, de Lyon, a signalé récemment à l'attention du corps médical un diabète causé par l'alté-

ration du foie chez des alcooliques. Il a fait remarquer
que chez tous les alcooliques on n'observe pas constamment l'altération du foie avec diabète ; par contre,
il a constaté aussi l'existence d'un diabète hépatique
dont l'altération du foie n'avait pas une origine alcoolique.

Le foie est un organe à fonctions multiples. Il jouit,
entre autres, de celle de régulariser la circulation des
matières sucrées thermogènes dans l'organisme. Après
chaque digestion, il accumule une grande quantité de
glycogène qu'il restituera ensuite à mesure des besoins.

Lorsqu'il est altéré par l'alcoolisme ou par toute autre cause, le glycogène n'est plus formé ni emmagasiné ; le sucre périodiquement en excès après chaque
repas est éliminé et produit la glycosurie. D'autre part,
l'altération du foie par une cause quelconque ne peut
pas se produire, sans que la constitution générale et la
vitalité des éléments anatomiques de tous les tissus ne
soient profondément altérées ; comme conséquence, la
puissance oxydante des tissus se trouve diminuée et le
sucre inutilisé vient augmenter la glycosurie urinaire.

Dans cette altération générale de l'organisme, le système nerveux se trouve naturellement frappé comme
les autres organes ; mais en raison de sa fonction spéciale, il contribue largement à aggraver la maladie.

DIABÈTE ARTHRITIQUE. — DIABÈTE GRAS.

Chez tous les arthritiques, rhumatisants, goutteux,
herpétiques, asthmatiques, la nutrition histologique est
altérée. Les combustions sont incomplètes, surtout
chez ceux dont les occupations sont sédentaires. Ils
transforment une partie des farineux alimentaires en
graisse qu'ils accumulent. L'augmentation de poids
étant la règle à peu près générale, on l'appelle avec
juste raison diabète gras.

Le diabète gras peut commencer à se manifester entre 25 et 30 ans.

A la suite d'émotions vives, de surmenage intellectuel, la glycosurie se produit. Elle reste quelquefois
inconnue pendant de longues années et sa découverte
est due souvent à une cause accidentelle.

Ce genre de diabète est de beaucoup le plus fréquent,
il est le moins grave. 10 ans, 20 ans, s'écoulent quelquefois sans amener de complications sérieuses ; c'est
pourquoi, un grand nombre de malades négligent de
se soigner sérieusement. Mais la maladie ne reste pas
stationnaire, malgré les apparences ; le sucre qui en-
combre le sang et les humeurs devient une cause aggravante de l'altération vitale et nutritive de tous les
éléments anatomiques. Ces malades sont admirable-
ment prédisposés à contracter une foule de maladies
infectieuses et autres qui, généralement bénignes pour
le plus grand nombre, sont le plus souvent mortelles
pour eux. La diminution des forces se produit progressivement ; des troubles nerveux se manifestent, amenant une vieillesse anticipée et toutes les misères pathologiques qui en forment le cortège habituel.

Le diabète arthritique en raison de sa fréquence est,
pour ainsi dire le diabète classique ; c'est celui qui est
décrit par tous les auteurs. On a eu le tort de confondre tous les autres genres de diabètes avec celui-ci.

Nous savons que les alcalins rendent de réels services dans l'arthritisme pour désencombrer l'organisme
de son excès d'acide urique. Mais, en faisant des alcalins, des eaux et des cures à Vichy, la base du traitement du diabète, on a favorisé surtout l'élimination de
l'acide urique et du sucre. Il est certain que le lavage
de l'organisme produit une amélioration momentanée
de l'état général. Mais la constitution arthritique n'étant
ni touchée, ni améliorée par cette médication, de même
qu'on n'a pas touché à l'affaiblissement nerveux, on
peut donc conclure : que le diabète n'est pas traité en
réalité. Faut-il s'étonner après cela qu'on le proclame
incurable ?

L'altération de la constitution par l'arthritisme, cause
fondamentale, le surmenage et l'affaiblissement du
système nerveux, causes secondaires, sont assez net-

tement établis pour que nous n'ayons pas besoin d'insister davantage.

Diabète nerveux.

Les glycosuries les mieux connues de cette catégorie
ont été obtenues expérimentalement. Le type en a été
fourni par l'expérience mémorable de Cl. Bernard ins-
tituée en 1849. Il produisit le diabète chez les animaux
en piquant le plancher du 4e ventricule, au-dessous de
l'origine des pneumogastriques. Schiff l'a produit par
la section des couches optiques des pédoncules cérébraux moyens et postérieurs, par la section de la moelle
au niveau de la 2e vertèbre dorsale, par la section du
nerf sciatique, etc. Pavy a créé le diabète en section-
nant le bulbe et en créant la respiration artificielle ; De
Cyon et Aladoff ont provoqué la glycosurie par la section des ganglions cervical postérieur et thoracique supérieur, etc. Quelle interprétation donner à ces faits ?

Le système nerveux étant le régulateur des fonctions
vitales anatomiques, on peut donc supposer : tantôt,
que les lésions nerveuses ralentissent les fonctions nutritives d'un plus ou moins grand nombre de départements organiques et font obstacle à la combustion
complète de tout le sucre produit ; ou bien, la lésion
nerveuse peut agir exclusivement sur le foie et faire
opposition à l'emmagasinement du glycogène; ou bien,
elle affecte le pancréas, empêche la sécrétion des diastases qui achèvent la saccharification du maltose, etc.
Si l'on considère que les lésions nerveuses spontanées
ne se produisent que chez les sujets dont la constitution est altérée, on retrouve encore, dans ces cas, les
deux causes fondamentales que nous avons indiquées.

Diabète par intoxication.

Cl. Bernard a signalé le curare et l'oxyde de carbone
comme produisant la glycosurie ; Rosembach le sublimé, Leconte l'oxyde d'urane ; Levinstein, Eulenburg,
Eckhard la morphine ; Eulenburg le chloroforme ; Levinstein le chloral, etc. Parmi tous ces agents toxiques,

les uns, comme le curare, paralysent le système nerveux, lequel, par action réflexe, très probablement, ralentit les fonctions nutritives et vitales des éléments anatomiques ; d'autres, comme le chloroforme et le chloral, agissent probablement tout à la fois sur le système nerveux et sur les éléments anatomiques. L'oxyde de carbone, en déplaçant l'oxygène dans l'hémoglobine, produit la glycosurie en faisant obstacle à la combustion du sucre.

Les diabètes par intoxication résultent donc de la double action paralysante sur le système nerveux et sur les fonctions nutritives des éléments anatomiques.

Complications du diabète.

En passant en revue les 5 espèces de diabètes cliniquement admises, nous avons, dans toutes, reconnu les deux causes générales principales, savoir : une altération profonde de la constitution des malades que nous rangeons dans les maladies par nutrition altérée ; puis un trouble vital considérable du système nerveux. Il est certain qu'il existe entre ces deux causes principales une connexité des plus étroites qui ne peut pas ne pas exister ; mais il n'en est pas moins certain que l'altération vitale nerveuse est une cause puissamment aggravante du diabète. Ces deux causes, nous allons les retrouver indiquées, non moins catégoriquement, dans les complications que l'on observe chez les Diabétiques.

Comme effets dérivant de ces deux causes premières et démontrant la dénutrition histologique générale que nous signalons, vient naturellement la glycosurie qui donne son nom à cette classe de maladies, puis, l'azoturie, l'albuminurie et quelquefois la phosphaturie.

La glycosurie, effet primaire, devient consécutivement cause aggravante de l'état général et donne naissance à des complications spéciales. Le sucre qui n'est pas brûlé en totalité dans l'organisme se trouve constamment en excès dans le sang et par lui dans tous les liquides physiologiques et les milieux histologiques où il séjourne. Il contribue par sa présence seule à augmenter l'altération nutritive des éléments cellulaires, parce qu'il modifie la constitution normale, de leurs milieux. C'est à lui qu'il faut attribuer exclusivement toutes les altérations de l'appareil digestif, telles que stomatite, carie dentaire, gingivite expulsive, gastroentérite, etc.

Parmi les complications directes imputables à l'altération nutritive généralisée nous signalerons les néphrites rénales, les éruptions diverses, les anthrax, les phlegmons, gangrènes, ulcères, œdèmes, etc. Enfin, cette altération nutritive généralisée sous les noms de *misère physiologique, d'opportunité morbide*, crée une prédisposition spéciale à toutes les maladies infectieuses, telles que tuberculose, fièvre typhoïde, variole, etc., etc. Une foule de maladies, bénignes en général, deviennent exceptionnellement graves chez les diabétiques.

S'il est actuellement démontré que le diabète existe comme symptôme de certaines lésions nerveuses, il est non moins certain que, consécutivement, il se produira des lésions qui sont une conséquence de cette maladie et qui rendent compte de quelques-unes des manifestations qui apparaissent dans son cours. Ces troubles ne surviennent généralement pas d'emblée chez les diabétiques. Le plus souvent ils ont été précédés par de l'irrégularité de caractère, par la perte de la mémoire, par des vertiges, etc., en un mot par une foule de manifestations neurasthéniques.

La dénutrition nerveuse et l'altération des éléments anatomiques se continuent par un travail lent et clandestin jusqu'au moment où, l'activité fonctionnelle cessant, les accidents nerveux graves apparaissent. A l'autopsie, on a constaté des états inflammatoires, des hémorrhagies, le ramollissement des centres nerveux. On a constaté que les lésions tendent à se localiser aux environs du quatrième ventricule. C'est, en effet, au niveau de cette partie du cerveau que siégeait la dégénérescence graisseuse observée par Luys. C'est dans les artères de ce ventricule que Bischoff constata la présence d'athéromes. C'est à la base du cerveau, dans la moelle allongée et la protubérance qu'existait l'hémorrhagie dont parle Murray.

Les troubles nerveux qui dépendent des lésions sont intellectuels, moteurs ou sensitifs. Tantôt le malade présente un état de somnolence qui, en s'accentuant de plus en plus, arrive bientôt à passer au coma. Au lieu de coma, c'est du délire qui se manifeste. Dans d'autres cas les troubles sont seulement moteurs, hémiplégies, paraplégies, convulsions, etc.

Lorsque les troubles nerveux se produisent chez des diabétiques anciens, les pronostics sont toujours graves.

Par les quelques exemples que nous venons de donner, empruntés aux auteurs spéciaux, nous avons voulu établir que les complications aussi nombreuses que variées, qui se manifestent successivement chez les diabétiques, démontrent d'une manière indiscutable l'existence des deux grandes causes principales ; à savoir :

L'altération de la constitution générale des malades.

Des troubles vitaux dans le système nerveux.

Ce sont ces deux causes que nous devons viser dans le traitement du diabète. A quelque classe clinique qu'il appartienne, le traitement sera donc rigoureusement le même.

TRAITEMENT DU DIABÈTE

Jusqu'à ces derniers temps, on a cru que le sucre était un produit étranger à notre économie ; que c'était lui qui était la cause unique de tous les désordres que l'on observe chez les diabétiques. Partant de là, on a conclu que la guérison était obtenue dès que l'on arrivait, par un moyen quelconque, à faire disparaître ce sucre urinaire. Cette croyance, qui existait chez la plupart des médecins, est encore aujourd'hui profondément incrustée dans les idées du public ; et, quand un malade veut bien se soigner il faut, par un subterfuge quelconque arriver, sinon à la disparition complète du

sucre, à sa diminution dans les plus larges proportions, tout au moins, et dans le temps, le plus court.

Nous pouvons dire immédiatement que tous les traitements thérapeutiques qui ont été préconisés jusqu'a-
lors ne sont que palliatifs ; aucun d'eux n'est réellement curatif. Nous ajouterons encore que, la plupart
d'entre eux, sont loin d'être inoffensifs pour l'avenir,
même lorsqu'ils donnent des résultats évidents au début.

Avant de faire connaître le traitement que nous conseillons, nous voulons analyser les principales méthodes actuellement conseillées et employées.

Traitement diététique.

Il consiste dans la suppression du pain et des farineux dans le régime alimentaire des malades.

Bien avant que l'on ait su que le glucose est un produit de transformation normale, physiologique, des
fécules, que ce n'est qu'une simple hydratation, qui a
pour but et pour effet de les rendre solubles et de faciliter leur circulation dans l'organisme, on avait reconnu cliniquement et empiriquement, ce qui est à
peu près la même chose, que la suppression des farineux (pain, etc.), chez les diabétiques faisait diminuer
considérablement, quelquefois complètement le sucre
des urines.

Cette méthode de traitement a donc été une des premières imposée et elle se continue encore actuellement.
On substitue aux farineux proscrits l'alimentation carnée et les graisses.

Nous avons dit précédemment qu'un homme a besoin
rigoureusement pour sa ration d'entretien de 265
grammes de carbone par jour. Ils correspondent à 650
grammes d'amidon ou 860 grammes de pain approxi-
mativement. Ces 650 gr. d'amidon donneront 720 gr.
de glucose qui chez l'homme bien portant doivent être
complètement brûlés et réduits à l'état d'acide carbonique et eau. Si chez un diabétique on supprime la

moitié ou les trois quarts du pain, on doit théoriquement diminuer le sucre d'une quantité correspondante. Nous disons théoriquement, parce qu'en fait ce n'est pas rigoureusement exact. La raison en est que si on supprime une certaine quantité de pain ou de farineux on les remplace par des corps gras. Or, la graisse résulte simplement de la soudure de plusieurs molécules d'amidon ; si elle ne donne pas une quantité de glucose rigoureusement correspondante aux molécules d'amidon soudées, c'est parce que l'oxydation des corps gras est beaucoup plus compliquée.

On comprendra alors pourquoi, en supprimant aussi complètement que possible tous les farineux de l'alimentation des malades et en les remplaçant par des aliments azotés et gras, on ne parvient pas à faire disparaître complètement le sucre urinaire. Cela tient à ce qu'il s'en forme une certaine quantité parmi les produits de décomposition de ces corps gras. Il y a aussi la cellulose dans les légumes verts qui peut produire du glucose.

Rappelons encore que le pain de gluten que l'on recommande aux diabétiques renferme toujours de 20 à 40 pour 100 d'amidon.

Nous croyons que ce régime rigoureux, si pénible aux malades, ne doit être imposé qu'à ceux qui produisent plus de 100 grammes de sucre par jour ; pour les autres un simple rationnement suffit, surtout quand le malade veut bien se livrer à des exercices physiques. En tout cas, ce n'est, en aucune façon, un moyen de traitement curatif du diabète ; puisque, dès que l'on reprend l'usage des farineux, le sucre réapparaît dans les proportions anciennes.

Ce qu'il faut aussi recommander aux diabétiques rationnés, c'est la suppression complète des liqueurs alcooliques qui, par l'alcool, font obstacle à l'oxydation du sucre.

Valeur des divers traitements thérapeutiques employés.

Un grand nombre de produits médicamenteux ont été appliqués au traitement du diabète. Citons en particulier l'opium, les bromures, la valériane, l'antipyrine, l'arsenic, le nitrate d'urane, le jambul, les alcalins, l'électricité.

Nous n'étudierons que très sommairement chacun de ces agents thérapeutiques ; nous renvoyons pour les détails aux ouvrages spéciaux. Nous ferons remarquer que ces agents doivent être employés à doses relativement élevées, c'est-à-dire toxiques pour les principaux d'entre eux. On commence par des doses faibles, que l'on élève progressivement.

Opium. — C'est ainsi que l'on a pu administrer l'extrait d'opium à la dose de 2 et 3 grammes par jour, dose extrêmement toxique. Et on le considère comme un des meilleurs antidiabétiques ?

Arsenic. — L'arsenic sous forme de liqueur de Fowler a été employé à dose progressive jusqu'à 30 gouttes par jour, pendant plusieurs mois. Chez des malades autopsiés on a trouvé que le foie ne contenait aucune trace de glycogène, quel que soit le genre d'alimentation. Saïkowski en a conclu, avec juste raison, selon nous, que l'arsenic s'opposait à la transformation des fécules en sucre.

Bromures. — Les bromures ont été expérimentés beaucoup plus à l'étranger qu'en France. Il y a quelque 10 ans, une note à l'Académie de médecine donnait comme résultat la guérison d'un diabétique par l'emploi des bromures à la dose de 6 à 8 grammes par jour. Elle fit beaucoup de bruit. Malgré cela, le malade, une de nos illustrations littéraires, mourait moins de 6 mois après dans le coma diabétique.

Valériane. — La valériane paraît agir dans le même sens que l'opium, mais il faut employer des doses plus élevées de 3 à 10 gr. par jour. Son effet principal consiste à diminuer la quantité d'urine.

Antipyrine. — En dehors de son action antithermique de courte durée, elle exerce sur le système nerveux deux genres d'actions opposées, comme la morphine, d'ailleurs. Elle agit d'abord comme excitant du système nerveux central, quelquefois avec mouvements convulsifs ; il y a augmentation de la pression sanguine. Consécutivement, tous ces effets disparaissent pour faire place à de la paralysie motrice et sensitive, faisant ainsi disparaître la douleur. Elle abaisse la pression sanguine, ralentit la nutrition et diminue l'émission urinaire.

Nitrate d'Urane. — Dans ces derniers temps, on a vanté le nitrate d'Urane. A haute dose c'est un poison qui produit la glycosurie et l'albuminurie. Le Dr Salomon West l'a expérimenté sérieusement et a communiqué son travail à la *British medical Association.* Le nitrate d'urane a été employé à dose progressive, en commençant par 20 centigr. ; on a augmenté successivement jusqu'à 1 gr. par jour. Les premiers effets observés consistent dans une diminution considérable de la quantité d'urine et, comme conséquence, diminution de la soif. Après, la proportion de sucre diminue ; mais elle n'a jamais disparu complètement. Malheureusement, dès que l'on cesse le nitrate d'urane la maladie reparaît rapidement et à peu près avec son intensité primitive.

Jambul. — Depuis quelques années on a expérimenté le jambul (Syzygium Jambolanum) dont on avait vanté l'efficacité remarquable dans le diabète. On emploie l'extrait fluide de l'écorce, plus facile à se procurer que le fruit frais, dont les propriétés sont beaucoup plus énergiques, dit-on.

Une communication importante sur les propriétés et l'emploi du Jambul a été faite au Congrès de Berlin en 1897. Un certain nombre de médecins ont obtenu des résultats fort satisfaisants ; chez d'autres, ils ont été nuls. Nous n'essayerons pas d'interpréter ces résultats contradictoires ; ce qu'il importe de retenir, ce sont les expériences de M. Hildenbrandt. Cherchant la cause de cette diminution du sucre, il est arrivé à cette conclusion : *que le Jambul diminue la formation du sucre aux dépens des substances amylacées dans l'appareil digestif et du glycogène dans les tissus.* On suppose que le jambul renfermerait un principe actif fort peustable dont l'action antifermentescible doit arrêter la formation du sucre dans l'économie.

CONCLUSIONS

Tous les produits ci-dessus indiqués : opium, arsenic, bromures, antipyrine, nitrate d'urane, jambul, etc., agissent comme antidiabétiques en paralysant le système nerveux, et en faisant obstacle à la saccharification des fécules.

Ces produits sont, pour la plupart, très vénéneux et ils n'arrivent à agir comme antidiabétiques qu'à dose toxique.

La disparition du sucre est rarement complète et il réapparaît dès qu'on cesse le traitement. Ce ne sont donc en réalité que des palliatifs.

Cette action palliative temporaire n'est obtenue qu'en altérant plus profondément la constitution et en compromettant l'avenir des malades.

Théorie du Diabète du Dr A. Robin. — Sa méthode de traitement.

Le Dr Robin considère le diabète comme une maladie due à l'exagération des actes chimiques de la nutrition générale, avec suractivité spéciale par une excitation nerveuse continue, directe ou réflexe.

Partant de ces prémisses il conclut : « que le traitement antidiabétique doit avoir pour effet de retarder les mutations générales par l'intermédiaire d'une action primitive sur le système nerveux, à la condition qu'il n'exerce pas sur la fonction de ce système une action suspensive trop énergique.

« On écartera *a priori* tous les moyens d'accélérer la nutrition ;

« On soustraira à l'organisme par un régime approprié les matériaux avec lesquels celui-ci peut fabriquer le plus facilement du sucre, ce qui aura aussi l'avantage de priver la cellule hépatique de son excitant fonctionnel. »

Ces trois formules résument les indications majeures de la thérapeutique antidiabétique formulée par l'auteur.

Après les détails chimico-biologiques dans lesquels nous sommes entré pour expliquer le diabète, on comprendra que nous ne puissions pas admettre cette théorie, qui est en contradiction complète avec les faits physiologiques observés. Nous croyons cependant utile d'en faire la démonstration spéciale, en raison de la faveur avec laquelle cette méthode de traitement a été acceptée.

Les farineux sont nécessaires à notre alimentation ; ce sont des éléments thermogènes. Mais ils ne peuvent servir qu'à la condition d'être rendus solubles, afin de pouvoir circuler dans l'organisme. Or, cette solubilisation s'obtient par la fixation d'une molécule d'eau, d'abord, puis d'une deuxième ; le premier produit est le maltose, sucre inutilisable, s'il n'est transformé dans le second qui est le glucose. Cette transformation est effectuée par les diastases salivaire et pancréatique. Le système nerveux ne peut intervenir dans ces transformations chimiques qu'en augmentant, diminuant ou supprimant la sécrétion de ces diastases ; il ne peut changer le sens des transformations qui est la production du glucose. L'amidon sera saccharifié plus ou moins complètement (maltose ou glucose), en totalité, en partie, ou pas du tout ; la partie des fécules restées insolubles sera éliminée avec les déchets solides de l'alimentation. Dans cette opération de la saccharification, l'exagération nerveuse est inutile, elle est assurée par le fonctionnement normal de

l'organisme, excepté dans les cas d'alimentation fécu-
lente exagérée.

La production du glucose est abondante deux fois
par jour, pendant la digestion qui suit chacun des deux
principaux repas. A ce moment, le foie intervient. Sa
fonction consiste à retirer de la circulation une grande
partie du glucose formé, à l'emmagasiner sous forme
de glycogène, pour le restituer ensuite à l'organisme à
mesure des besoins. Le système nerveux ne peut intervenir que pour ralentir ou supprimer la fonction
glycogénique du foie, en d'autres termes, la paralyser ;
ce qui serait une aggravation de la glycosurie.

La théorie du Dr Robin ne résiste donc pas à l'analyse physiologique.

Quant au traitement qu'il appelle alternant, parce
qu'il emploie successivement plusieurs agents thérapeutiques différents, il diminue la polyurie, et le taux
de la glycosurie. Il faut savoir comment et à quel prix.

Dans la première étape du traitement, l'antipyrine
est le médicament essentiel ; la dose moyenne est de
2 grammes par jour, 3 au plus, pendant 5 jours.

Le deuxième mode du traitement consiste dans l'emploi simultané du sulfate de quinine, de l'arsenic, de
la codéine, pendant 15 jours.

La troisième phase dure 10 jours ; elle comprend l'o-
pium, la belladone, le bromure de potassium, la valériane.

En résumé, toute cette salade russe de médicaments,
déjà expérimentés depuis longtemps et dont nous avons
précédemment exposé les propriétés, produisent tous
les mêmes effets. Ils paralysent le système nerveux ;
ils empêchent la sécrétion des diastases digestives et,
comme conséquence, la saccharification des fécules. Ils
diminuent les échanges nutritifs dans les éléments
anatomiques et, comme conséquence, affaiblissent l'é-
nergie vitale et, considérablement aussi, la vigueur physique des malades.

Ce traitement produit l'inanition chez les malades,
en diminuant considérablement aussi la peptonisation
des aliments azotés. En un mot, on donne l'illusion de

la guérison momentanée, en compromettant gravement l'avenir des malades.

Médication alcaline. — Le plus grand nombre des diabétiques sont recrutés parmi les goutteux et les rhumatisants à occupations sédentaires. Nous savons que, chez eux, l'acide urique qu'ils produisent en excès et éliminent difficilement, altère la nutrition des éléments anatomiques. Les alcalins, bicarbonates, eaux alcalines de Vals, de Vichy, etc., qui facilitent l'élimination de l'acide urique, ont donc pour effet de désintoxiquer, momentanément, les cellules, de relever leur nutrition, d'augmenter les oxydations, celles du glucose par conséquent. Par leur usage, la sécheresse de la bouche, la soif, les envies fréquentes d'uriner disparaissent. La médication alcaline rend donc de réels services à cette classe de diabétiques ; mais elle ne peut pas les guérir complètement, parce qu'elle ne peut pas empêcher la surproduction d'acide urique ; de plus, elle ne peut pas être suivie indéfiniment, parce qu'elle arriverait à débiliter considérablement les malades et à les anémier.

Traitement curatif de toutes les formes de Diabète par l'emploi simultané du Phosphovinate d'or et des pilules iodo-phosphatées du Dr Foy.

En faisant appel à la chimie pour expliquer la saccharification des fécules dans notre organisme et à la physiologie pour établir les fonctions du glucose et sa combustion, il nous a été facile de retrouver, malgré la multiplicité des genres et des formes de diabètes, leur unité étiologique par les deux causes fondamentales, toujours identiques, qui leur donnent naissance, à savoir : l'altération de la constitution et, simultanément, l'altération vitale et nutritive, également, du système nerveux. La solidarité intime qui existe entre les tissus et le système nerveux directeur et régulateur fonctionnel explique bien cette dualité causale simultanéé.

Nous pouvons prévoir immédiatement que le traitement curatif des diabètes doit viser la cause nerveuse spéciale et simultanément la régénération de la constitution.

Par l'usage du *phosphovinate d'or*, nous faisons disparaître l'altération vitale du système nerveux. On commence par 5 gouttes, deux fois par jour, dans un peu d'eau, quelques minutes avant chacun des principaux repas. Chaque semaine, on augmente de deux fois 5 gouttes par jour jusqu'à concurrence de 80 gouttes par jour. Quand les malades sont très affaiblis, on peut n'augmenter que de 4 ou 6 gouttes par jour en deux fois, chaque semaine. Aussitôt après les gouttes d'or, on prend une cuillerée à potage ou un petit verre à cognac de vin de Quinetum phosphaté au Madère.

2º Nous agissons sur la nutrition générale de tous les départements organiques, d'où dérive l'altération de la constitution, au moyen des *pilules du Dr Foy*. La 1re semaine, on fait prendre deux pilules iodées par jour, une en même temps que le verre de *quinetum*. Chaque semaine on augmente de 2 pilules jusqu'à concurrence de 12 par jour.

Ce traitement doit être suivi sans interruption, pendant une année au moins.

OBSERVATION

Notre méthode de traitement est progressive, afin d'éviter une stimulation trop vive qui pourrait fatiguer les malades. Le premier mois, cette stimulation générale dans tous les départements organiques et l'augmentation de toutes les sécrétions paraît augmenter la glycosurie urinaire, parce que l'organisme élimine tous ses déchets. C'est à partir du 2e mois que l'amélioration devient sensible ; elle s'opère lentement et progressivement elle correspond toujours à la régénération parallèle de la constitution altérée et à la reconstitution vitale du système nerveux.

Si par la lenteur de ses effets elle séduit moins les malades ; si elle ne leur donne pas l'illusion d'une guérison rapide ; non seulement elle ne compromet pas leur avenir, mais elle retarde toujours les complications de la maladie, même chez ceux qui n'ont pas eu la persévérance de se soigner jusqu'à la guérison.

CHAPITRE XLII.

Tuberculoses.

PHTISIE PULMONAIRE, LARYNGÉE, ETC.

Il n'y a pas bien longtemps encore, la tuberculose était considérée comme une *maladie de misère physiologique*. Lorsque vers 1865, le professeur Villemin démontra l'inoculabilité de la tuberculose, c'est-à-dire qu'en introduisant un tubercule cru sous la peau d'un animal il rendait cet animal tuberculeux, cette découverte, qui renversait toutes les idées admises alors, fut tellement mal reçue par le corps médical, qu'un certain nombre de ses collègues de l'Académie de médecine se laissèrent aller à des intempérances de langage indignes d'eux et de la corporation à laquelle ils appartenaient. Villemin avait préparé le terrain. La découverte des microbes par Pasteur et celle de leur rôle dans les maladies infectieuses, donnait une direction aux chercheurs ; le Dr Koch découvrit bientôt le bacille spécifique de la phtisie.

La tuberculose est une maladie infectieuse dont nous connaissons le bacille. Elle est contagieuse, mais dans des conditions spéciales. Les modes de contagion de la phtisie sont multiples ; mais les plus fréquents, de beaucoup, sont : l'inhalation et l'ingestion.

La localisation primitive, si fréquente chez l'homme, de la tuberculose sur l'appareil pulmonaire, indique que les poumons constituent la porte d'entrée la plus commune de l'agent tuberculeux.

Le rôle des crachats des phtisiques dans la propagation de la tuberculose, déjà nettement indiqué par Villemin a été depuis démontré expérimentalement par nombre d'auteurs. On sait, entre autres, combien est grande la dissémination des germes tuberculeux dans les locaux habités par les phtisiques. Le D' Straus a fait faire un pas de plus à la question, et dans une série d'expériences qui ont eu un légitime retentissement, il a montré que le bacille virulent de la tuberculose existe à l'intérieur des fosses nasales des individus sains fré-quentant les locaux habités par des phtisiques.

L'infection tuberculeuse peut s'effectuer également par la voie digestive. La viande, le lait, provenant d'a-nimaux malades constituent, à titre fort inégal, un danger possible d'infection tuberculeuse.

Malgré l'extrême facilité avec laquelle peut se faire l'infection tuberculeuse par la dissémination des pous-sières des crachats renfermant les spores microbiens, malgré la contamination à peu près constante de toutes les personnes vivant auprès des tuberculeux, on ob-serve qu'un nombre relativement restreint, seulement, subit véritablement l'infection. C'est qu'il est néces-saire, pour que celle-ci s'effectue, que l'organisme y ait été préparé par une prédisposition soit native (hérédité), soit acquise. Cette prédisposition consiste en un épui-sement de l'organisme, un affaiblissement résultant de troubles nutritifs généraux, c'est-à-dire d'une nutrition histologique altérée intense.

Nous avons traité spécialement ce sujet (page 137). Cet état d'affaiblissement, de dénutrition générale se traduit extérieurement par une décoloration des tissus donnant le facies de l'anémie. Si les malades sont jeu-nes, il est certain qu'une anémie vraie, ou plutôt encore une chlorose, telle que nous l'avons définie (page 211) précède le plus souvent l'infection et lui ouvre la porte. Si la personne a dépassé la trentaine on se trouve très souvent en face d'une fausse anémie.

On dit dans les ouvrages: que souvent la syphilis se termine par la phtisie ; que la diathèse cancéreuse y conduit souvent aussi ; les détails dans lesquels nous sommes entrés au chapitre de la nutrition altérée en donnent la raison.

On a discuté longuement le point de savoir si la dénutrition histologique précède l'infection ou est consécutive. Il nous semble que le doute n'est pas possible dans l'immense majorité des cas, puisqu'il faut que le sujet soit affaibli, déprimé antérieurement pour qu'il devienne infectable. Mais il peut se faire aussi que cet état ne se traduise pas extérieurement d'une manière très apparente.

Les tuberculoses qui se produisent à la suite des pleurésies, des pneumonies ; les tuberculoses intestinales au cours des diarrhées chroniques. sont à peu près les seules exceptions à la règle générale de l'opportunité morbide.

Il est un second point, non moins bien établi que le premier, à savoir que, dans toute infection microbienne, les produits toxiques créés par les microbes et ceux qu'ils contribuent à faire produire par les éléments anatomiques des tissus, viennent aggraver la dénutrition histologique générale; que ce sont eux qui amènent la mort par une véritable intoxication progressive.

La question de l'hérédité est encore loin d'être résolue. Y a-t-il transmission directe du bacille tuberculeux ; ou bien y a-t-il seulement transmission héréditaire de la prédisposition ? Si nous admettons que le bacille est transmis directement par hérédité, l'observation nous conduit à admettre que le microbe ayant fait élection de domicile dans un endroit quelconque de l'organisme doit y séjourner à l'état de vie latente jusqu'à ce que l'organisme ait subi des. altérations nutritives qui l'affaiblissent au point de ne plus pouvoir faire obstacle à l'évolution microbienne. Dans l'un comme dans l'autre cas, nous retrouvons donc toujours la cause primitive, c'est-à-dire l'affaiblissement antérieur de l'organisme créant la prédisposition à l'infection ou à l'évolution.

Nous avons signalé deux voies de pénétration du bacille tuberculeux, ou de ses germes : l'une, l'appareil respiratoire est infecté par les spores à l'état de poussières provenant des crachats desséchés des tuberculeux, c'est l'origine des phtisies laryngées et pulmonaires ; l'autre, l'appareil digestif, dont l'infection est produite par le lait ou la chair d'animaux tuberculeux. Les phtisies primitives dues à cette cause sont beaucoup plus rares que les précédentes ; ce sont les phtisies intestinales, hépatiques, rénales, ganglionnaires. Ces mêmes phtisies d'origine secondaire consécutives aux phtisies pulmonaires et laryngées sont plus fréquentes. Les crachats des phtisiques pulmonaires et laryngés contenant des bacilles de Koch à l'état libre, ceux-ci se mêlent aux aliments et pénètrent dans le tube intestinal qu'ils infectent. Les phtisies, primitivement localisées, arrivent donc à se généraliser progressivement. De sorte que, quand le médecin constate la phtisie pulmonaire, même à ses débuts, il ne peut pas affirmer qu'elle soit localisée exclusivement à cet organe.

Il nous reste à examiner un point de grande importance pour la thérapeutique antituberculeuse. Tous les bacilles tuberculeux sont-ils libres dans l'organisme ? En existe-t-il qui puissent être cantonnés dans des îlots qu'ils peuvent rendre imperméables à l'action des médicaments ? L'état de la science ne nous permet pas de donner une réponse définitive et absolue à cette question. Nous savons que l'on trouve des bacilles libres dans les crachats des tuberculeux à différentes périodes de la maladie ; qu'ils sont fréquemment absents dans la dernière période. Nous savons aussi, qu'ils disparaissent facilement des crachats sous l'influence de diverses méthodes de traitements. Pouvons-nous conclure que la disparition des bacilles dans les crachats est un signe de guérison ? Cette affirmation a été portée au début de la découverte du bacille spécifique; malheureusement, les résultats cliniques observés consécutivement en ont établi l'inexactitude absolue. D'autre part, si nous considérons que la tuberculose est une maladie à rechutes et en tenant compte de nos connaissances bactériologiques en général, nous sommes autorisé à admettre que, dans la lutte de l'organisme contre le microbe, celui-ci doit, lorsqu'il y est contraint, se cantonner dans des îlots qu'il rend imperméables, s'y transformer en spores quand il ne peut plus s'alimenter, et attendre, aussi longtemps qu'il sera nécessaire, un état favorable de l'organisme, qui lui permette d'évoluer à nouveau.

CONCLUSIONS

Nous résumerons, dans les conclusions suivantes, tous les faits dont il faut tenir compte si l'on veut arriver à la guérison réelle et définitive de la phtisie.

1º La Phtisie est une maladie infectieuse.

2º Elle est contagieuse, surtout, chez les sujets dont la constitution est non seulement affaiblie, mais fortement altérée, ou quand un organe est le siège d'un état inflammatoire (pleurésies, pneumonies, entérites, etc.).

3º Si nous pouvons considérer la phtisie comme étant localisée à son début, il est certain qu'au cours de son évolution elle tend à se généraliser.

4º Si, à diverses périodes de la maladie, on trouve le plus souvent des bacilles dans les crachats, la règle n'est pas générale ; on n'en trouve plus que rarement dans la dernière période. La disparition des bacilles ne peut donc pas être invoquée comme preuve de guérison ; de même que leur absence dans les états suspects ne peut autoriser à nier l'infection.

5º S'il existe des bacilles à l'état de liberté, nous avons de fortes présomptions pour croire qu'il en existe aussi de cantonnés dans des ilots imperméables. Dans ces foyers ils peuvent attendre des années, peut-être, que des conditions favorables à leur évolution se produisent dans l'organisme.

6º La tuberculose est une maladie à récidives ; d'où il suit qu'un malade amélioré ne signifie pas un malade guéri.

7º Les bacilles tuberculeux sécrètent des toxines qui se diffusent dans l'organisme, l'empoisonnent, augmentent et activent la dégénérescence des éléments anatomiques des tissus et finalement amènent la mort. En effet, il est admis et démontré aujourd'hui que, dans toutes les maladies infectieuses amenant la mort, celle-ci survient, surtout, par l'action vénéneuse des toxines sécrétées, les unes par les microbes, les autres par les éléments anatomiques des tissus dont la nutrition est altérée. D'où la conclusion : *Les microbes ne tuent pas, ils empoisonnent.*

INFECTION SECONDAIRE DANS LA TUBERCULOSE PULMONAIRE.

La maladie appelle la maladie. Ce qui signifie que le bacille tuberculeux spécifique en s'implantant dans le poumon ne fait pas obstacle à l'évolution d'autres espèces microbiennes. Peut-être même les favorise-t-il. En fait, depuis longtemps, on a reconnu dans les crachats des tuberculeux la présence des cocci. Mais il a fallu que ces microbes fussent retrouvés dans le sang et les organes des phtisiques pour qu'on leur attribuât une véritable importance. Quelle est-elle ?

Dans la première période de l'infection tuberculeuse la fièvre fait souvent défaut ; elle est presque constante dans le second stade ; enfin, à la troisième période, la fièvre hectique est à peu près permanente. Puisque la fièvre ne coïncide pas d'une manière constante et absolue avec l'infection par le bacille de Koch, on est bien obligé de l'attribuer aux cocci que l'on rencontre toujours dans ces cas. La fièvre hectique de la troisième période résulte de l'invasion des pyocoques. Dans le poumon s'observe une symbiose de diverses bactéries dont la présence explique la fièvre. Mais, est-ce à l'une, est-ce à l'autre, est-ce à leur combinaison que sont dus les accidents ? Est-ce à la tuberculine, est-ce aux produits de sécrétion des pyocoques, est-ce aux corps chimiques nés de leur association que sont dus les phénomènes qui caractérisent la période ultime de la phtisie ?

On connaît quelques-uns des résultats de ces symbioses bactériennes. On sait qu'un microbe peut préparer le terrain à d'autres (bact. de la pneumonie, du typhus, de la suppuration (Gravitz et de Bary) prodigiosus (Royer), etc.). Le bacille diphtéritique entraîne beaucoup plus rapidement la mort des animaux en expérience lorsqu'on lui adjoint le pyocyaneus (Klein) et, du reste, les recherches de Nenki établissent que, par leur association, deux bacilles peuvent sécréter un produit nouveau, différent de ceux qu'ils fabriquent lorsqu'ils évoluent isolément ; et ce phénomène est probablement très fréquent dans les infections mixtes.

Or les crachats et les cavernes des tuberculeux contiennent un grand nombre d'espèces de bacilles (Cornet, Royer, Marfan) : aussi ces auteurs admettent-ils l'origine septicémique de la fièvre hectique.

Ce n'est pas dans les cavernes seulement, mais aussi dans le sang et les organes des phtisiques que les pyocoques ont été retrouvés (Huguenin). Leur rôle ne paraît pas bien déterminé ; mais il est certainement distinct de celui des bacilles. Dans le poumon, par contre, on sait qu'ils produisent ces noyaux de bronchopneumonie non tuberculeuse qui expliquent les cas d'induration se résorbant rapidement ; mais lorsque le bacille envahit ce noyau, loin de se résorber, il se caséifie.

Les cocci pénètrent dans la circulation plus facilement que les bacilles. On conçoit dès lors le rôle des pyocoques dans les dernières périodes de la phtisie : d'abord, infection temporaire, accès fébriles (deuxième période), puis fièvre continue, soit que l'infection soit fébrigène, soit que les produits fibrigènes, secrétés par les pyocoques, pénètrent d'une façon constante dans la circulation. Ceci explique la gravité, chez un tuberculeux, d'une bronchite à streptocoque, qui peut être la raison de l'établissement définitif de la fièvre hectique.

Nous trouvons l'influence aggravante des bacilles pyogènes dans la phtisie, comme elle est démontrée pour la diphtérie.

Un autre ordre de phénomènes qui complique l'état général des phtisiques, ce sont les troubles digestifs gastro-intestinaux qui existent constamment. Il est certain que, chez les tuberculeux, les digestions stomacales et intestinales s'accomplissent irrégulièrement. Dans les cas où l'infection tuberculeuse se produit par les aliments, l'altération digestive primitive ne fait pas doute ; quand elle a une autre origine, il ne s'en suit pas que les troubles digestifs n'existent pas.

Bien qu'il soit difficile d'en faire la démonstration rigoureuse, il est très probable que l'amaigrissement, qui est un des premiers symptômes du travail latent des infections tuberculeuses, est la conséquence d'une digestion imparfaite des produits alimentaires. Ceux-ci n'étant pas rendus assimilables, ne peuvent être utilisés pour la réparation vitale des éléments anatomiques. L'amaigrissement ne peut pas s'expliquer d'autre manière.

Conditions auxquelles doit répondre le traitement de la phtisie pour être vraiment curatif.

Si le vieil aphorisme *sublatâ causâ tollitur effectus* est toujours vrai, son application à la médecine présente souvent de nombreuses difficultés. Dans toutes les maladies, et surtout dans celles à marche lente, plusieurs genres de causes concourent à les produire ; d'autres influent sur leur évolution. Ainsi, il y a des causes primaires, des causes secondaires, des effets qui avec le temps deviennent causes aggravantes ; puis, causes et effets s'enchevêtrent et se combinent si intimement qu'il n'est pas toujours facile de les distinguer tous, de les mettre en évidence et d'en établir l'importance.

Nous allons essayer d'indiquer toutes les conditions que doit remplir le traitement de la phtisie pour être vraiment curatif.

1º Les agents thérapeutiques doivent être antiseptiques et antimicrobiens puissants :

2º Ils doivent être d'une très grande innocuité, afin de pouvoir être employés à dose suffisamment élevée pour obtenir la somme nécessaire des effets thérapeutiques.

3° Ils doivent être très diffusibles, afin de pouvoir aller combattre les bacilles dans tout l'organisme, en quelque endroit qu'ils soient cantonnés.

4° Ils doivent neutraliser tous les genres de toxines, c'est-à-dire être antitoxiques; faciliter leur élimination et faire obstacle à la création de nouvelles toxines.

5° Simultanément, ils doivent favoriser la régénération constitutionnelle dont l'altération a été cause de la première infection; la persistance de cet état laissant la porte ouverte à des infections ultérieures.

6° Nous dirons encore qu'il faut ajouter des phosphates physiologiques, ayant démontré au chapitre de la nutrition altérée, que les éléments anatomiques perdent une quantité notable de leurs principes phosphatés architecturaux et de stimulation, qu'une alimentation même abondante et recherchée ne peut leur fournir en suffisante quantité.

Nous verrons plus loin que le seul agent thérapeutique qui réponde à ces indications multiples, c'est l'*Iode métalloïde* sous les formes que nous indiquerons.

Diagnostic précoce de la tuberculose.

Dans une des dernières leçons cliniques qui ont précédé la fin de sa carrière, le professeur Peter disait ceci : *c'est dans le diagnostic et le traitement précoces que résident surtout les succès curatifs des affections tuberculeuses.* Plus tard, le professeur Grancher émettait la même opinion.

Aujourd'hui, la plupart des cliniciens disent que le diagnostic de la période latente de la tuberculose est une des plus grandes difficultés de la pratique médicale. L'étude des modifications de l'état général et des phénomènes physiologiques locaux ne fournissent, disent-ils, que des hypothèses sur l'envahissement tuberculeux, alors que des preuves seraient indispensables pour prescrire, en connaissance de cause, un traitement rationnel et vraiment utile.

En face des méthodes de traitement antituberculeux,

les plus généralement employées, aujourd'hui encore, nous comprenons ce desideratum ; en réalité, ce n'est pas nécessaire avec la méthode que nous préconisons. En effet, les symptômes les plus importants qui font suspecter la tuberculose latente sont : une fausse anémie résistant à la médication ferrugineuse, accompagnée d'un amaigrissement plus ou moins marqué. Les malades n'ont pas le teint pâle des anémiques ordinaires ; ils ont un facies jaunâtre comparable à de la cire vierge vieillie. On peut aussi se trouver en face d'une simple chlorose.

D'après nos études précédemment exposées, la chlorose, les fausses anémies, la tuberculose elle-même appartiennent à la classe des maladies par nutrition altérée. La médication doit donc être la même dans tous les cas, consistant dans l'emploi simultané et à dose progressive des deux préparations iodo-phosphatées du Dr Foy (vin et pilules) dont les doses seules varient selon l'âge des malades. Si nous craignons de nous trouver en face d'une tuberculose latente, nous élèverons un peu plus les doses d'iode ; et comme la médication est absolument inoffensive nous n'avons rien à craindre.

Dans nos études expérimentales de la médication iodo-phosphatée, avec le Dr Cadier, quand nous nous sommes trouvés en face de cas suspects, nous avons toujours institué le traitement iodé progressif. Dans tous les cas, les améliorations rapides obtenues, la disparition de tous les indices suspects, le retour rapide des malades à la santé ont toujours pleinement justifié notre manière d'agir. Nous ne pouvons que la recommander dans tous les cas semblables.

Tuberculine. La tuberculine de Koch n'ayant donné que des résultats désastreux comme méthode curative de traitement des tuberculoses, on l'a employée comme moyen de diagnostic précoce de cette affection. Sous le nom de *malléine* elle a été largement expérimentée sur les bovidés.

Dans les essais de traitement par la tuberculine, l'un des phénomènes caractéristiques, consécutifs à l'injection, était la réaction fébrile, ne survenant guère que sur un terrain tuberculeux. C'est sur cette réaction qu'est basé l'emploi de la tuberculine comme moyen de diagnostic de la tuberculose latente.

Chez les bovidés, l'expérimentation a été pratiquée sur un très grand nombre de sujets ; l'autopsie a démontré l'exactitude de la réaction fébrile dans le plus grand nombre des cas ; mais nous devons ajouter que, dans un certain nombre de cas, aussi, la réaction fébrile s'est produite sur des animaux absolument sains.

MM. Grasset et Vedel affirment qu'en employant des doses extrêmement faibles de tuberculine, il n'y a aucun danger ni prochain, ni éloigné, pour l'organisme humain. Nous dirons, en nous appuyant sur les études expérimentales extrêmement nombreuses de ces dernières années, que nous ne pouvons pas partager la confiance de ces auteurs. Elles nous ont prouvé que, les éléments anatomiques de tous nos tissus sont extrêmement sensibles à l'action de toutes les matières étrangères que l'on introduit dans leurs milieux normaux, même l'eau distillée.

Iodure de potassium. — Le Dr Sticker, de Giessen, utilisant les effets bien connus de l'iodure de potassium, provoqua, à l'aide de doses faibles de ce médicament, chez des individus suspects de tuberculose, un léger catarrhe localisé au niveau des parties atteintes. Dans l'expectoration il trouvait le bacille de Koch.

Ces résultats ont été confirmés par le Dr Petlesen, de Christiania, et par d'autres expérimentateurs ; ce procédé a tout au moins le mérite d'être absolument inoffensif.

Radioscopie. — La radioscopie a été dans ces derniers temps appliquée au diagnostic précoce des tuberculoses latentes. Elle a besoin de nombreux perfectionnements avant de donner des résultats indiscutables.

Nous avons analysé les diverses méthodes propres à faciliter le diagnostic précoce de la tuberculose ; nous avons fait ressortir qu'avec la méthode de traitement iodophosphaté la certitude n'était pas nécessaire, que la présomption suffisait.

Enfin, si l'on veut bien envisager que dans tous les chapitres qui précèdent, en parlant des maladies qui frappent l'homme à tous les âges, nous nous sommes toujours fortement préoccupé des constitutions qu'ils apportent en naissant ou qu'ils acquièrent, on peut se convaincre alors, qu'en réalité, par les traitements conseillés,nous avons toujours fait de la prophylaxie anti-tuberculeuse.

Examen des principales méthodes de traitement de la phtisie.

Dans diverses communications que nous avons faites aux Sociétés savantes on nous a reproché de raisonner beaucoup trop les questions de thérapeutique ; on nous a imputé en défaut ce que nous considérons comme une qualité. En examinant les diverses méthodes que l'on a préconisées contre le traitement de la tuberculose, ce prétendu défaut va nous permettre d'indiquer les causes de leurs insuccès. Comme elles sont trop nombreuses pour que nous les examinions toutes, séparément, nous en grouperons un certain nombre par catégories.

Huile de foie de morue. — Tant que la phtisie a été considérée uniquement comme une maladie de misère physiologique, l'huile de foie de morue a été, pour ainsi dire, le spécifique pour combattre l'état consomptif chez les tuberculeux. Nous avons étudié précédemment ses propriétés et sa composition d'après les derniers travaux scientifiques (page 266). Nous ne contesterons pas qu'elle n'ait rendu de précieux services pour retarder la dénutrition histologique et qu'elle n'en puisse rendre encore ; mais à cela seulement se borne son rôle. Elle n'est pas antiseptique, ni antimicrobienne, elle est sans action sur les toxines ; elle ne peut donc avoir aucun effet curatif sur la phtisie. Elle peut être un adjuvant utile du traitement antituberculeux, mais elle ne peut pas le constituer exclusivement.

Créosote, Gaïacol, Carbonate de gaïacol, etc. — Depuis que MM. Bouchard et Gimbert ont introduit la créosote dans le traitement de la phtisie, celle-ci a été soumise à une expérimentation exceptionnellement vaste sur des milliers de malades et par de nombreux auteurs. Les opinions sur ses propriétés microbicides sont très partagées ; ce qui n'empêche pas que, à l'heure présente, la créosote est, peut-être encore, la médication antituberculeuse la plus largement employée.

La créosote est un antiseptique et antimicrobien très faible. Elle empêche la putréfaction de la viande et des liquides, quand le mélange est intime ; elle est sans action sur les liquides toxiques. En topique, c'est un modificateur admirable des ulcérations tuberculeuses laryngées.

Elle exerce sur l'estomac une action fortement irritante, qui fait que, chez le plus grand nombre des malades, elle ne peut être employée que pendant un temps trop court et, dans tous les cas, à dose tout à fait insuffisante.

L'élimination de la créosote se fait partiellement par les poumons, à l'état naturel probablement, que l'on reconnaît à l'odeur de l'expiration ; c'est pourquoi elle diminue la toux et facilite l'expectoration. Une autre partie passe par les urines à l'état de combinaison encore peu connue. Au début de la phtisie, il est certain qu'elle produit une amélioration bien manifeste ; les malades récupèrent une plus ou moins grande partie du poids perdu. Elle a pu produire des guérisons réelles ; mais ont-elles été durables ? aucune rechute n'est-elle survenue. Nous n'avons sur ces derniers points aucun document qui nous permette de nous prononcer avec une certitude absolue.

Ayant dit, précédemment, que la créosote est un antimicrobien faible, si nous posons là question, à savoir : la créosote détruit-elle le bacille tuberculeux ? MM. Al-

bu et Weyl répondent (*Journal d'hygiène et des maladies infectieuses allem.*) : Nous avons soumis à des exa-
mens bactérioscopiques des crachats de tuberculeux
qui avaient été traités pendant longtemps par la créosote. Chez quelques-uns de ces malades le traitement
durait de 3 à 7 mois, lorsque l'examen a eu lieu ; les
quantités totales de créosote absorbée variaient de 205
à 480 grammes. Non seulement on a pu constater la
présence des bacilles tuberculeux dans ces crachats,
mais encore les inoculations faites avec ceux-ci à des
lapins et à des cobayes ont fait éclore des tuberculoses expérimentales. Preuve que les *bacilles de la tuberculose contenus dans ces crachats avaient conservé leur
virulence.*

Quelle que soit la voie par laquelle on l'administre,
la tolérance de la créosote varie dans des proportions
incroyables. Tandis que certains malades supporteront
très bien plusieurs grammes de créosote par jour par
la voie stomacale et pendant assez longtemps ; il en est
d'autres chez lesquels l'intolérance se manifestera avec
des doses très faibles et au bout de très peu de jours.
Les mêmes phénomènes se produisent quand la créosote est administrée par la voie rectale (en lavement)
ou par la voie sous-cutanée (en injections hypodermiques). Ainsi, le Dr Burlureaux, qui a étudié ces deux
modes spéciaux d'introduction de la créosote, a vu se
produire des accidents toxiques avec deux centigrammes introduits sous la peau, tandis qu'il a pu, sans le
moindre phénomène appréciable, injecter en une seule
journée 27 gr. de créosote pure représentés par 410 gr.
d'huile au 1/15e. De même, par la voie rectale il a obtenu
des accidents d'intolérance avec 10 gouttes de créosote
dans un lavement, tandis que, dans d'autres cas, il a pu
en donner 10, 20 et même 22 gr. en lavement sans provoquer ni révolte de l'intestin, ni le moindre phénomène d'intoxication.

Il résulte des faits qui précèdent, qu'il faut toujours
commencer par des doses minimes ; n'augmenter qu'a-
vec circonspection pour connaître la dose que le malade tolérera. Les signes qui indiquent l'intolérance

sont les urines noires, les sueurs profuses, l'hypothermie. L'emploi de la créosote en injection hypodermique a donné lieu à quelques accidents, non suivis de mort heureusement, mais un en particulier a affecté une forme méningitique (pseudo-méningite).

La créosote envisagée comme agent antituberculeux a été, à la Société médicale des hôpitaux (en 1896), l'objet d'une discussion approfondie dans laquelle nombre d'expérimentateurs ont apporté les résultats de leurs observations. On peut les condenser dans les propositions suivantes.

La créosote est sans action aussi bien sur le bacille spécifique de Koch que sur les streptocoques agents infectieux secondaires. C'est pour cette raison qu'elle est sans action sur la fièvre hectique des tuberculeux.

Le Dr Burlureaux ne croit pas à l'action antiseptique de la créosote sur le milieu sanguin, et il en donne pour preuve l'apparition d'angines, de choléra, d'érysipèles, de rougeole, grippe, etc., chez des sujets prenant de la créosote depuis longtemps, dont les tissus devaient être saturés.

Toute l'action antiseptique de la créosote paraît se concentrer sur les digestions gastro-intestinales qu'elle régulariserait dans une certaine mesure. C'est par elle que s'expliquerait l'amélioration temporaire qu'éprouvent les malades au début de son emploi.

En soumettant la créosote à des purifications systématiques, dans le but de concentrer ses propriétés et d'atténuer ses défauts, on en a isolé le principe actif, le *gaïacol*, qui est moins irritant que la créosote, mais qui l'est cependant assez pour que son emploi soit soumis aux mêmes précautions que celui de la créosote.

Les injections hypodermiques d'huile gaïacolée se comportent exactement comme celles d'huile créosotée.

Le *carbonate de gaïacol* est une poudre cristalline inodore, insoluble dans l'eau. Il passe indifférent dans l'estomac. Dans l'intestin il se décompose en gaïacol et en acide carbonique. Il agit comme antiseptique intestinal à la façon de la créosote, rien de plus.

La conclusion qui se dégage des travaux analysés ci-dessus est que : *La créosote ne jouit d'aucune propriéte antituberculeuse réelle.*

Inhalations. — Un grand nombre de substances ont été employées en inhalations gazeuses pulmonaires. On a expérimenté les acides carbonique, fluorhydrique, sulfhydrique, sulfureux, etc., dont les résultats ont été absolument nuls.

On a essayé dans ces derniers temps les inhalations de formol (aldéhyde formique) dont les vapeurs entraînées par un courant d'acide carbonique pénétraient dans les poumons à la faveur de ce gaz. Nous ne connaissons qu'une communication sur l'emploi de cet antiseptique chez les phtisiques. Elle repose sur des expériences de trop courte durée pour qu'il soit possible de se prononcer. Quoique les vapeurs de formol soient irritantes, mais en raison de leur énergie antiseptique, il y aurait peut-être lieu de les soumettre à des expériences multipliées et de longue durée. Mais il faut qu'il soit bien entendu que leur action ne peut être que locale ; qu'elle portera de préférence sur les streptocoques pyogènes qui sont tous à l'état de liberté dans les poumons et seulement sur les bacilles spécifiques libres.

Nous avons de notre côté expérimenté, avec des succès encourageants, les inhalations de vapeurs iodées térébenthinées comme antiseptique local complémentaire de la médication iodo-phosphatée générale interne que nous préconisons. Nous en parlerons plus loin.

Traitements bactériothérapiques. — La chute mémorable de la tuberculine de Koch n'a pas fait abandonner complètement la recherche de traitements bactériothérapiques de la tuberculose.

Dans ces derniers temps, on a lancé une nouvelle tuberculine, plus perfectionnée que la première, dit-on. Ses succès sont tout aussi problématiques que ceux de la 1re tuberculine.

M. Cortamini, en Italie, s'appuyant sur un prétendu

antagonisme entre le bacille de Koch et le bactérium termo (agent de la putréfaction), a expérimenté des inoculations de cultures de ce dernier microbe ; non seulement les succès ont été nuls, mais il y a même eu des accidents sérieux.

En France, on a surtout étudié les injections de sérums, ou de sang d'animaux réfractaires à la tuberculose. MM. Héricourt et Richet ont expérimenté le sérum de sang de chien en injections sous-cutanées. MM. Bertin et Picq, de Nantes, au lieu de sérum, ont injecté le sang de chien ; M. Bergheim a transfusé directement le sang de chèvre en y adjoignant un traitement hygiénique sévère, il a obtenu des améliorations. Le Dr suisse Viquéra vante les succès obtenus au moyen du sérum de sang d'âne ; le Dr Debacker introduit des bacilles tuberculeux dans une culture de levure de bière et injecte à ses malades le liquide stérilisé retiré de cette double culture.

Nous n'avons probablement pas énuméré tous les genres de tentatives qui ont été faites ; il en surgira probablement encore de plus ou moins analogues. Peut-on espérer, par un mode quelconque de traitement bactériothérapique, arriver à guérir réellement et définitivement la phtisie ? Nous répondrons catégoriquement non, pour les raisons suivantes :

Admettons, si l'on veut, bien qu'il soit impossible de le prouver, que ces injections tuent le microbe ; mais il reste les streptocoques pyogènes sur lesquels les tuberculines sont sans effet spécifique. En outre, la phtisie n'est pas seulement une maladie infectieuse ; c'est aussi une maladie de dégénérescence et de déchéance organique, d'épuisement et souvent de misère. Le bacille tué, il restera toujours à modifier le terrain détérioré qui lui a permis de s'introduire, de se développer une première fois et qui reste porte ouverte à de nouvelles attaques.

Pouvons-nous admettre que les agents bactério-thérapiques soient en même temps régénérateurs de la nutrition histologique ? Les résultats accumulés des observations jusqu'à ce jour ne permettent pas cette hypothèse. En effet, des recherches récentes ont établi que le sang des animaux et leur sérum sont plus riches en leucomaïnes que le sang de l'homme, lesquelles aggravent la perversion nutritive des éléments anatomiques. D'autre part, les toxines sécrétées par une première poussée bacillaire ont pour résultat, d'après les observations de MM. Straus, Gamaleia, etc., de rendre le terrain plus favorable pour une poussée ultérieure.

La tuberculose étant une maladie à rechutes et à poussées successives, une première infection favorise la seconde. En effet, M. Buhl a démontré que la phtisie aiguë se développe presqu'exclusivement sur les sujets porteurs de quelques anciens foyers caséeux silencieux et sommeillant quelquefois depuis des années.

Nous voyons donc, qu'en nous appuyant sur les causes et les complications connues de la tuberculose, il ne faut pas espérer trouver une méthode de traitement bactériothérapique qui puisse la guérir rapidement.

Hygiène. Sanatorias. — Appliquer aux tuberculeux les règles d'une hygiène sévère constitue toujours un excellent moyen d'augmenter les chances de guérison ; mais ne peut pas constituer une méthode complète de traitement satisfaisant aux causes de la maladie.

Partant des mécomptes qu'a donnés la thérapeutique exclusivement antimicrobienne, des médecins, hygiénistes à outrance, exagèrent la somme des bienfaits que nous pouvons en retirer. Nous ne contesterons pas la nécessité qu'il y a d'améliorer les conditions hygiéniques des classes laborieuses des villes, au milieu desquelles se recrutent le plus grand nombre des candidats à la tuberculose. Mais nous savons qu'il existe aussi de nombreux malades dans les classes élevées de la société actuelle ; que beaucoup d'entre eux vont demander la santé au soleil méditerranéen ; qu'on leur applique toutes les règles de l'hygiène jointes à un grand confortable ; guérissent-ils plus ?

L'hygiène, toute utile qu'elle soit, ne peut donc être que complémentaire d'une médication.

Les Sanatoria, que l'on cherche à multiplier le plus possible aujourd'hui, ont pour but principal d'accumuler autour des malades la plus grande somme de moyens hygiéniques. Les uns sont établis au bord de la mer, où l'on recherche l'action de l'air salin pour activer la nutrition, la redresser, augmenter les oxydations organiques et l'élimination des déchets. D'autres sont établis dans des régions montagneuses à proximité de forêts de pins. Ici c'est l'air ozonisé qui est l'agent thérapeutique recherché ; nous savons, en effet, que l'ozone est un antimicrobien très énergique.

Avec les Sanatoria on fait de l'hygiène et de l'antisepsie pulmonaire. C'est quelque chose ; mais comme on ne répond qu'à une partie des exigences thérapeutiques de la maladie, les résultats ne peuvent être qu'incomplets dans la majorité des cas. Comme conséquence, il y a seulement ralentissement dans l'évolution de la maladie.

On estime les décès par les tuberculoses à 60.000 par an et le nombre des malades en période d'évolution à 200.000. Quel que soit le nombre des Sanatoria que l'on construise, ce sera toujours un moyen extrêmement onéreux qui ne pourra servir qu'à une proportion infime de malades.

Causes d'insuccès des méthodes actuelles de traitement des tuberculoses.

Jusqu'en 1884, année de la découverte du bacille spécifique de la tuberculose par Koch, celle-ci n'est considérée que comme une maladie de *misère physiologique*, une maladie consomptive ; aussi, un certain nombre de maladies fort différentes les unes des autres sont-elles qualifiées de phtisie ; ainsi le tabès est appelé phtisie dorsale. Pour la phtisie proprement dite, indépendamment des narcotiques, des expectorants et de quelques autres médicaments visant spécialement l'état local, les médications générales ont toutes pour but de combattre la consomption ; les unes, directement, comme l'huile de foie de morue ; les autres, indirectement : tels sont les stimulants des fonctions digestives dans le but de conserver, d'exagérer même, s'il est possible, l'appétit. Par ces moyens, on ne guérit pas la phtisie, puisqu'on ne touche pas à la cause ; aussi est-elle déclarée incurable ?

Par la découverte du bacille spécifique, la conception de la maladie devient toute différente ; le but de tous les traitements proposés est d'arriver à détruire le microbe infectieux cause de la maladie. Toutes les médications antimicrobiennes peuvent être groupées en deux catégories : la première comprend les produits pharmaceutiques antimicrobiens proprement dits, parmi lesquels la créosote et son principe actif le gaïacol, sont les plus employés. La seconde comprend les sérums, les tuberculines et autres produits plus ou moins analogues.

Aujourd'hui, on considère les tuberculoses comme curables, bien que les succès soient encore loin de répondre aux espérances.

Nous avons déjà signalé les difficultés que présente le diagnostic de la tuberculose commençante ; nous devons rappeler aussi l'opposition des malades eux-mêmes qui, même quand la maladie est nettement déclarée, refusent de se soigner sérieusement, parce qu'ils ne se croient pas aussi malades qu'ils le sont en réalité. Quand le médecin est arrivé à convaincre son malade qu'il y a urgence extrême à ce qu'il se soigne sérieusement, l'entourage direct et indirect vient tout détruire. Car, il faut bien se l'avouer, le Français manifeste et pratique une insouciance fanfaronne pour tout ce qui regarde sa santé. Puis, quand le doute n'est plus possible, que la terminaison fatale apparaît à échéance prochaine, tous ces opposants, loin d'avouer leur culpabilité, sont à crier les plus forts à l'impuissance de la médecine. Bien qu'il ne soit pas en notre pouvoir de vaincre ces difficultés, nous devons cependant les signaler.

La cause absolue d'insuccès sur laquelle nous voulons attirer spécialement l'attention, cause qui nous permet de préjuger à l'avance le résultat final, c'est qu'à côté du microbe spécifique il y a le plus souvent des streptocoques pyogènes qui accélèrent la marche de la maladie ; il y a encore les poisons qu'ils sécrètent, puis ceux que créent les éléments anatomiques des tissus dont la nutrition intime a été altérée par les poisons microbiens. Or, cette perversion nutritive histologique et l'intoxication qui en résulte se continuent très longtemps après que les poisons microbiens ont cessé d'agir. Tous ces faits sont bien établis aujourd'hui ; c'est pourquoi on dit : *les microbes ne tuent pas, ils empoisonnent.*

En étudiant la créosote, le gaïacol et son carbonate, nous avons vu qu'ils n'exercent guère qu'une action antiseptique intestinale ; ils sont sans action sur le bacille spécifique, sur la nutrition histologique altérée. Bien que s'éliminant partiellement par les organes respiratoires, on ne sait pas s'ils exercent une action quelconque sur les streptocoques pyogènes : on le suppose cependant.

Dans l'emploi des sérums antituberculeux, quels qu'ils soient, on cherche bien à détruire le microbe spécifique, mais on oublie le malade. On fait comme l'ours de la fable qui, sous prétexte de tuer la mouche, assomme son maître. Si des accidents sérieux ne marquent pas rapidement la nocivité des sérums injectés, faut-il en conclure qu'ils n'ont aucun effet sur la vie cellulaire de l'organisme ? N'a-t-il pas été démontré expérimentalement que l'eau distillée elle-même est nuisible à la vie des éléments anatomiques ; et que, injectée en assez grande quantité, elle peut aller jusqu'à déterminer la mort. Ce qui prouve bien d'ailleurs que l'organisme n'est pas indifférent aux injections de sérums et de bien d'autres liquides, c'est la réaction fébrile qui se produit un peu après.

Nous ne pouvons pas rappeler ici tous les travaux scientifiques publiés dans ces derniers temps qui démontrent, par des accidents divers et graves qui se produisent, que la sérumthérapie exerce toujours sur l'organisme, en général tardivement il est vrai, une action nocive profonde ; on les trouve dans tous les recueils scientifiques.

Nous avons déjà dit antérieurement, qu'il est des cas ou la sérumthérapie peut rendre de très grands services, dans la diphtérie, par exemple. C'est parce que cette maladie évolue avec une rapidité telle, qu'aucun agent thérapeutique à action également rapide et énergique ne peut lui être efficacement opposé. Mais nous avons fortement insisté, aussi, sur la nécessité de soumettre consécutivement les malades à un traitement régénérateur et antiseptique iodo-phosphaté, pour détruire, aussi bien les effets nuisibles ultérieurs des microbes diphtéritiques, que ceux résultant des injections de sérums.

A nos yeux la tuberculose, maladie à évolution lente, n'est pas tributaire de la sérumthérapie.

La tuberculine, qui renferme l'antitoxine du bacille spécifique, produit-elle les effets qui lui sont attribués théoriquement ? Les résultats de l'expérimentation ne permettent pas une réponse favorable sur ce point. Il est certain, d'ailleurs, que son action ne pourrait porter que sur ceux des bacilles qui sont libres.

Il est prouvé que l'infection tuberculeuse donne lieu, à un moment indéterminé de son cours, à une infection secondaire par des streptocoques et des staphylocoques pyogènes que l'on trouve dans les crachats, sans recourir à aucun moyen de coloration.

L'emploi de la tuberculine a donné lieu à des observations du plus haut intérêt pour l'existence des malades. Chez ceux qui ont dans leurs crachats des bacilles pyogènes, en certaine quantité et d'une façon constante, les injections de tuberculine sont toujours suivies d'aggravation. Il est probable que la symbiose microbienne donne des produits nocifs spéciaux et qu'en injectant la tuberculine, on fournit artificiellement l'un des composants de ces produits nouveaux ; ou bien que les organismes tuberculinisés deviennent un sol où les pyocoques puisent une virulence exagérée. M. Klein-Weichselbaum a démontré que, soit dans les tissus vivants, soit dans les cultures, la tuberculine favorise le développement des pyocoques. Peut-on fournir un argument plus concluant de la nocivité des injections de la tuberculine ?

En supposant qu'on arrive à trouver un sérum microbicide aussi bien pour le bacille spécifique que pour tous les pyocoques ; comme il sera toujours *forcément* nocif à l'égard des éléments anatomiques des tissus humains, il n'améliorera pas complètement l'état général des malades ; il ne pourra donc pas préserver des rechutes ultérieures. Pour toutes ces raisons, nous avons la conviction que ce n'est pas du côté des sérums que l'on trouvera le remède efficace contre la tuberculose.

Ainsi qu'on a pu le voir, en exposant les causes d'insuccès des méthodes de traitement de la phtisie, nous nous sommes appuyé sur les travaux les plus concluants ; nous sommes resté dans la voie de la critique scientifique rigoureuse.

Traitement de la phtisie par l'iode métalloïde.

Peu de temps après sa découverte, l'iode fut appliqué avec un tel succès au traitement des affections scrofuleuses qu'il en fut considéré comme le spécifique. Des médecins établissant une analogie entre les affections scrofuleuses et la phtisie eurent l'idée d'appliquer l'iode à son traitement. En 1822, Brera, médecin italien, cite deux cas d'hémoptysie avec fièvre, crachements de matières puriformes, etc., où il a administré la teinture d'iode à la dose de 20 gouttes trois fois par jour. La guérison, dit-il, a été obtenue dans l'espace de 20 jours.

Gairdner, médecin anglais à Paris, a aussi employé cette substance dans les affections tuberculeuses de la poitrine, et il pense qu'elle peut être utile dans certains cas où la lésion n'a pas fait de très grands progrès. Plusieurs malades auxquels il a administré ce remède ont paru en éprouver beaucoup de bien.

En raison de l'action irritante de l'iode sur l'appareil digestif, son emploi par gouttes à l'intérieur fut bientôt abandonné. On essaya de l'employer en badigeonnages sur la poitrine des phtisiques ; il donna plusieurs fois de bons résultats.

Vers la fin de 1824, le Dr Berton écrivait à l'Académie une lettre dans laquelle il disait que : « convaincu du peu d'efficacité de l'iode employé en frictions et du danger d'administrer cette substance par les voies digestives, alors qu'on la donnait sous forme de teinture du codex, il faisait inspirer l'iode à l'état de vapeur. » Cette méthode, largement expérimentée à l'hôpital des enfants par Baudelocque, a été reconnue plus nuisible qu'utile. Vantées par les uns, critiquées par un plus grand nombre, les inhalations de vapeurs d'iode ont été employées pendant une vingtaine d'années, puis définitivement abandonnées, en France tout au moins.

En 1851, M. Chartroule, officier de santé, tenta de les remettre en usage ; on employa de préférence, sous forme de cigarettes, des plantes aromatiques imbibées de teinture d'iode. MM. Langlebert en 1852, Corbel-Lagneau en 1862, appliquent le même mode sous des formes différentes. En 1857, M. Champrouillon, qui a employé les inhalations d'iode chez 109 malades adultes atteints de phtisie confirmée, affirme que pas un n'a éprouvé une amélioration appréciable, que quelques-uns ont paru rester indifférents à l'action de l'iode et que d'autres en ont manifestement souffert.

Tel est, en quelques mots, l'historique de l'iode appliqué au traitement de la phtisie.

Si nous avons tenté de rappeler l'attention sur l'emploi de l'iode métalloïde, autrefois condamné et abandonné, c'est parce que nous avons corrigé ses défauts. On reproche à l'iode d'exercer une action fortement irritante sur les muqueuses de l'appareil digestif ; nous obvions à cet inconvénient en l'intégrant dans une combinaison organique instable, combustible et tellement inoffensive que des enfants ont pu en faire un usage ininterrompu pendant 3 et 4 années aux doses de 5, 10 et 15 centigrammes par jour sans le moindre inconvénient. Tandis qu'à l'état de teinture on a rarement atteint la dose de 20 centigrammes d'iode par 24 heures, dose qui n'a jamais été dépassée et qui n'a pu être employée que pendant un temps très court, sous la forme de combinaison extractive que nous préconisons un malade a pu ingérer pendant 3 mois 80 centigrammes d'iode par jour et en être moins incommodé que par un gramme d'iodure de potassium qui en renferme 74 centigrammes. Enfin, l'analyse chimique nous a démontré qu'avec une dose de 25 milligrammes d'iode sous cette forme, sa présence est nettement constatée dans l'urine.

Nous avons déjà dit, et nous le répéterons ici, que ce qui fait la supériorité de l'iode métalloïde dans le traitement de la phtisie, c'est qu'il répond à toutes les indications de la pathologie tuberculeuse.

Parallèle entre les besoins de l'organisme prédisposé à la tuberculose ou infecté, et les propriétés de l'iode.

Si nous cherchons à rapprocher tous les éléments qui facilitent l'évolution tuberculeuse des propriétés de l'iode, on verra qu'il n'existe pas d'agent qui réponde plus parfaitement à toutes les indications étiologiques de cette affection :

1º La tuberculose est provoquée par un microbe qui établit le plus ordinairement son siège dans le parenchyme pulmonaire ; mais il est constant que cet organe n'est pas le seul affecté. En d'autres termes, l'affection primitivement locale tend à se généraliser et elle l'est quelquefois déjà avant que les poumons soient touchés. Or, l'iode est un microbicide très puissant et extrêmement diffusible ; il peut donc aller atteindre les microbes dans tous leurs lieux d'élections. S'ils sont cantonnés dans des îlots qu'ils ont rendus imperméables, en imprégnant toutes les régions saines qui les entourent, il peut, avec le temps, soit amener leur destruction, ou faire obstacle à leur extension.

2º L'infection et l'évolution tuberculeuse sont subordonnées à une dépression vitale générale des éléments anatomiques composant tous les tissus, laquelle est produite par une dénutrition de ces éléments sous la dépendance de digestions intra-cellulaires vicieuses entretenues par des poisons, les uns de nature alcaloïdique (ptomaïnes et leucomaïnes), les autres de nature albuminoïdique indéterminée, sécrétés, pour une part, par les microbes infectieux, pour l'autre, par les éléments anatomiques des tissus déviés de leur nutrition normale. Or, l'iode a la propriété de former, avec tous ces poisons de nature si diverse, des composés insolubles qui les rendent inoffensifs ; d'exciter la vitalité des éléments anatomiques, de redresser leurs digestions internes, de les aider à réparer leurs pertes architecturales et à reconstituer leurs provisions de matériaux de nutrition et de stimulation.

3º Au cours de l'évolution tuberculeuse, les poumons devenant le siège d'une infection secondaire par des cocci pyogènes, l'iode exerce une double action sur ces pyocoques qu'il détruit et sur leur sécrétion purulente qu'il fluidifie, dont il détruit la toxicité et facilite l'élimination.

4º Parmi les produits de la dénutrition histologique, par laquelle se crée l'opportunité morbide, on constate la présence, en proportion élevée, de principes minéraux phosphatés, les uns provenant de la charpente des éléments anatomiques, les autres de la provision stimulante. La régénération et la reconstitution des éléments anatomiques ne peut être obtenue qu'à la condition de restituer à l'organisme de nouveaux principes phosphatés pour remplacer ceux qu'il a perdus. Nous avons reconnu la nécessité d'en associer à l'iode, parce que les aliments n'en renferment qu'une quantité insuffisante.

5º Il ne suffit pas qu'un médicament jouisse de propriétés déterminées que l'on recherche, il faut encore qu'il puisse être administré en quantité suffisante pour produire la somme nécessaire des effets thérapeutiques exigés pour la guérison de la maladie. Or, sous les deux formes de vin et pilules Iodo-phosphatés que nous préconisons, nous pouvons administrer l'iode progressivement jusqu'à 0,40 et 0,50 centigrammes par jour, avec une innocuité complète. C'est pour cela que nous obtenons des résultats inconnus jusqu'à ce jour.

Mode d'administration et doses. — Nous administrons l'iode sous deux formes :

1º de *Vin Iodo-phosphaté du Dr Foy* ; chaque cuillerée renferme 25 milligrammes d'iode combiné avec l'extractif du vin muscat et 10 centigrammes de phospho-glycérate de potasse.

2º de *Pilules Iodo-phosphatées du Dr Foy* ; chaque pilule renferme 25 milligrammes d'iode combiné à l'extrait de noyer et 4 milligrammes de phosphate de fer. Le traitement intensif se compose de 4 cuillerées à potage de vin et 12 pilules par jour. A cette dose le malade absorbe chaque jour 40 centigrammes d'iode métalloïde, 40 centigrammes de phosphoglycérate de potasse et 24 milligrammes de phosphate de fer. Cette dose minime de phosphate de fer est suffisante pour obtenir la reconstitution du sang et elle est trop faible pour provoquer des hémoptysies. Il faut 8 semaines pour arriver à la dose intensive que nous venons d'indiquer. Elle doit être continuée *sans aucune interruption* pendant 6 mois pour les malades du 1er degré et pendant un an pour ceux du 2e degré ; après, on réduit les doses de moitié et on continue encore 6 mois au moins pour le 1er degré et 1 an au moins pour le 2e degré.

1re *semaine*. Deux cuillerées de vin par jour en deux fois un peu avant le repas.

2e *semaine*. Deux cuillerées de vin et deux pilules ; les pilules au milieu du repas.

3e *semaine*. Trois cuillerées de vin et trois pilules par jour.

4e *semaine*. Quatre cuillerées de vin et quatre pilules.

5e, 6e, 7e et 8e *semaine*. Toujours quatre cuillerées de vin et successivement chaque semaine 6, 8, 10 et 12 pilules par jour.

Expérimentation clinique. Effets observés.

Il ne suffit pas de dire, l'Iode peut guérir la phtisie ; il fallait en avoir les preuves.

Depuis le 3 octobre 1891, en collaboration avec le Dr Cadier auquel nous sommes heureux d'adresser tous nos remercîments, nous appliquons le traitement iodophosphaté à des malades de la clinique de l'Hôpital de Villepinte. Nos malades, dont le nombre dépasse 60 appartiennent pour la plupart à la classe ouvrière, vivant dans leur famille et dans des conditions hygiéniques souvent bien mauvaises, insuffisantes dans tous les cas. Les résultats que nous avons obtenus ne peuvent donc être attribués qu'au traitement.

Ces recherches cliniques ont déjà fourni matière à deux communications aux Sociétés savantes ; nous ne leur emprunterons que quelques renseignements généraux.

Sur les 60 malades que nous avons soumis au traitement iodé, il y en a un peu plus de la moitié seulement qui l'ont suivi assez longtemps et que nous revoyons de temps à autre, ce qui nous permet de nous rendre un compte assez exact des effets obtenus durant une période de 6 années pour quelques-unes.

Nous nous sommes intéressés surtout aux malades du 1er et du 2e degré, ainsi qu'aux suspectes.

Le professeur Peter, dans une de ses dernières leçons de clinique sur la tuberculose disait que : *C'est dans le diagnostic et le traitement précoces que résident surtout les succès curatifs des affections tuberculeuses.* Nous avons appliqué ce principe toutes les fois que les circonstances l'ont permis.

Nous avons déjà fait observer avec une insistance spéciale (page 213) que les fausses anémies caractérisées par un amaigrissement marqué sont, le plus souvent, le point de départ d'une affection grave ; et que, chez les sujets jeunes, c'est presque toujours la première évolution vers la tuberculose. A tous les malades de ce genre, alors que l'auscultation ne fournissait aucun signe suspect, nous avons appliqué la médication iodo-phosphatée progressive. Il nous a suffi de quelques mois pour remonter l'état général et faire disparaître les symptômes suspects.

Chez les malades du 1ᵉʳ et du 2ᵉ degré, voici les effets que nous avons observés et sur lesquels nous appelons spécialement l'attention.

Symptômes généraux. — Un des premiers effets observés, chez les malades soumis à la médication iodée, consiste dans une stimulation générale qui s'étend aux éléments anatomiques des tissus et aux fonctions des organes. Sous cette influence, nous avons constaté, chez à peu près toutes nos malades, une légère poussée congestive du côté des poumons et du larynx, caractérisée par de la rougeur plus vive du larynx, une toux un peu plus fréquente, une expectoration plus abondante, une matité et une résonnance de la voix très légèrement plus accusées avec un peu de fièvre à certains moments de la journée. Cette période congestive a eu une durée de 6 à 12 jours. En général, il n'y a pas eu perte de sommeil, mais, chez quelques malades plus affaiblies, le sommeil a été irrégulier avec 2 ou 3 intermittences de peu de durée chaque nuit; elles n'en ont pas ressenti de fatigue dans la journée. L'appétit était plutôt meilleur. Cette période passée, les malades ont ressenti une impression de bien-être et une plus grande aptitude à s'occuper de leurs affaires ; elles se sentaient plus fortes. Ces premiers résultats ont exercé une influence des plus heureuses sur le moral des malades.

Après ces effets d'excitation du début, l'expectoration diminue peu à peu, ainsi que la toux et les signes de l'auscultation. Après 6 semaines de traitement on peut constater déjà à l'auscultation une amélioration bien notable. A ce moment, l'appétit a augmenté d'une façon bien évidente.

Nutrition. — Avec cette médication, il est à remarquer que, tout en obtenant une amélioration plus marquée que dans les autres méthodes de traitement de la phtisie, on obtient moins l'engraissement des malades. Cela se comprend, puisque l'iode augmente les combustions organiques. On dit, dans les ouvrages, qu'il fait maigrir ; or aucune malade n'a subi une diminution de poids quelconque avec nos préparations iodo-phosphatées. Toutes celles qui avaient subi une perte de poids l'ont récupéré à peu près intégralement dans un délai variable seulement. Celles qui n'avaient pas terminé leur croissance l'ont continuée avec un peu plus de rapidité qu'auparavant.

Chez les quelques malades du 3e degré auxquelles nous avons appliqué le traitement Iodo-phosphaté, nous avons eu des améliorations de l'état général avec relèvement de l'appétit et des forces. Nous avons, par ce moyen, reculé l'échéance fatale.

Conclusion. — Six années se sont écoulées depuis que plusieurs de nos malades du 1er et du 2e degré ont commencé le traitement iodo-phosphaté. Chez toutes ces malades, la maladie enrayée n'a plus donné aucune manifestation. Plusieurs, ont contracté des bronchites pendant les hivers, sans qu'il y ait eu réveil dans l'état tuberculeux ; d'autres, ont été atteints d'influenza, également sans aucune complication du côté des poumons, ni du larynx. Comme l'âge de nos malades est compris entre 15 et 45 ans, sans en tirer une conclusion absolue, il nous est permis de dire : qu'aucune autre méthode de traitement n'a donné des résultats aussi remarquables et aussi encourageants.

Antisepsie locale des voies respiratoires. Inhalations d'air iodozoné pour l'aseptisation des poumons et la cicatrisation des lésions pulmonaires et laryngiennes.

Pour les phtisies pulmonaires et laryngées, ce traitement local est complémentaire du traitement général iodo-phosphaté. Il n'a aucun rapport avec les inhalations de vapeurs d'iode pur, dont nous avons parlé dans l'historique et que l'on a dû abandonner à cause de leur action par trop irritante et même caustique sur les muqueuses de la bouche et des organes respiratoires.

Dans la carafe de l'appareil inhalateur que nous avons fait construire pour cet usage, on introduit jusqu'à la moitié de la capacité un mélange d'essences oxydables de la famille de l'essence de térébenthine, puis 10 grammes de teinture d'iode et l'on agite le tout, après avoir replacé la fermeture munie de ses tubes. Après repos, il se forme deux couches : la supérieure, de couleur orange, est formée des essences tenant en dissolution du térébenthène polyiodé qui les colore ; la seconde couche, inférieure, renferme de l'iode en dissolution alcoolique et aussi du térébenthène polyiodé.

L'air que l'on aspire au moyen d'une sucette placée dans la bouche traverse le mélange d'iode et d'essences ; il se charge de deux corps différents : de térébenthine polyiodé et d'un composé oxy-térébenthiné. Le térébenthène polyiodé agit comme antiseptique puissant et comme modificateur substitutif et cicatrisant sur les lésions laryngiennes et le tissu pulmonaire. Le composé oxy-térébenthiné est peu connu, malgré les recherches de MM. Schœnbein, Berthelot, Kingzett, etc. ; nous savons qu'il jouit des propriétés de l'ozone et qu'au contact de l'humidité il donne naissance à de l'eau oxygénée (1) ; il agit donc aussi comme antiseptique énergique.

Les premières inspirations d'air iodozoné déterminent souvent des picotements au larynx et provoquent ou augmentent la toux. Pour cette raison, on ne les fait durer qu'une ou deux secondes, mais on les répète le plus fréquemment possible dans la journée ; l'accoutumance des organes se produisant très rapidement, on augmente la durée des séances d'inhalations. Au bout d'une huitaine de jours, on commence à ressentir une amélioration très appréciable.

Dès que la couche inférieure de teinture d'iode a

(1) Voir notre première note sur le traitement de la phtisie par l'Iode. Dr Cadier et Jolly.

20.

disparu, on en ajoute 5 grammes environ. Le mélange d'essences doit être renouvelé à peu près tous les mois.

Nos premières expériences ont été faites sur des malades atteintes de phtisie laryngée qui suivaient le traitement iodo-phosphaté interne depuis plusieurs mois déjà. Les lésions se sont rapidement amendées et la cicatrisation complète a été obtenue en 2 ou 3 mois au plus. Nous citerons en particulier le cas d'une jeune fille atteinte de phtisie laryngée et complètement aphone depuis 18 mois. Soumise au traitement iodé général et à des cautérisations locales du larynx deux fois par semaine, nous obtenons au bout de 4 mois une amélioration considérable de l'état général et de l'état local, mais l'aphonie subsiste toujours aussi complète. Nous ajoutons au traitement des inhalations iodozonées. Les premiers jours elle ne fait que 3 aspirations à chaque séance, mais elle les renouvelle toutes les heures. Au bout d'une douzaine de jours, elle parle très clairement pendant une heure le matin et au bout de 3 semaines la voix est revenue complètement et s'est conservée. Chez les autres malades, beaucoup moins sérieusement touchées, les guérisons ont aussi été rapides et complètes.

Nous avons encore appliqué ce traitement local iodozoné avec succès à des malades atteints de bronchites et laryngites chroniques.

Nous croyons pouvoir encore les recommander à la suite des pleurésies pour aseptiser les poumons ; mais nous n'avons pas eu l'occasion de les expérimenter dans les cas de ce genre.

Ne pourraient-elles pas aussi rendre des services chez les asthmatiques et les emphysémateux ?

CHAPITRE XLIII.

Syphilis.

Au commencement de ce siècle, les Drs Chrestien, Niel, Legrand, etc., remirent en vogue les sels d'or disparus de la matière médicale, lorsque l'alchimie fut détrônée par la Chimie moderne. C'est en s'appuyant sur près de 400 observations, dont le plus grand nombre est formé d'affections syphilitiques, qu'ils établirent la valeur thérapeutique des sels d'or. Des contradicteurs assez nombreux ont contesté les conclusions de ces auteurs. L'honorabilité dont ils ont joui ne doit cependant laisser aucun doute sur l'exactitude de leurs affirmations ; elles ont d'ailleurs été contrôlées et confirmées par des médecins étrangers, jouissant dans leur pays d'une grande notoriété.

D'où vient ce désaccord si complet ? Tout simplement de ce que ce médicamennt a été employé à des périodes différentes de la maladie et, peut-être aussi, avec moins de soins et de persévérance, comme il arrive bien souvent.

Dans le plus grand nombre des maladies éruptives, inflammatoires, fébriles, infectieuses même, etc., on observe trois phases bien distinctes, lorsqu'elles doivent se terminer par la guérison : phase ascensionnelle durant laquelle la maladie croît en intensité et ses symptômes s'accentuent ; phase d'état, c'est-à-dire période à peu près stationnaire de la maladie ; enfin, phase de déclin dans laquelle tous les symptômes de la maladie diminuent progressivement.

Si nous voulons étudier l'action comparative du mercure et de l'or sur la syphilis à ses débuts, il faut d'abord rapprocher les unes des autres les propriétés physiologiques de ces deux agents. Nous l'avons fait précédemment, mais nous pouvons les rappeler ici en quelques mots. L'or est un antiseptique 3 fois plus faible que le sublimé et 8 fois plus faible que le biiodure ; mais tandis que le mercure est un altérant de la nutrition, l'or en est un stimulant énergique.

Alors, les mercuriaux donnés aux débuts de la syphilis atténuent et font disparaître rapidement tous les accidents syphilitiques ; mais, par suite de leur action altérante sur la nutrition cellulaire, ils produisent rapidement une diminution de l'énergie vitale qui retentit sur la vigueur physique et sur le moral des malades, en même temps qu'un état anémique très manifeste se déclare (fausse anémie). Il convient de retenir ici que les ptomaïnes créées par le virus syphilitique ajoutent leurs effets nocifs sur la nutrition histologique à ceux du mercure.

Si, à la même période de la syphilis, on administre l'or, les effets sont diamétralement opposés. En raison de son action fortement stimulante sur la nutrition cellulaire, il exagère les manifestations syphilitiques, quelquefois avec production d'accès fébriles. Ces effets de l'action de l'or n'avaient pas échappé à l'attention de Chrestien et de ses élèves ; aussi recommandaient-ils, instamment, de ne l'administrer que dans la période de déclin des manifestations syphilitiques. Contrairement à leurs recommandations, à l'hôpital du Midi, les préparations d'or ont été administrées au début de la syphilis ; le rapport rédigé par Puche et Cullerier a contredit tous les faits annoncés par Chrestien. Nous avons ainsi l'explication des divergences d'opinions des différents auteurs sur l'action de l'or dans la syphilis. L'opinion des médecins parisiens ayant été prépondérante, l'or a été abandonné et remplacé par l'iodure de potassium de découverte toute récente.

Après avoir fait impartialement l'historique de l'emploi de l'or dans la syphilis, devons-nous conclure qu'il ne peut rendre aucun service et que les iodures le remplacent avantageusement dans tous les cas ? Telle n'est pas notre opinion.

De toutes les maladies infectieuses qui altèrent la nutrition histologique, il n'en est peut-être pas qui exercent une action plus profonde que la syphilis. Les preuves nous en sont données par la multiplicité de ses manifestations et la persistance avec laquelle elles récidivent pendant de longues années, souvent après des interruptions prolongées pouvant faire croire à la guérison. N'avons-nous pas encore, par l'examen de la descendance, la preuve indiscutable qu'elle lui a imprimé une marque indélébile par l'altération de leur constitution. Enfin, lorsqu'après 20, 30 années et quel-

quefois plus, nous la voyons donner à certaines maladies (nerveuses en particulier) un caractère de gravité
spéciale, n'avons-nous pas la preuve de la persistance
des troubles profonds qu'elle a déterminés dans l'organisme des malades.

Nous avons étudié longuement la nutrition altérée
de l'élément anatomique dans un chapitre spécial ; nous
avons vu que lorsque la cause infectieuse qui altère la
nutrition exerce son action pendant un certain temps,
elle imprime à la cellule un mode de vitalité spéciale,
persistante qui se continue indéfiniment et se transmet à la descendance. Nous avons vu que, par cette nutrition altérée, la cellule produit des toxines en abondance ; que ce sont elles qui perpétuent cette altération. Ce ne peut donc être que par une action thérapeutique persistante, détruisant toutes ces toxines à mesure qu'elles se forment, que l'on peut, après un long
temps de persévérance, ramener dans le mode nutritif
normal les cellules altérées. Or, les deux agents exclusivement employés dans le traitement de la syphilis, c'est-à-dire le mercure et les iodures alcalins, peuvent-ils exercer cette action et produire ces effets ?
C'est ce que nous devons examiner. Mais, si nous nous
en rapportons immédiatement aux résultats cliniques,
nous conclurons à la négative sans aller plus loin ;
cela ne peut suffire.

Les préparations mercurielles ont une action puissante sur le microbe infectieux ; mais elle n'est pas
rapide, parce qu'elles ne sont pas facilement diffusibles,
peut-être aussi parce qu'en raison de leur toxicité on
ne peut pas les employer à dose suffisamment élevée
pour produire tous les effets nécessaires. Pour ces
raisons il faut en continuer assez longtemps l'usage.
Mais, comme ce sont des altérants de la nutrition cellulaire, que leur action s'ajoute à celle des toxines microbiennes, non seulement elles ne redressent pas la
nutrition cellulaire, elles contribuent à l'altérer plus
profondément. Alors, leur rôle doit être limité à l'action microbicide et leur usage doit cesser au déclin de
la maladie, parce que, d'après nos connaissances des

maladies infectieuses, les microbes disparaissent à ce moment.

Dans l'étude de l'iode que nous avons faite précédemment, nous avons vu que son pouvoir antiseptique à l'état libre est dans la proportion de 1 pour 5000, tandis qu'à l'état d'iodure alcalin il ne l'est plus que dans le rapport de 1 pour 7 ; que l'iode métalloïde précipite et neutralise les alcaloïdes de tous genres animaux ou végétaux ; qu'il détruit les toxines indéterminées. L'iodure de potassium, ni les autres iodures alcalins ne jouissent de ces propriétés.

L'iodure de potassium employé dans le traitement syphilitique n'exerce donc une action thérapeutique que par l'iode qui peut être dégagé de sa combinaison alcaline. Or, nous savons d'abord qu'il se diffuse avec une très grande rapidité ; qu'en quelques heures une grande partie est éliminée, sans avoir pu exercer une action thérapeutique ; qu'au bout de 24 heures il n'en reste plus dans l'économie qu'une très faible quantité. Cela explique pourquoi l'iodure de potassium doit être administré à dose assez élevée. D'autre part, l'iode ne peut être déplacé de sa combinaison alcaline que par des acides ; il n'y a donc que la portion d'iodure qui se trouve dans un milieu rendu acide par l'activité fonctionnelle qui dégage son iode et produit un effet thérapeutique. Il s'en suit que l'action exercée par les iodures est intermittente, fractionnée et localisée.

Les iodures alcalins ne sont pas toxiques, ils peuvent être administrés à dose élevée sans grands dangers, mais non sans des inconvénients sérieux, qui sont assez connus pour que nous n'ayons pas besoin de les rappeler. Si beaucoup de malades peuvent en faire usage pendant longtemps, d'autres ne le peuvent pas, par suite d'intolérance rapidement produite. Nous avons la conviction que, dans tous les cas, ils ne sont pas employés d'une manière continue assez longtemps pour régénérer définitivement la nutrition cellulaire générale altérée ; nous croyons aussi, qu'ils ne peuvent pas l'être à cause de leur action irritante sur les glandes sécrétoires diverses qu'ils finissent par atrophier ; ou bien encore à cause de l'irritation stomacale et intestinale qu'occasionne l'iode mis en liberté en masse par les acides du suc gastrique.

C'est pour les raisons que nous venons d'exposer : que le traitement mercuriel et ioduré antisyphilitique, en usage actuellement, n'amène pas la guérison complète. L'or et l'iode en combinaison organique, tantôt ensemble ou séparément, peuvent compléter utilement ce traitement, amener sans fatigue la guérison complète et préserver d'affections ultérieures graves.

Traitement de la syphilis ancienne.

A cette période de la syphilis, nous n'avons plus à nous préoccuper que de la nutrition altérée, le microbe infectieux étant disparu ; mais nous devons tenir compte de la profession du malade, en raison du département organique dans lequel l'activité fonctionnelle est concentrée. Par suite, nous pensons qu'il faut distinguer les malades dont le travail est plus spécialement musculaire, et ceux chez qui le cerveau est le centre de l'activité.

Malades à travail manuel. — L'iode, par son action généralisée, peut suffire aux malades dont les occupations mettent en activité les organes musculaires, parce qu'ils trouvent dans leur alimentation mixte tous les principes nutritifs dont ils ont besoin pour combler les dépenses occasionnées par leur travail. 8 *pilules iodo-phosphatées du D*r *Foy* nous semblent suffisantes pour obtenir les effets nécessaires, à la condition d'en faire un usage à peu près continu pendant deux années au moins. On commence par une pilule à midi et le soir au repas, pendant une semaine et on augmente de 2 chaque semaine jusqu'à 8 par jour.

Malades à occupations intellectuelles. — Nous avons vu que la cause des maladies nerveuses réside uniquement dans l'insuffisance phosphatée minérale de l'alimentation qui ne peut pas couvrir les dépenses occasionnées par l'activité cérébrale. D'autre part, nous savons que, sous l'influence de la nutrition altérée, les cellules nerveuses assimilent imparfaitement les matériaux nutritifs qui leur sont apportés ; c'est pourquoi les maladies nerveuses sont si fréquentes chez cette catégorie de malades dans la maturité de l'âge et acquièrent aussi, à peu près toujours, une gravité exceptionnelle.

Chez ces malades il faut agir, d'une part, sur la nutrition altérée du système nerveux par le *phosphovinate d'or* qui concentre son action sur cet appareil et, simultanément, sur tout l'organisme par l'*Iode*.

On commence par 5 gouttes de *phosphovinate d'or* à midi et le soir dans un peu d'eau, quelques minutes avant le repas, pendant une semaine. Chaque semaine, on augmente de 10 gouttes en deux fois jusqu'à 80 gouttes par jour. On continue à cette dose pendant toute la durée du traitement (deux ans au moins).

D'autre part, après les gouttes d'or et au commencement du repas de midi et du soir, une *pilule iodo-phosphatée du Dr Foy* pendant une semaine. Chaque semaine on augmente de deux pilules jusqu'à 8 par jour.

Le traitement complet consiste donc en 80 gouttes de *phosphovinate d'or* et 8 *pilules iodo-phosphatées du Dr Foy* en deux fois par jour.

La fréquence des maladies nerveuses chez les syphilitiques exerçant des professions scientifiques, littéraires, artistiques, industrielles, commerciales, etc.; est si grande et leur gravité à peu près si générale, qu'il nous semble être du devoir du médecin d'en avertir son malade, afin qu'il comprenne combien il est urgent qu'il se soigne très sérieusement, pendant longtemps, et à quels dangers il s'expose en ne le faisant pas.

MÉMORIAL

DE LA

THÉRAPEUTIQUE GÉNÉRALE

Basée sur la Physiologie et la Pathologie cellulaire.

———

AVIS

Nous avons limité les articles (de ce mémorial de thérapeutique aux cas où il faut agir sur la nutrition générale, ou sur les fonctions préparatoires telles que les digestions gastro-intestinales. Nous n'envisageons chaque sujet qu'à ce point de vue exclusif du traitement général, laissant aux autres ouvrages de thérapeutique l'indication du traitement spécial afférant à chaque cas.

Tous nos agents thérapeutiques sont *uniquement* reconstituants, antiseptiques et désintoxicants.

Abcès froids. — Constituent une manifestation symptomatique d'une constitution fortement altérée par lymphatisme, scrofule, hérédo-syphilis, etc.

Le traitement général consiste dans l'emploi simultané du *Vin Iodo-phosphaté et des pilules du Dr Foy* à dose progressive. Selon l'âge, 2 à 4 cuillerées de vin et 2 à 6 pilules. (Voir Lymphatisme.)

Acidité, aigreurs de l'estomac (voir page 170). Résulte de l'acidité exagérée du suc gastrique.

Il est antiphysiologique de faire prendre en excès des eaux alcalines au cours des repas, parce que la digestion stomacale doit s'opérer dans un milieu acide.

L'abus des alcalins provoque une nouvelle sécrétion d'acide.

C'est seulement 3 ou 4 heures après le repas que l'acidité devient incommodante. En quelque endroit que l'on se trouve, on peut toujours la faire disparaître au moyen des *Pastilles digestives antiacides Jolly*, 10 fois plus puissantes que celles de Vichy. Dose : 1 à 4 suffisent.

Albuminuries. — Les albuminuries ne constituent pas une entité morbide. Autrefois, on considérait comme rigoureusement démontré que les reins sains ne laissent pas transsuder d'albumine, les *albuminuries* dites *physiologiques* se manifestant après un repas copieux, les *albuminuries cycliques* ou *intermittentes* se produisant dans la station verticale et disparaissant dans la position horizontale, les *albuminuries expérimentales* provoquées par Cl. Bernard par l'injection intra-veineuse de blanc d'œuf, etc., tendent à établir la perméabilité du rein normal pour l'albumine. Il aurait alors la faculté d'éliminer l'excès d'albumine que l'organisme n'utilise pas. On peut donc conclure que : *néphrite et albuminurie ne sont pas absolument connexes*. Ces albuminuries ne présentent aucun danger.

Les causes qui produisent les *albuminuries pathologiques* sont nombreuses ; l'altération des reins (néphrite, mal de Bright) en est la conséquence et non la cause. Comme causes d'albuminuries pathologiques, nous pouvons citer la plupart des maladies infectieuses, fièvre typhoïde, scarlatine, tuberculose, etc. ; un grand nombre d'états diathésiques, tels que : goutte, rhumatisme, diabète, etc. ; des intoxications, morphinisme, saturnisme, etc.

Toutes les albuminuries pathologiques rentrent dans la classe des maladies par nutrition altérée ; que ces altérations soient produites et entretenues par des poisons autogènes ou hétérogènes, minéraux ou organiques.

Traitement. — Le régime lacté ne constitue pas un traitement thérapeutique à proprement parler ; c'est une boisson alimentaire, agissant comme diurétique, qui lave l'organisme. Son usage exclusif pour remplacer toute autre alimentation détermine une diète azotée relative, ce qui explique la diminution de l'albumine urinaire ; mais on n'arrive jamais à la disparition complète par ce moyen. L'action diurétique lactée a encore pour avantage de faciliter l'élimination des poisons organiques plus abondants dans ces états, ce qui est encore une cause d'amélioration. Mais le régime lacté n'étant pas un modificateur de la nutrition altérée, il ne peut pas amener la guérison.

Les préparations *Iodo-phosphatées du Dr Foy* (vin et pilules) constituent le mode de traitement régénérateur de la constitution altérée. Dose, selon l'âge, 2 à 4 cuillerées de vin et de 2 à 8 pilules par jour. On commence par 2 c. de vin la 1re semaine, 4 la 2e s., puis, avec le vin, 2, 4, 6, 8 pilules successivement chaque semaine.

Dans les cas d'altération des reins, il faut surveiller l'élimination urinaire. Quant celle-ci s'accomplit mal, il ne faut procéder à l'élévation graduée de la quantité d'iode que très lentement (bien que l'iodisme soit peu à craindre avec ces préparations), à mesure que la sécrétion urinaire s'accroît d'une façon appréciable.

Dans les cas d'albuminuries chez les femmes enceintes, le *Phosphate de Fer hématique Michel* doit être substitué au *Vin Iodé*, une cuillerette à chaque repas. Les Pilules iodées sont prises comme il est dit plus haut. Suivre ce traitement pendant toute la durée de la grossesse. Ce traitement chez les femmes enceintes est de la plus haute importance, car c'est chez elles que se recrutent les candidates aux attaques d'éclampsie.

Aliénation mentale. Folie. Manie. Démence. — Quand l'un de ces phénomènes se manifeste, il y a longtemps déjà que l'on observait des troubles nerveux divers qui indiquaient une altération nutritive nerveuse générale. Le trouble intellectuel annonce une localisation dans l'affection nerveuse, ce qui n'implique pas que l'altération nutritive générale ait cessé pour cela. La lésion en voie de formation est-elle déjà incurable dès la manifestation morbide ? Cela n'est pas certain. D'autre part, l'observation clinique permet d'affirmer que cette affection nerveuse grave est toujours greffée sur une constitution altérée.

Pour obtenir la somme des effets possibles ou enrayer tout au moins les progrès de la maladie et les complications ultérieures, le traitement doit être énergique et double. Il faut agir sur le système nerveux par le *Phosphovinate d'or Jolly* et régénérer la constitution altérée au moyen du *Vin et des Pilules Iodo-phosphatés du Dr Foy.*

Phosphovinate d'or. Commencer par 20 gouttes en 2 fois la 1re semaine et augmenter de 10 gouttes chaque semaine jusqu'à 80 gouttes par jour.

Vin et Pilules du Dr Foy. 1re semaine, 2 cuillerées de vin ; 2° s. 2 c. de vin et 2 pilules ; 3° s. 3 c. de vin et 3 pilules ; 4° s. 4 c. de vin et 4 pilules ; 5°, 6° s. 4 c. de vins et 6, puis 8 pilules par jour.

Continuer ce double traitement jusqu'à guérison, une année au moins.

Amaurose. Goutte sereine. Amblyopie. — Que le trouble de la vision résulte d'une altération de la rétine ou du nerf optique, il y a toujours, simultanément, affection nerveuse grave et constitution fortement altérée.

Il faut appliquer rigoureusement le double traitement énergique par le *Phosphovinate d'or et le Vin et Pilules Iodo-phosphatés du Dr Foy* que nous venons d'indiquer pour l'aliénation mentale.

Aménorrhée. — Quand l'absence ou la suppression des règles ne résulte pas d'un vice de conformation, elle a pour cause fondamentale un affaiblissement considérable de l'état général, marqué par de l'anémie ou des troubles nerveux, quelles que soient les causes occasionnelles qui l'aient déterminée. On constate que le plus grand nombre des cas se manifeste chez des sujets à constitution lymphatique.

Quand l'aménorrhée est consécutive à l'anémie, il faut

prescrire le *Phosphate de Fer hématique Michel,* une cuillerette dans le 1ᵉʳ verre de boisson à chaque repas et
le *Vin Iodo-phosphaté du Dʳ Foy* 2 cuillerées la 1ʳᵉ semaine et 4 cuillerées dans les semaines suivantes.

Si l'aménorrhée est concomitante à des troubles
nerveux, on conseillera le *Vin du Dʳ Foy* comme ci-dessus, plus l'élixir *Phosphovinique Jolly,* 20 gouttes en 2
fois la 1ʳᵉ semaine, augmenter de 10 gouttes chaque
semaine jusqu'à 40 gouttes par jour.

Anémie vraie (voir page 202). — L'hypoglobulie
est la caractéristique de l'anémie vraie. Sous ce titre, il
faut comprendre tout à la fois la diminution du nombre
et de la dimension des globules du sang. Les causes
occasionnelles sont la croissance, la grossesse, l'allaitement, etc. ; ce qui veut dire que l'anémie vraie est
surtout l'apanage des sujets jeunes, jeunes filles et
jeunes femmes surtout.

Le ferrugineux physiologique de l'anémie est le *phosphate de fer,* parce que c'est sous cette forme chimique
que le fer existe dans le globule, ainsi que nous l'avons
démontré. Et, dans ce phosphate de fer du globule
hématique, l'élément actif est l'acide phosphorique qu'il
distribue à tous les éléments anatomiques de nos tissus, tandis que l'oxyde de fer est éliminé sans avoir
exercé aucune action. Cette interprétation est en complet accord avec les résultats de l'analyse chimique qui
établissent, qu'il sort de l'organisme autant de fer qu'on
en administre.

Dans l'application des ferrugineux au traitement de
l'anémie, il ne s'agit pas de combler un déficit de quelques centigrammes de fer manquant au sang ; il faut
fournir à celui-ci un supplément de phosphate de fer
qui se trouve en quantité trop faible dans nos aliments,
phosphate de fer qui est le support architectural des
globules hématiques. Il est donc complémentaire de
l'alimentation et comme tel il doit être administré tant
que dure l'état qui provoque l'anémie.

Le *Phosphate de Fer hématique Michel* renferme les
deux phosphates essentiels du sang : le phosphate de

soude du plasma et le phosphate de fer des globules, le tout en une poudre neutre extrêmement soluble.

Phosphate de Fer Michel pur : une cuillerette dans le 1ᵉʳ verre de boisson à chaque repas.

Phosphate de Fer Michel granulé avec du sucre et aromatisé : une cuillerée à café dans un demi-verre d'eau, un peu avant chaque repas.

Anémies fausses (voir page 213). — Comme pour les anémies vraies, on peut observer quelquefois de l'hypoglobulie ; mais la caractéristique des fausses anémies est une altération vitale du globule hématique ; au lieu d'une coloration vermeille, l'hémoglobine prend une teinte de rancio. Les malades ont un teint spécial de cire vierge vieillie. L'altération vitale du sang est toujours liée à une altération identique de tout l'organisme, dont elle n'est qu'une manifestation qui sert à la rendre visible.

Les fausses anémies constituent donc toujours des états graves par eux-mêmes, bien que d'intensité variable. Elles doivent être, en conséquence, l'objet de la plus sérieuse attention ; il faut surtout avoir grand soin de ne pas les confondre avec les anémies vraies, car non seulement les ferrugineux ne produisent aucun effet utile, même s'ils sont nécessaires, ils peuvent provoquer des hémorrhagies graves et, en tout cas, ils font perdre un temps précieux.

Chez les sujets jeunes, les fausses anémies sont souvent le premier symptôme d'une tuberculose commençante dont tous les autres signes cliniques font encore défaut. Plus tard, elles coïncident souvent avec un état cancéreux dont elles sont le seul signe, quand c'est un organe interne qui est le siège de la maladie. Dans tous les cas, elles sont toujours l'expression d'un état général inquiétant.

L'emploi de l'iode à dose progressive donne des résultats bien supérieurs aux arséniaux. Première semaine 2 cuillerées de *Vin Iodo-phosphaté du Dʳ Foy* ; 2ᵉ sem. 2 c. de vin et 2 *pilules Iodées Foy* ; 3ᵉ s. 3 c. de vin et 3 pilules ; 4ᵉ s. 4 c. de vin et 4 pilules ; 5ᵉ, 6ᵉ, 7ᵉ, 8ᵉ s. 4 c.

de vin et successivement 6, 8, 10 et 12 pilules par jour. Continuer à cette dose jusqu'à guérison.

Asthme (voir page 287). — C'est une névrose de l'appareil respiratoire, le plus souvent périodique. L'asthme appartient à la classe de l'arthritisme dont il forme une sous-famille. Les deux données pathogéniques de l'asthme sont : une affection nerveuse localisée aux organes respiratoires et une constitution altérée par une diathèse arthritique. Le traitement curatif doit donc viser ces deux points. On combat l'état nerveux par le *Phosphovinate d'or Jolly* et l'état constitutionnel par le *Vin et les Pilules Iodo-phosphatés du Dr Foy*.

Phosphovinate d'or. 1re semaine 10 gouttes deux fois par jour dans un peu d'eau avant le repas ; 2e s. 15 gouttes à chaque fois ; 4e s. et suivantes 20 gouttes 2 fois par jour.

Vin et pilules du Dr Foy. 1re s. une cuillerée de Vin Foy après les gouttes de phosphovinate ; 2e s. une c. de vin et 1 pilule 2 fois par jour ; 3e s. 2 c. de vin et 1 pilule ; 4e s. 2 c. de vin et 2 pilules 2 fois par jour. Les semaines suivantes, même quantité de vin et augmenter progressivement les pilules jusqu'à 8 par jour. Ce traitement doit être suivi pendant une année au moins.

Ataxie locomotrice. Tabès dorsalis.— C'est une affection nerveuse grave de la moelle épinière dont les cordons postérieurs, dans un délai de plusieurs années, arrivent progressivement à se scléroser. La maladie, curable jusque-là, devient incurable à partir de ce moment. Elle est très souvent consécutive à une affection syphilitique ancienne, mais pas toujours. On l'a observée aussi chez des goutteux et des rhumatisants. C'est donc une maladie nerveuse grave greffée sur une constitution très altérée.

Le traitement mixte mercuriel et ioduré a quelquefois donné des guérisons, dit-on ; mais les insuccès sont beaucoup plus nombreux.

Le traitement par le *Phosphovinate d'Or* et les préparations *Iodo-phosphatées du Dr Foy* a toujours donné des guérisons durables, souvent même après 2 et 3 ans du début de la maladie, alors que le traitement iodo-mercuriel avait échoué. Ce n'est souvent qu'à partir du 3e mois que les améliorations deviennent très appréciables.

Phosphovinate d'Or Jolly. — 1re semaine 10 gouttes, 2 fois par jour dans un peu d'eau avant chaque repas ; 2e s. 15 gouttes chaque fois ; les semaines suivantes, augmenter de 2 fois 5 gouttes jusqu'à 80 par jour.

Vin et Pilules du Dr Foy. — Pour éviter une stimulation qui pourrait être fatigante, il est prudent de ne commencer l'usage de ces préparations qu'à partir de la 4e semaine de l'emploi du Phosphovinate.

1re sem. 2 cuillerées de vin ; 2e sem. 4 c. de vin ; 3e s. 4 c. de vin et 2 pilules. Les semaines suivantes, avec la même quantité de vin, augmenter successivement jusqu'à 8 pilules par jour. Suivre ce traitement pendant un an au moins, sans interruption.

Athrepsie (voir page 177). — Parrot a créé ce mot pour désigner une maladie spéciale des nouveau-nés. Il signifie *inanition*. Elle est caractérisée par de la diarrhée persistante, compliquée de consomption progressive qui enlève les malades. Ce n'est pas une maladie dans la véritable acception du mot.

Dans l'athrepsie il y a d'abord digestion vicieuse gastro-intestinale avec développement de colonies microbiennes et formation de poisons (Leucomaïnes et toxines) qui, déversés dans le sang d'abord et dans les tissus ensuite, viennent successivement altérer les digestions intra-hématique globulaire et intra-cellulaire ; d'où, comme conséquence, obstacle à l'assimilation des principes nutritifs, amaigrissement et consomption ; c'est cette deuxième phase qui constitue l'athrepsie proprement dite.

Faire de l'antisepsie intestinale est une première nécessité, cela va sans dire, mais cela ne suffit pas. Les digestions intra-cellulaires ayant été altérées par les poisons intestinaux versés dans le torrent circulatoire, cette altération digestive se continue sous l'influence des poisons créés par les éléments anatomiques eux-mêmes, après que les poisons intestinaux ont cessé de se produire sous l'action du traitement. Cela explique les insuccès de l'antisepsie intestinale pratiquée seule.

Traitement. — Antisepsie intestinale au moyen de la potion indiquée page 180.

Antisepsie et antitoxie générales par le sirop de Juglandine iodée. Une cuillerée à café de sirop mêlée à 2 cuillerées à potage de lait, d'abord deux fois par jour, pendant 2 jours ; 3 cuiller ées à café de sirop ensuite en 3 fois pendant 4 jours ; puis 4 cuillerées à café encore pendant 4 jours. Selon l'âge on peut aller jusqu'à 6 cuillerées à café par jour et on continue ainsi cette dose, tant que l'enfant n'a pas repris son poids normal avec augmentation quotidienne proportionnelle à l'âge.

Cachexie. — C'est un état résultant de l'altération générale de l'organisme avec dénutrition histologique profonde, caractérisé par un amaigrissement marqué. La cachexie peut être considérée comme une fausse anémie d'intensité considérable. L'état général est le même dans les deux cas, la question d'intensité étant réservée, la manière de l'envisager fait toute la différence. En effet, dans l'état cachectique on envisage surtout l'amaigrissement, tandis que dans la fausse anémie on considère seulement l'état du sang.

Suivre le traitement indiqué aux *fausses anémies* (page 366).

Cancer (voir page 288). — L'état général des malades en période d'évolution, cancéreuse, latente ou non, consiste en une altération nutritive généralisée de tous les éléments anatomiques. Cet état se traduit à un moment donné par une fausse anémie qui doit éveiller l'attention. Son apparition semble pour ainsi dire spontanée et elle se produit à un âge qui n'est pas celui ou l'anémie vraie prend naissance ; les deux genres d'anémie ne peuvent donc pas être confondus.

On sait que dans la nutrition altérée il se forme des

produits toxiques qui entretiennent et aggravent cette altération nutritive. Or, le néoplasme cancéreux est, lui aussi, un foyer de fabrication abondante de produits toxiques qui, déversés dans le torrent circulatoire, augmentent encore le degré d'intoxication. D'ailleurs, aujourd'hui tout le monde sait que les cancéreux meurent surtout d'auto-intoxication.

La régénération nutritive histologique et la désintoxication de l'organisme doivent être la base du traitement général et, à l'heure actuelle, l'iode métalloïde associé à des phosphates, comme dans les préparations du D'Foy, est l'antiseptique et l'antitoxique le plus act,f (1 pour 4000), tout en restant inoffensif. Les iodures alcalins sont sans action, parce que l'iode engagé dans une combinaison trop stable n'est plus qu'un antiseptique insignifiant (1 pour 7).

1ʳᵉ semaine 2 cuillerées de *Vin Iodo-phosphaté du D' Foy* un peu avant le repas de midi et du soir; 2ᵉ s. 2 c. de vin et 2 *Pilules Iodées Foy* par jour ; 3ᵉ s. 3 c. de vin et 3 pilules ; 4ᵉ s. 4 c. de vin et 4 pilules ; 5ᵉ, 6ᵉ, 7ᵉ, 8ᵉ s. 4 c. de vin et successivement 6, 8, 10 et 12 pilules par jour. Continuer ce traitement sans interruption pendant une année au moins et pendant 2 autres en réduisant les doses de moitié.

L'opération chirurgicale a beaucoup plus de chances de réussir, si l'on n'y procède que quand le malade suit le traitement iodé depuis quatre mois au moins.

Carreau. Phtisie abdominale.— Que le médecin se trouve en présence d'un simple engorgement des ganglions mésentériques, avec ou sans diarrhée, ou que ceux-ci soient atteints de tuberculose, le traitement est le même dans les deux cas.

1º Il faut faire de l'antisepsie intestinale :

A. S'il y a diarrhée — salicylate de bismuth, benzonaphtol, benzoate de soude, ââ 3 gr. pour 150 gr. Julep gommeux, 4 cuillerées à dessert par jour.

B. S'il n'y a pas diarrhée — substituer le salicylate de magnésie à celui de bismuth.

2º Pendant 15 jours, 2 cuillerées à potage de *Vin Iodo-*

phosphaté du Dr Foy. Au bout de 15 jours 3 cuillerées ; 8 jours après, 4 cuillerées. Continuer à cette dose, quel que soit l'âge de l'enfant.

Chlorose (voir page 211).— C'est une anémie vraie greffée sur une constitution à nutrition altérée. Pour cette raison, elle s'accompagne fréquemment de troubles nerveux très variés, au milieu desquels l'estomac est souvent très affecté. Cette maladie mérite de fixer spécialement l'attention, parce que c'est chez les chlorotiques que se recrutent un assez grand nombre de candidats jeunes à la tuberculose.

Les ferrugineux sont nécessaires, c'est-à-dire le *Phosphate de fer hématique Michel* qui est le seul ferrugineux physiologique ; mais, si on l'emploie seul, il ne donne aucun résultat. Pour qu'il produise un effet thérapeutique, il faut agir en même temps sur la nutrition générale altérée au moyen des préparations *Iodophosphatées* du Dr Foy. Nous ferons remarquer que l'arsenic vanté contre la chlorose ralentit la nutrition et les oxydations, alors que ces phénomènes ont besoin d'être augmentés ; c'est un énorme contre-sens thérapeutique.

1º Dans le 1er verre de boisson, aux repas de midi et du soir, une cuillerette de *Phosphate de fer Michel* pur. Si on préfère le *phosphate granulé*, une cuillerée à café avant chaque repas dans de l'eau.

2º 1re semaine, 2 cuillerées de *Vin Iodo-phosphaté du Dr Foy* en deux fois un peu avant le repas, 2e s. 2 c. de vin et 2 pilules *Iodées Foy* ; 3e s. 3 c. de vin et 3 pilules ; 4e s. 4 c. de vin et 4 pilules. Si l'on suspecte un état tuberculeux encore latent, porter successivement le nombre des pilules à 8 par jour.

Cholérine. — Voir diarrhée.

Chorée. Danse de Saint-Guy.— C'est une maladie nerveuse qui affecte de préférence les jeunes filles vers l'époque de la nubilation, surtout lorsque la menstruation rencontre des difficultés à s'établir. On constate en outre que, chez tous ces malades, la nutrition est altérée par un état lymphatique, des tares héréditaires ou par une maladie infectieuse antérieure.

Le traitement physiologique et rationnel consiste dans l'emploi de l'*Elixir phosphovinique* comme reconstituant et sédatif du système nerveux et du *Vin Iodo-phosphaté du Dr Foy* pour améliorer la constitution en redressant et en relevant la nutrition histologique.

En préconisant l'Iode, stimulant de la nutrition cellulaire, nous nous mettons en opposition complète avec la méthode thérapeutique acceptée, c'est-à-dire avec la médication arsénicale qui est retardante. Nous ne comprenons guère, en effet, que l'on enraye le mouvement nutritif histologique chez des malades dont la nutrition est déjà altérée et qui, par cette cause, n'utilisent pas complètement tous les matériaux nutritifs de leur alimentation. Et parce que les nerfs moteurs ont des mouvements désordonnés, par suite de nutrition insuffisante du système nerveux, nous ne comprenons pas qu'on les paralyse par l'usage de l'arsenic.

1° A midi et le soir, avant le repas, 10 gouttes d'*Elixir phosphovinique* dans un peu d'eau. Chaque semaine augmenter de 5 gouttes à midi et autant le soir jusqu'à 80 gouttes par jour en deux fois.

2° Après les gouttes d'élixir, une cuillerée à potage de *Vin du Dr Foy*. Au bout de 15 jours et le reste du temps, 4 cuillerées de vin par jour en 2 fois.

3° Après la disparition de tous les accidents choréiques et pour faciliter la menstruation, substituer le *Phosphate de Fer hématique Michel* à l'élixir phosphovinique, en continuant l'usage du *Vin Iodé*.

Cirrhoses du foie. — Les différentes formes cliniques de cirrhoses sont toujours consécutives, à plus ou moins longue échéance, à des affections aiguës du foie. L'altération plus ou moins profonde du tissu hépatique détermine l'arrêt fonctionnel de cet organe dont le rôle est si important. Le foie, en effet, est un des principaux émonctoires de l'organisme ; il élimine une grande partie des déchets des fonctions vitales et détruit quantité de produits toxiques de formation intra-organique ; la bile, d'autre part, est indispensable à l'accomplissement normal des digestions intestinales. La rétention des déchets toxiques vitaux et l'absorption de toxines formées dans les digestions intestinales viciées amènent une intoxication générale rapidement grave.

Le régime lacté, les eaux alcalines de Vichy et autres ne constituent pas, à proprement parler, un traitement thérapeutique. Ils sont d'une très grande utilité, nous ne le contestons pas ; ils aident à la désintoxication des cellules hépatiques notablement augmentées ; mais ils sont sans action sur la vitalité altérée des cellules hépatiques.

Indépendamment des traitements locaux et spéciaux, le traitement général comporte l'emploi de l'Iode, à dose élevée par les préparations *Iodo-phosphatées du Dr Foy* qui agissent comme désintoxicantes de l'organisme et favorisent l'amélioration nutritive histologique du tissu hépatique. Il faut, d'autre part faire de l'antisepsie intestinale.

1º 1re semaine, 2 cuillerées de *Vin Iodo-phosphaté du Dr Foy*, une à midi, l'autre le soir avant le repas ; 2e s. 2 c. de vin et 2 *pilules Iodées Foy* ; 3e s. 3 c. de vin et 3 pilules ; 4e s. 4 c. de vin et 4 pilules , 5e et 6e s. 4 c. de vin et progressivement 6 et 8 pilules par jour. Continuer à cette dose.

2º Au cours de chaque repas un *Cachet digestif antiseptique Jolly*, soit 2 par jour.

Coliques hépatiques.— Voir lithiase biliaire.

Consomption. — Voir cachexie.

Convulsions.— Qu'elles se produisent chez les enfants ou chez les adultes, les convulsions résultent toujours de troubles nutritifs nerveux se traduisant par des désordres fonctionnels,

Convulsions chez les enfants. —Les bromures peuvent calmer les crises momentanées, mais n'empêchent pas les récidives, puisqu'ils ne touchent pas à la cause déterminante qui est une insuffisance phosphatée.

Le traitement curatif comporte simultanément l'emploi :

1º De l'*Elixir Phosphovinique*. 1ʳᵉ semaine, 5 gouttes d'élixir dans un peu d'eau sucrée 2 fois par jour un peu avant le repas. Les semaines suivantes porter sucessivement à 10, 15 et 20 gouttes d'élixir chaque fois. Continuer à cette dose.

2º Après les gouttes, une cuillerée à potage de *Vin Iodo-phosphaté du Dʳ Foy*, en 2 fois chaque jour pendant une semaine ; ensuite une cuillerée chaque fois.

3º Recommander en même temps un lait riche en phosphate de chaux.

Convulsions chez les adultes.— Il existe toujours un état diathésique plus ou moins connu qu'il faut soigner simultanément.

1º *Phosphovinate d'Or Jolly.*— 1ʳᵉ semaine 10 gouttes à midi et 10 gouttes le soir dans un peu d'eau avant le repas. Chacune des semaines suivantes, augmenter de 10 gouttes jusqu'à 80 gouttes par jour.

2º *Vin et Pilules Iodo-phosphatés du Dʳ Foy.*— 1ʳᵉ semaine 2 cuillerées de vin par jour aussitôt après les gouttes ; 2ᵉ s. 2 c. de vin et 2 pilules ; 3ᵉ s. 3 c. de vin et 3 pilules ; 4ᵉ s. 4 c. de vin et 4 pilules ; 5ᵉ et 6ᵉ s. 4 c. de vin et successivement 6 et 8 pilules par jour. Continuer à cette dose.

Coqueluche.— C'est une maladie infectieuse et contagieuse dont les toxines agissent spécialement sur le système nerveux. La forme spasmodique des quintes en est une preuve ; les accidents nerveux consécutifs fréquents le démontrent bien mieux encore. Parmi ceux-ci, nous citerons : les convulsions, des paralysies diverses, des hémorrhagies cérébrales, etc.

Nous ne dirons rien du traitement spécial antispasmodique.

Les deux points sur le traitement desquels nous voulons attirer spécialement l'attention sont le système nerveux et l'intoxication.

Comme sédatif et reconstituant du système nerveux, nous recommanderons l'*Elixir Phosphovinique*. Comme antiseptique et antitoxique interne pour détruire les toxines et faire obstacle à l'intoxication nerveuse, lé *Vin Iodo-Phosphaté du Dr Foy* est d'une efficacité certaine. Il a en outre pour effet d'augmenter considérablement l'action de l'élixir sur le système nerveux.

Elixir Phosphovinique. — 5 gouttes d'élixir dans un peu d'eau sucrée avant le repas, 2 fois par jour. Chacune des semaines suivantes élever à 10, puis à 15 et enfin à 20 gouttes d'élixir chaque fois. Continuer à cette dose.

Vin Iodo-phosphaté du Dr Foy. — Après les gouttes, une demi-cuillerée à potage de vin 2 fois par jour. A partir de la seconde semaine et les suivantes, une cuillerée de vin à chaque fois.

Continuer régulièrement ce traitement pendant 3 mois au moins après la guérison complète.

Coxalgie. — Dans cette maladie de l'articulation coxo-fémorale il y a deux points à considérer pour le traitement général à appliquer : 1° Il y a une altération nutritive des cellules osseuses de la cavité iliaque articulaire, par suite de laquelle cette cavité s'allonge et prend une forme ovoïde dans laquelle la tête du fémur ne trouve plus un point d'appui suffisamment solide ; 2° La coxalgie ne se produit guère que chez des sujets très lymphatiques, ou scrofuleux, ou diathésiques héréditaires.

Pour agir sur la nutrition osseuse, il faut employer l'*Elixir phosphovinique*. Nous avons constaté cette propriété avec le Dr P. Bouland ; mais nous ne nous chargeons pas de l'expliquer. On commence par 10 gouttes à midi et 10 gouttes le soir dans un peu d'eau sucrée, avant le repas. Chaque semaine on augmente de 2 fois 6 gouttes jusqu'à 50 gouttes au-dessous de 10 ans et 80 gouttes au-dessus de cet âge. On continue à cette dose.

En même temps, nous améliorerons la constitution altérée au moyen du *Vin et Pilules iodo-phosphatés* du Dr Foy. Au-dessous de 10 ans, pendant 8 jours, une cuil-

lerée à potage de vin, 2 fois par jour après les gouttes ;
à partir de la deuxième semaine et les suivantes, 2 cuillerées de vin à chaque fois. A partir de 10 ans et au-
dessus prendre 4 c. de vin comme ci-dessus, puis ajouter en plus et successivement 2 pilules iodées par jour
d'abord, ensuite 4 et continuer à cette dose.

Diabète insipide. Dénomination impropre. — Ce
sont des troubles nerveux accompagnés de polyurie
et aggravés par une désassimilation phosphatique plus
élevée que la normale. Bien que sans gravité momentanée, cet état doit être soigné avec la plus sérieuse
attention, parce qu'il est la manifestation de désordres
nerveux qui s'aggraveront certainement.

Phosphovinate d'or Jolly. — 1ʳᵉ semaine, 10 gouttes à
midi et 10 gouttes le soir dans un peu d'eau avant chaque repas ; 2ᵉ s. 15 gouttes à chaque fois. Chaque semaine augmenter de 10 gouttes en 2 fois par jour jusqu'à
40 gouttes à midi et 40 gouttes le soir.

Vin et Pilules iodo-phosphatés du Dʳ Foy. — 1ʳᵉ semaine,
après les gouttes d'or une cuillerée à potage de vin
Foy ; 2ᵉ s. 2 cuil. de vin 2 fois par jour ; 3ᵉ s. avec le
vin une pilule ; 4ᵉ s. 2 pilules à chaque fois. Les semaines suivantes avec les 4 c. de vin par jour élever successivement les pilules à 6 et 8 par jour. Continuer ce
traitement pendant 3 mois au moins.

Diabète sucré ou glycosurique (voir page 295).—
La présence du sucre dans l'urine n'est qu'un symptôme commun à des maladies fort différentes par leur
siège, leur origine et leur gravité. Les cinq formes cliniques reconnues de diabètes : pancréatique, hépatique, nerveux, arthritique et par intoxication, reconnaissent deux genres de causes fondamentales identiques pour tous les cas, à savoir : une altération vitale
du système nerveux pouvant être amenée par des causes nombreuses et variables, se répercutant sur toutes
les autres fonctions organiques. Une altération plus
ou moins profonde et généralisée de la constition, pou-

vant se traduire par une localisation sur un organe, tel
que foie, pancréas, etc.

La distinction en deux classes de diabète gras et diabète maigre exprime exactement l'état de l'organisme
et la différence de gravité. Dans le diabète gras l'organisme brûle incomplètement ses matériaux alimentaires et accumule de la graisse ; les malades de cette catégorie sont guérissables. Dans le diabète maigre, il y
a non seulement combustion imparfaite, mais il y a en
plus dénutrition profonde des éléments anatomiques de
tous les tissus, par suite de constitution très fortement
altérée. Dans ces cas, la guérison est plus difficile et
beaucoup plus longue à obtenir.

Le traitement combiné par le Phosphovinate d'or et
l'iode nous a donné de nombreuses guérisons complètes, persistantes et dans les autres cas une très grande
amélioration de l'état général, non seulement avec arrêt de l'amaigrissement, mais récupération d'une bonne
partie du poids perdu.

Phosphovinate d'or Jolly. — Commencer par 20 gouttes en deux fois dans un peu d'eau avant le repas. Augmenter de 10 gouttes chaque semaine jusqu'à 80 gouttes par jour.

Après les gouttes, deux cuillerées à potage de *Vin de
Quinetum Phosphaté au madère.*

Pilules iodées du Dr Foy. — Pendant une semaine 2 pilules par jour en 2 fois avec le vin. Chaque semaine
augmenter de 2 pilules jusqu'à 12 par jour. Continuer
à cette dose sans interruption.

Diarrhée. — Pour la diarrhée chez les tout jeunes
enfants voir le mot *Athrepsie* (page 177).

Diarrhée aiguë chez les adultes. — Quand elle se prolonge seulement quelques jours, les malades constatent
un amaigrissement rapide, un affaiblissement considérable des forces physiques, la perte de l'appétit. Ces
symptômes sont la preuve évidente d'une intoxication
généralisée par des toxines d'origine intestinale. Si le
pronostic ne laisse aucune inquiétude, nous croyons
cependant qu'il est nécessaire de faire de l'antiseptie

intestinale au moyen des *cachets antidiarrhéiques* que l'on fait prendre à la dose de 3 à 4 par jour.

Diarrhée chronique (voir page 184).— Elle se produit chez les sujets dont les digestions intestinales sont altérées ; elle succède à des périodes de constipation. L'antisepsie intestinale est absolument nécessaire et elle doit être longtemps continuée, car tous ces malades sont des auto-intoxiqués, leur teint bistré l'indique ; les affections du foie en sont une suite éloignée.

On combat la diarrhée au moyen des *cachets antidiarrhéiques*, 3 à 4 par jour, auxquels on joint de l'élixir parégorique dans les cas de coliques. Quand elle est cessée, il faut leur substituer les *cachets antiseptiques* dont on fait prendre un au cours de chacun des principaux repas.

D'autre part, il faut désintoxiquer l'organisme, neutraliser les toxines d'origine intestinale qui altèrent la constitution des malades, au moyen des *Pilules iodophosphatées du Dr Foy.* — On commence par une pilule deux fois par jour à chacun des principaux repas. Chaque semaine on augmente de 2 pilules jusqu'à 6 par jour.

Diphtérie. — Voir maladies infectieuses.

Dysenterie (voir page 186).— Nous ne donnons aucun conseil relativement à la dysenterie aiguë.

Dysenterie chronique. — Nous conseillons de la traiter exactement comme la diarrhée chronique ; c'est-à-dire : 1° 3 à 4 *cachets antidiarrhéiques* par jour jusqu'à disparition de la diarrhée ; 2° continuation de l'antisepsie intestinale au moyen des *cachets antiseptiques*, 1 au cours de chacun des deux principaux repas.

En raison de l'affaiblissement considérable des malades, nous conseillons de désintoxiquer l'organisme par l'emploi simultané de *Vin Iodo-phosphaté du Dr Foy* et des *Pilules* : 1re semaine, une cuillerée de vin un peu avant chaque repas ; 2e sem. 4 c. de vin ; 3e s. à chaque c. de vin ajouter une pilule. Les semaines suivantes, donner 2, puis 4 pilules avec chacune des 2 c. de vin ; continuer à cette dose pendant 2 mois au moins.

Dysménorrhée. — Rechercher si elle est provoquée par de l'anémie, ou des troubles nerveux.

Dans le cas d'anémie, prescrire le *Phosphate de Fer hématique Michel*, une cuillerette à chaque repas dans le 1er verre de boisson.

Dans le cas de prédominance des troubles nerveux : *Elixir Phosphovinique*, 10 gouttes, deux fois par jour, dans un peu d'eau ; 15 gouttes la deuxième semaine et 20 gouttes chaque fois à partir de la 3e semaine.

Dyspepsies. — Peter rattache toutes les formes de dyspepsie à des troubles de l'innervation qu'il définit par *névrose circulaire de l'estomac*. Il convient de tenir compte de cette cause générale.

1º Paresse de l'estomac. Manque d'appétit (voir page 167). C'est chez les femmes que cet état de l'estomac se rencontre le plus fréquemment et presque constamment accompagné de troubles nerveux divers.

Aux vins de quinquina qui constipent rapidement, en raison de leur richesse en tannin, et aux vins amers de gentiane, de colombo qui excitent bien l'estomac, mais sans agir sur la cause nerveuse, il faut substituer le *Vin de Quinetum Phosphaté de Jolly* au muscat (vin sucré) ou au madère (vin sec) qui, renfermant les principes amers alcaloïdiques du quinquina débarrassés du tannin, ne constipe pas et du phospho-glycérate de potasse qui agit comme reconstituant spécial du système nerveux. Dose, deux cuillerées à potage avant chacun des principaux repas.

2º Pesanteurs d'estomac. Gastralgies. Crampes d'estomac. Aigreurs. Pyrosis, etc. Tous ces états ont pour cause une hyperacidité plus ou moins prononcée du suc gastrique.

L'emploi des alcalins au début du repas produit des effets diamétralement opposés à ceux que l'on en attend. Ils provoquent une hypersécrétion de suc gastrique acide ; c'est pourquoi on arrive à des doses excessives d'alcalins sans aucun succès.

2 ou 3 heures après le repas, quand la digestion apparaît pénible ou douloureuse, croquer de 2 à 4 *pas-*

tilles antiacides Jolly dont chacune équivaut à 10 de Vichy.

Dans les cas de gastralgies, de crampes de l'estomac, indépendamment des sédatifs, faire prendre 2 cuillerées de *Vin de Quinetum phosphaté* avant le repas.

3° Digestions irrégulières et fermentations intestinales vicieuses. Flatulence, coliques venteuses, etc.

Ces formes de maladies de l'appareil digestif doivent être l'objet de la plus sérieuse attention, en raison de l'altération profonde qu'elles peuvent produire sur la constitution, quand elles se prolongent.

Par suite de digestions irrégulières et incomplètes, une certaine quantité des principes alimentaires ne peut être assimilée, d'où affaiblissement et quelquefois amaigrissement des malades. D'autre part, et c'est en cela qu'est la gravité, des fermentations intestinales anormales se produisent, des colonies microbiennes se développent, donnant naissance à des toxines qui, introduites dans le torrent circulatoire, empoisonnent lentement et progressivement l'organisme et, conséquemment, arrivent à altérer profondément la constitution et la santé. Ces troubles digestifs se reconnaissent, tantôt par des renvois gazeux abondants, le gonflement de l'estomac ou des intestins. Les déjections solides et gazeuses sont toujours extrêmement fétides et l'haleine exhale une odeur désagréable, surtout le matin.

Il faut faire de l'antisepsie gastro-intestinale au moyen des *cachets digestifs antiseptiques Jolly*, un après chaque repas, et de l'antisepsie générale au moyen du *Vin Iodo-phosphaté du D*r* Foy*, une ou deux cuillerées pour les enfants, 2 à 4 pour les adultes, ou par les *Pilules Iodées du D*r* Foy*, 4 par jour.

Quelques purgations légères de temps à autre.

Eclampsie. — Ce n'est pas une entité morbide. La cause primitive est une nutrition altérée plus ou moins ancienne et généralisée. Consécutivement, elle donne naissance à des lésions diverses, plus souvent rénales, qui s'accompagnent d'albuminurie. Le mauvais état des reins faisant obstacle à l'élimination des toxines élaborées par l'organisme, celles-ci agissent sur les centres nerveux et déterminent les accès convulsifs.

Traitement préventif. — Toute femme enceinte reconnue albuminurique étant candidate aux attaques éclamptiques, il faut favoriser la diurèse par le régime lacté ; mais il faut aussi agir sur la nutrition altérée et faire simultanément de l'antitoxie au moyen des *Pilules Iodo-phosphatées du Dr Foy* ; 2 par jour pendant une semaine, au cours du repas ; 4 la semaine suivante ; 6 pendant la 3e s. et 8 à partir de la 4e et les suivantes, malgré l'état des reins, les pilules ne renfermant que 25 milligr. d'iode extrêmement actif, les accidents d'iodisme ne sont pas à craindre.

Simultanément, aux deux principaux repas, une cuillerette de *Phosphate de Fer Hématique Michel* dans le premier verre de boisson.

Traitement curatif. — Combattre les attaques par les sédatifs ordinaires. Celles-ci conjurées, prévenir les rechutes au moyen du *Phosphovinate d'or Jolly*, 20 gouttes en 2 fois la 1re semaine, dans un peu d'eau ; 30 gouttes la 2e semaine ; 40 gouttes par jour en deux fois à partir de la 3e semaine et les suivantes.

Faire aussi usage, simultanément, des *Pilules Iodées du Dr Foy*, comme il est dit ci-dessus.

Epilepsie. — C'est une affection nerveuse grave, toujours sous la dépendance d'une altération profonde, héréditaire ou acquise, de la constitution.

Les bromures à haute dose constituent la médication banale de cette maladie. Ils n'ont jamais produit une guérison durable, ni même réelle. Ils agissent comme paralysant nerveux fonctionnel.

Le traitement vraiment curatif de l'épilepsie consiste à restaurer la vitalité fonctionnelle et nutritive nerveuse par le *Phosphovinate d'or Jolly* et l'état général au moyen du *Vin et des Pilules Iodo-phosphatés du Dr Foy*.

Phosphovinate d'or. 1re semaine 10 gouttes deux fois par jour dans un peu d'eau avant les deux principaux repas. Chaque semaine, augmenter de 2 fois 5 gouttes jusqu'à 40 gouttes par jour pour les adolescents et 80 gouttes pour les adultes.

Vin et Pilules Iodo-phosphatés Foy. — Simultanément, après les gouttes d'or, deux cuillerées de vin par jour pour la 1re semaine ; 2 c. de vin et 2 pilules la 2e s. ; 3 c. de vin et 3 pilules la 3e s. ; 4 c. de vin et 4 pilules la 4e s. ; continuer à cette dose pour les adolescents. Pour les adultes élever progressivement les pilules à 8 par jour et continuer à cette dose pendant 6 mois au moins.

Erysipèle. — Voir Maladies infectieuses.

Fièvres intermittentes. — Voir Paludisme.

Fièvre typhoïde. — Voir Maladies infectieuses.

Gastralgie, Gastrite. — Voir *dyspepsie* (page 170).

Glycosurie. — Voir diabète (page 295).

Goître exophtalmique. — Est considéré comme une névrose d'origine bulbaire avec intoxication thyroïdienne par fonctionnement exagéré de la glande thyroïde.

Le *Phosphovinate d'or Jolly* est l'agent curatif certain des troubles nerveux et l'iode sous la forme du *Vin et des Pilules du Dr Foy*, associé à des phosphates contrairement à l'opinion de Trousseau et du professeur Jaccoud, donne d'excellents résultats pour l'amélioration de l'état général et combattre l'hypertrophie du corps thyroïde.

Phosphovinate d'or. — 10 gouttes dans un peu d'eau deux fois par jour avant le repas pendant la 1re semaine. Chaque semaine augmenter de 10 gouttes en 2 fois jusqu'à 80 gouttes par jour.

Vin et Pilules Iodo-phosphatés du Dr Foy. — Simultanément avec les gouttes d'or et aussitôt après, 1re semaine 2 cuillerées du Vin Foy; 2e s. 4 c. de vin ; 3e s. 4 c. de vin et 2 pilules. Chacune des semaines suivantes 4 c.

de vin et élever progressivement les pilules à 8 par jour et continuer à cette dose jusqu'à guérison.

Goutte chronique (voir page 271). — La goutte finit toujours par altérer profondément la constitution et amener une foule de complications diverses de plus en plus graves, à mesure que l'âge avance.

Pour prévenir ces désordres il faut, dans l'intervalle des accès, régénérer la constitution au moyen du *Vin et des Pilules Iodophosphatés du Dr Foy*. 1re semaine 2 cuillerées de vin par jour, un peu avant le repas ; 2e s. 4 c. de vin ; 3e s. 4 c. de vin et 2 pilules. Les semaines suivantes 4 c. de vin et successivement 4, 6 et 8 pilules par jour. Ce traitement doit être suivi chaque année pendant deux périodes de 3 mois.

Pour prévenir le retour des attaques aiguës, à la fin de l'hiver et de l'été, dès que les variations de la température sont accentuées, ou bien dès que la quantité d'urine quotidienne diminue notablement, faire usage pendant 6 semaines, au moins de l'*Eau sulfureuse silicatée artificielle du Dr Tripier*, à la dose d'un verre et demi par jour en deux fois.

Grippe ou Influenza. — Elle a pris certainement, depuis quelques années, un caractère franchement infectieux et elle laisse toujours après elle une altération profonde et persistante de la constitution, qui devient le point de départ de nombreux malaises et de maladies dont elle augmente la gravité.

Pour régénérer la constitution et éviter les complications ultérieures, il faut faire usage du *Vin et des Pilules Iodo-phosphatés du Dr Foy*. 1re semaine 2 cuillerées de vin en 2 fois ; 2e s. 4 c. de vin. Les semaines suivantes, aux 4 c. de vin ajouter successivement 2, 4, 6 et 8 pilules Iodées du Dr Foy et continuer à cette dose pendant 3 ou 4 mois.

Hématurie. Hémoglobinurie. — Ce n'est pas une entité morbide, c'est un symptôme commun à des affections très diverses, telles que : inflammation de la prostate, des reins, des uretères, de la vessie, etc. Ces cas sortent de notre cadre. Nous envisageons principalement ici les hématuries qui sont consécutives à une altération profonde de la constitution, très rares en France et très fréquentes dans les pays chauds.

Le traitement consiste dans l'emploi simultané de l'*Elixir Phosphovinique*, qui agit comme reconstituant hémostatique ; et du *Vin et des Pilules Iodo-phosphatés du D*r *Foy*, comme régénérateur de la constitution altérée.

Elixir Phosphovinique. Commencer par 10 gouttes deux fois par jour dans un peu d'eau pendant une semaine. Les semaines suivantes, augmenter de 10 gouttes en deux fois jusqu'à 40 gouttes par jour. Continuer à cette dose.

*Vin et Pilules Iodophosphatés du D*r *Foy*.—Aussitôt après les gouttes, deux cuillerées de vin en 2 fois la 1re semaine, 4 cuillerées la 2e s. Les semaines suivantes aux 4 c. de vin, ajouter successivement 2, 4, 6 et 8 pilules par jour en 2 fois.

Hépatites. *Inflammations du foie.*—Si, cliniquement, elles diffèrent et sont moins graves que la cirrhose ; elles peuvent y conduire. Le traitement général doit être identique dans les deux cas. (Voir *cirrhose*, page 372.)

Hydropisies. — Indépendamment du traitement spécial, nous recommandons d'améliorer l'état général au moyen des *Pilules et du Vin Iodo-phosphatés du D*r *Foy*. Deux cuillerées par jour la 1re semaine ; 4 par jour la 2e s. Les semaines suivantes aux 4 c. de vin, ajouter successivement 2, 4, 6 et 8 pilules iodées. Continuer à cette dose. L'iode a aussi pour effet d'augmenter notablement la sécrétion urinaire et de donner plus d'énergie aux battements du cœur.

Hystérie. — C'est une maladie spéciale aux jeunes femmes qu'elle affecte entre 15 et 30 ans. Elle coïncide presque toujours avec des troubles de la menstruation. Elle est toujours greffée sur une constitution altérée par le lymphatisme ou un état diathésique héréditaire, souvent masqué encore, en raison de l'âge peu avancé.

Le traitement général consiste à agir sur les troubles nerveux par le *Phosphovinale d'Or Jolly*, alternativement avec le *Phosphate de Fer hématique Michel* qui régularise la menstruation et, simultanément, les *Pilules et Vin du D* Foy* comme régénérateurs de la constitution.

Phosphovinale d'Or. — 10 gouttes deux fois par jour, en deux fois, dans un peu d'eau avant le repas, la 1re semaine ; 15 gouttes chaque fois la 2e s. Chaque semaine augmenter de 10 gouttes, jusqu'à 40 gouttes par jour si l'affection est légère et 80 gouttes si elle est intense.

Phosphate de Fer hématique Michel. — Après chaque flacon de Phosphovinate, employer un flacon de Phosphate de fer. Une cuillerette à chaque repas dans le 1er verre de boisson.

Pilules et Vin Iodo-phosphatés du D Foy*. Simultanément avec le Phosphovinate et avec le Phosphate de Fer Michel, prendre deux cuillerées de vin la 1re semaine, 4 c. la 2e s. Les semaines suivantes avec les 4 c. de vin, prendre successivement 2 et 4 pilules iodées. Continuer jusqu'à guérison.

Ictère. — L'obstacle qui s'oppose à l'écoulement de la bile dans le duodénum devient cause de troubles considérables dans la digestion intestinale. Si cet état se prolonge assez longtemps, ou bien s'il récidive assez fréquemment, les toxines, qui prennent naissance au milieu de ces digestions vicieuses ou qui résultent du développement de colonies microbiennes, en passant dans le torrent circulatoire, viennent troubler la nutrition des éléments anatomiques de tous les tissus et altèrent ainsi la constitution générale. C'est à cette intoxication qu'il faut attribuer ces retours parfois si lents à la santé. Il est donc de la plus haute importance d'en tenir grand compte dans le traitement.

Indépendamment du traitement ordinaire, il faut donc faire de l'antisepsie intestinale au moyen des *Cachets antiseptiques Jolly* et de l'antisepsie générale par les *Pilules et le Vin Iodo-phosphatés du Dr Foy.*

Cachets digestifs antiseptiques Jolly. — Un cachet au milieu de chaque repas.

Pilules et Vin Iodo-phosphatés du Dr Foy. — Deux cuillerées à potage de Vin Foy, la 1re semaine en deux fois, avant chaque repas ; 4 c. la 2e s. Les semaines suivantes aux 4 c. de vin, ajouter successivement 2, 4 et 6 pilules iodées. Continuer à cette dose.

Impuissance. — Qu'elle résulte d'excès vénériens ou de toute autre cause, elle est toujours symptomatique d'un affaiblissement général du système nerveux qui ira s'aggravant de plus en plus. Pour cette raison, elle mérite donc d'être soignée énergiquement.

Phosphovinate d'Or Jolly. — 20 gouttes par jour en deux fois la 1re semaine, dans un peu d'eau avant le repas. Augmenter de 10 gouttes chaque semaine jusqu'à 80 gouttes par jour.

Pilules Iodo-phosphatées du Dr Foy. — Au milieu du repas 2 pilules iodées la 1re semaine (une à chaque repas). Chaque semaine augmenter de 2 pilules jusqu'à 8 par jour.

Incontinence d'urine. — Elle résulte dans la majorité des cas d'un affaiblissement de l'innervation qui peut être généralisé ou localisé aux organes urinaires.

Chez les jeunes enfants. — A midi et le soir un peu avant le repas 5 gouttes d'*Elixir Phosphovinique Jolly*, dans un peu d'eau sucrée. Aussitôt après une cuillerée à potage de *Vin Iodo-phosphaté du Dr Foy.* La 2e s., 10 gouttes d'élixir ; la 3e s., 15 gouttes à chaque fois. Continuer à cette dose.

Chez les adultes. — Absolue ou relative, elle est presque toujours liée à des troubles nerveux généraux dont elle n'est qu'un symptôme.

Phosphovinate d'Or Jolly. — 10 gouttes 2 fois par jour la 1re semaine, dans un peu d'eau avant le repas, 15 gouttes la 2e s., 20 gouttes la 3e s., 2 fois par jour. Continuer à cette dose.

Infection purulente. — C'est une intoxication produite par la résorption du pus. Il faut faire de l'antisepsie générale.

Pilules et Vin Iodo-phosphatés du Dr Foy. — 1re semaine, 2 cuillerées de vin ; 2e s. 4 c. de vin. Les semaines suivantes, aux 4 c. de vin ajouter successivement 2, 4, 6 et 8 pilules iodées. Continuer à cette dose.

Influenza. — Voir **Grippe**, page 383.

Insomnie. — Quand elle n'est pas provoquée par des douleurs, des troubles respiratoires ou cardiaques, elle résulte toujours d'un affaiblissement du système nerveux. Il est rare que le *Vin de Quinetum Phosphaté Jolly* reconstituant nerveux (un verre à madère à chaque repas), ne fasse pas rapidement disparaître cet état.

Lèpre. — Bien que parasitaire (microbe de Hansen) et contagieuse dans certaines conditions peu connues, la lèpre est encore mystérieuse dans son essence intime. Si elle débute par une éruption squameuse cutanée, elle envahit progressivement tous les tissus musculaires nerveux et même osseux et le malade assiste, vivant, à la destruction lente de son organisme.

La marche de la maladie fait ressortir l'altération nutritive progressive se généralisant lentement à tous les éléments anatomiques des tissus. Elle se manifeste par de l'hypertrophie d'abord, de l'atrophie ensuite et enfin, par la destruction complète sous forme ulcérative. Or, nous avons démontré que toutes les formes d'altération nutritive histologique sont tributaires de la médication iodée à dose intensive, quand même la manifestation éruptive cutanée pourrait être exagérée passagèrement par son emploi. Nous n'avons pas connaissance que des lépreux aient été traités par l'iode métalloïde à dose intensive associé à des phosphates, tel qu'il existe dans les *Pilules et le Vin Iodo-phosphatés du Dr Foy* ; mais, en présence de l'insuccès à peu près complet de toutes les autres médications nous croyons qu'il devrait être expérimenté. En nous appuyant sur les données de la science actuelle et les résultats de nos expériences, nous avons la conviction intime que, la maladie pourrait être enrayée et guérie quand elle n'est pas arrivée à la phase atrophique et ulcérative.

Voici le traitement que nous conseillerons : 1re semaine 2 cuillerées de *Vin du Dr Foy*, par jour ; 2e sem., 4 cuillerées. Les semaines suivantes aux 4 c. de vin, on ajouterait successivement, 2 par 2, des *Pilules du Dr Foy*, jusqu'à 12 par jour.

Leucorrhée. Flueurs blanches. — Leur cause prédominante c'est un état de lymphatisme avec anémie plus ou moins accentuée selon l'âge. Indépendamment du traitement local, le traitement général doit comprendre :

Pilules et Vin Iodo-phosphatés du Dr Foy. — Deux cuillerées de vin par jour, en deux fois la 1re semaine ; 4 cuillerées la 2e s. Les semaines suivantes, ajouter successivement 2, puis 4 pilules iodées, et continuer à cette dose.

Phosphate de Fer Hématique Michel. — Une cuillerette au déjeuner et au dîner dans le 1er verre de boisson.

Lithiase biliaire. Coliques hépatiques. — La cholestérine, produit normal de désassimilation des tissus nerveux, est le principe constituant des calculs qui se forment dans le foie. Les causes qui favorisent leur formation, sont : l'insuffisance des sels biliaires et gras alcalins (cholates, stéarates, etc.), pour maintenir la cholestérine en dissolution ; la stagnation prolongée de la bile dans la vésicule par suite de constipation. C'est l'élimination de ces calculs et leur passage à travers le conduit cholédoque qui détermine les crises de coliques hépatiques.

La lithiase biliaire appartient à la grande famille de l'arthritisme ; c'est donc une maladie dérivant de la nutrition altérée. Son traitement doit être double : 1° Il doit viser la cause générale, c'est-à-dire corriger l'altération nutritive et régénérer la constitution au moyen des préparations *Iodo-phosphatées du Dr Foy* (vin et pilules) ; 2° favoriser la dissolution des calculs de cholestérine et faire obstacle à la formation de nouveaux calculs.

Traitement général. — 1re semaine, à midi et le soir, quelques minutes avant le repas, une cuillerée à potage de Vin du Dr Foy ; 2e s. 2 c. de vin à chaque fois ; 3e s. aux deux cuillerées de vin ajouter une pilule Foy ; 4e s. aux deux c. de vin ajouter 2 pilules à chaque fois. Continuer à cette dose et sans interruption le traitement pendant 6 mois au moins.

Traitement spécial. — Dans le but de favoriser la dissolution des calculs de cholestérine, nous conseillons l'usage des pilules de *Benzocholate de soude*. On commence par 2 par jour au milieu du repas pendant une semaine ; 4 par jour dans la 2e sem. A partir de la 3e sem. et pendant 3 mois consécutifs, 6 pilules par jour. Après cette période de traitement on le suspend pendant 2 mois et on le reprend ensuite pendant un mois chaque trimestre, pendant plusieurs années.

Ces pilules doivent faire cesser la constipation. Au cas où elles seraient insuffisantes, il faudrait faire usage des *Grains de vie de Micque*, deux ou trois fois chaque semaine. On prend une ou deux pilules le soir en se couchant de manière à avoir une garde-robe seulement le lendemain.

Lymphatisme (voir page 265).— Si nous remontons aux causes originelles, qu'il soit acquis ou imposé par hérédité, nous trouvons qu'il est pathologiquement caractérisé par la nutrition histologique altérée, dont la conséquence apparente est l'abaissement de l'énergie vitale. Il peut affecter des degrés variables d'intensité, selon la puissance des causes qui l'ont déterminé.

Nous avons démontré à la page 266 que l'huile de foie de morue, remède banal du lymphatisme, ne corrige pas cet état ; cela tient à ce que les principes médicamenteux qu'elle renferme s'y trouvent en quantité tout à fait insuffisante.

La médication *Iodo-phosphatée* par le *Vin et les Pilules du Dr Foy*, qui permet de graduer à volonté la quantité du médicament selon l'intensité de la maladie et l'âge du malade, est la seule qui soit vraiment curative.

Enfants. — de 1 à 6 ans. Une cuillerée à potage de *vin Iodé* pendant 15 jours ; au bout de ce temps deux cuillerées par jour.

De 6 à 12 ans. 2 cuillerées de *Vin Iodé* pendant 15 jours en 2 fois ; ensuite 4 cuillerées par jour.

Adolescents et Adultes. — 2, puis 4 cuillerées de vin comme ci-dessus. Les semaines suivantes, aux 4 cuillerées de vin ajouter successivement 2, puis 4 pilules. Continuer à cette dose.

S'il y a *anémie*, ajouter *Phosphate de Fer hématique Michel*, une cuillerette à chaque repas dans le premier verre de boisson.

Maladies infectieuses. (Convalescence des) Diphtérie, Rougeole, Scarlatine, Erysipèle, Influenza, Fièvre typhoïde, Variole, etc.

Nous savons que toutes les maladies infectieuses, après leur guérison, laissent toujours l'organisme surchargé de poisons : les uns d'origine microbienne ; les autres d'origine histologique, qui ont pour effet de continuer l'altération nutritive des éléments anatomiques. C'est ce qui explique la longueur des convalescences, la facilité des rechutes et l'aptitude à contracter d'autres maladies infectieuses.

Il est de la plus haute importance de désintoxiquer tous ces malades, de régénérer toutes ces constitutions altérées au moyen des *Pilules* et du *Vin Iodo-phosphatés du Dr Foy.*

Chez les enfants, à la suite de diphtérie, de rougeole, de scarlatine, donner le *Vin du Dr Foy* aux doses indiquées suivant l'âge à l'article Lymphatisme.

Chez les adultes, à la suite d'érysipèle, de fièvres d'Afrique, intermittentes, typhoïdes, d'influenza, de variole, etc., conseiller le *Vin Foy* et les *Pilules* simultanément. 1re sem. une cuillerée de vin à midi et le soir un peu avant le repas ; 2e s. 2 c. de vin à la fois ;

3e s. aux 2 c. de vin ajouter à chaque fois une pilule. Les 2 s. suivantes aux 2 c. de vin ajouter successivement 2 puis 3 pilules à chaque fois. Il est sage de continuer ce traitement pendant 2 mois au moins.

Métrorrhagies. — Le seigle ergoté, le tannin et autres astringents, la limonade sulfurique, etc., peuvent enrayer l'hémorrhagie présente, mais ils ne s'opposent pas aux hémorrhagies ultérieures. L'*Elixir Phosphovinique* seul possède cette propriété. Il ne faut pas craindre d'en donner d'emblée 80 gouttes par jour en 4 fois dans de l'eau sucrée tant que dure l'hémorrhagie. Ensuite, on en continue l'usage à la dose de 2 fois 30 gouttes par jour, pendant un ou deux mois.

Morphinisme. — C'est une intoxication généralisée de l'organisme par l'usage continu de la morphine. La guérison est d'autant plus difficile à obtenir que, le malade lui-même s'y oppose énergiquement en continuant, malgré tout, l'usage du poison. La séquestration des malades et la suppression brusque des injections ne suffisent pas pour guérir, d'abord parce que les douleurs sont sujettes à récidive et ensuite qu'il reste toujours l'altération nutritive généralisée qui persiste après la suppression du poison et prédispose aux rechutes.

Ce que poursuit le malade, c'est la sédation des douleurs qui deviennent de plus en plus rebelles à l'action de la morphine, alors même qu'on élève les doses et la prostration avec une sorte d'hébètement qui succède aux phénomènes d'excitation. On peut diminuer progressivement les douleurs en reconstituant le système nerveux au moyen du *Phosphovinate d'Or* et simultanément on neutralise les poisons par l'Iode au moyen des *Pilules et du Vin Iodo-phosphatés du Dr Foy*.

D'autre part, tandis que chaque semaine on augmente la proportion des deux médicaments, on diminue parallèlement la dose de morphine jusqu'à la suppression complète.

Phosphovinate d'Or. — On commence par 10 gouttes

2 fois par jour, dans un peu d'eau, pendant une semaine. Chaque semaine on augmente de 10 gouttes en 2 fois jusqu'à 80 gouttes par jour. On continue à cette dose.

Pilules et Vin Iodo-phosphatés du Dr Foy. — 15 jours après avoir commencé l'usage du Phosphovinate d'or, on donne, après les gouttes, une cuillerée à potage de vin Iodé ; la semaine suivante 4 cuillerées en deux fois. Ensuite, aux 4 cuillerées de vin on ajoute successivement 2 et 4 pilules, et on continue à cette dose pendant 6 mois au moins.

Myélites. — Les symptômes varient selon la partie de la moelle qui est le siège de l'inflammation. Elles sont généralement consécutives à des maladies infectieuses ou à des intoxications. Les unes ont une évolution rapide, les autres une marche lente.

Le siège de la maladie (moelle épinière) indique l'utilité du *Phosphovinate d'or* comme stimulant et reconstituant des cellules nerveuses. L'origine infectieuse ou intoxicante démontre la nécessité de l'emploi de l'iode à dose intensive par les *Pilules et le Vin Iodophosphaté du Dr Foy.*

Le traitement antiphlogistique local énergique est aussi d'une très grande utilité. Il ne contrarie pas le traitement général interne ; il ne doit pas non plus le faire négliger, en raison de la gravité des accidents consécutifs. C'est pourquoi il faut agir vite, énergiquement et ne repousser aucun moyen pouvant conduire à la guérison. Et, quand même on ne pourrait pas l'espérer complète, on a toujours la chance d'en enrayer la marche envahissante et les désordres consécutifs.

Phosphovinate d'Or. — Commencer par 10 gouttes, 2 fois par jour la 1re semaine dans un peu d'eau ; augmenter de 10 gouttes en 2 fois chaque semaine, jusqu'à 80 gouttes par jour et continuer à cette dose,

Pilules et Vin Iodo-phosphatés du Dr Foy. — Simultanément et aussitôt après les gouttes d'or, une cuillerée à potage de vin Iodé Foy ; 4 c. par jour la 2e sem. A partir de la 3 s. aux 4 c. de vin ajouter successivement chaque semaine 2, 4, 6 et 8 pilules Iodées Foy. Continuer à cette dose, jusqu'à guérison, ou 6 mois au moins.

Neurasthénie (voir page 230).—Sous cette désignation générique on a réuni des troubles nerveux aussi considérables en nombre que variés dans leur forme et leur intensité. Ils sont toujours dus à une déphosphatisation et à des troubles nutritifs des cellules nerveuses. Les manifestations neurasthéniques sont, dans la majorité des cas, symptomatiques, à plus ou moins longue échéance, de maladies nerveuses graves ; aussi, malgré leur peu de gravité apparente momentanée, doivent-elles être soignées avec la plus sérieuse attention.

L'hydrothérapie et l'électricité, qui forment la base du traitement des neurasthénies, sont des stimulants physiques utiles qui relèvent l'appétit et excitent l'activité fonctionnelle nerveuse ; mais ils sont sans influence sur la rephosphatisation nerveuse, quand la perte est déjà assez importante, et encore moins sur la nutrition altérée des cellules nerveuses. Cela explique leur peu d'action dans la majorité des cas.

Le glycérophosphate de chaux, préconisé par le Dr A. Robin, est à peu près inerte, parce que ce sel de chaux, malgré l'assertion de l'auteur qui ne repose sur aucun document scientifique, n'est pas un principe constituant des tissus nerveux. En supposant même qu'il ait une action rephosphatisante, il ne peut pas agir sur la nutrition altérée des cellules nerveuses. Les résultats à peu près nuls de la vaste expérimentation depuis 2 années justifient notre critique scientifique.

Traitement.— Dans le traitement de la neurasthénie, il faut tenir compte du sexe des malades et de leur âge.

Traitement de la Neurasthénie chez la femme. — L'anémie mal soignée chez les jeunes filles et les jeunes femmes, la maternité chez ces dernières sont les causes ordinaires de la neurasthénie.

Chez les femmes neurasthéniques âgées de moins de 35 ans, il faut : 1° Avant chaque repas faire prendre une cuillerée à potage de *Vin Iodo-phosphaté du D*^r *Foy* pendant 8 jours ; après et pendant toute la durée du traitement 2 cuillerées de vin avant chaque repas (4 par jour) ;

2° Une cuillerette de *Phosphate de Fer hématique Michel* dissoute dans un peu d'eau et mêlée à la boisson pendant le repas (2 fois par jour).

Chez les femmes âgées de plus de 35 ans, le traitement est le même pour le *Vin du D*^r *Foy*. Le *Phosphate de fer* doit être pris à dose moitié moins élevée pour éviter les congestions. Au bout d'un mois, on remplace le Phosphate de Fer par l'*Elixir Phosphovinique*. 10 gouttes à midi et le soir avant le *Vin Foy* pendant une semaine. Les semaines suivantes, on augmente de 2 fois 5 gouttes par jour, jusqu'à 20 gouttes à chaque fois. On continue à cette dose jusqu'à guérison.

Traitement de la Neurasthénie chez les hommes. — Les troubles neurasthéniques chez les hommes sont très souvent symptomatiques d'un affaiblissement généralisé du système nerveux, qui s'aggravera, plus ou moins rapidement, selon l'âge du malade et pourra le conduire à des affections nerveuses caractérisées, toujours très sérieuses. Pour cette raison, nous considérons qu'il doit être l'objet d'un traitement énergique, quel que soit l'âge du malade.

1° Deux fois par jour, avant chacun des principaux repas, 5 gouttes de *Phosphovinate d'Or* dans un peu d'eau. Chaque semaine augmenter de 2 fois 5 gouttes jusqu'à 20 gouttes à midi et 20 gouttes le soir.

2° Après les gouttes, une cuillerée à potage de *Vin Iodo-phosphaté du D*^r *Foy* pendant une semaine. A partir de la 2ᵉ sem. et les suivantes, 2 c. de vin à chaque fois.

Névralgies. — Les genres en sont nombreux et leur traitement varie selon le siège du mal et la forme continue ou périodique des douleurs. Nous nous préoccupons ici, principalement, de la constitution névropathique, sous l'influence de laquelle les douleurs récidivent plus ou moins fréquemment.

Chez les sujets jeunes, les névralgies sont souvent

dues à de l'anémie. Il suffit, dans ces cas, de conseiller le *Phosphate de Fer hématique Michel*, une cuillerette à chaque repas dans le 1er verre de boisson, pour préserver des rechutes.

Dans les autres cas, le traitement est le même que pour la *neurasthénie* (voir ci-dessus).

Névralgie sciatique. Goutte sciatique.

— Elle est à peu près toujours greffée sur une constitution goutteuse ou rhumatismale, d'où le nom de goutte qu'on lui donne aussi.

De nombreux traitements locaux ont été essayés, tous à peu près sans succès ; cela se comprend, étant donnée l'épaisseur de tissu musculaire qui recouvre le nerf sciatique.

Indépendamment du traitement local qui peut calmer plus ou moins les douleurs momentanées, le seul traitement curatif réel consiste à agir sur le système nerveux tout entier par le *Phosphovinate d'Or* et sur la constitution arthritique par l'*Iode*. Si les effets ne sont pas très rapides pour soulager la crise momentanée, ils en abrègent cependant la durée et ils ont pour résultat de préserver des récidives, à la condition de suivre le traitement pendant plusieurs mois.

Phosphovinate d'Or.— Commencer par 20 gouttes par jour en deux fois la 1re semaine ; chacune des semaines suivantes, augmenter de 10 gouttes jusqu'à 80 gouttes par jour.

Pilules et vin Iodo-phosphatés du Dr Foy. — Après les gouttes 2 cuillerées de vin par jour la 1re semaine ; 4 cuillerées la 2e semaine. Les semaines suivantes, aux 4 c. de vin ajouter successivement 2, 4, 6 et 8 pilules iodées par jour.

Névrite.

— Inflammation des enveloppes nerveuses. Elle est toujours consécutive à une infection microbienne ou à une intoxication diathésique. Elle doit être soignée très énergiquement, parce qu'elle peut conduire à la paralysie.

Indépendamment du traitement local antiphlogistique énergique, il faut pour le traitement curatif interne administrer le *Phosphovinate d'Or* à la dose de 80 gouttes par jour, le *Vin Iodo-phosphaté* du Dr Foy 4 cuillerées, par jour, et 8 *Pilules Iodées*, en suivant les indications données plus haut à *Névralgie sciatique*.

Obésité.— C'est une maladie à nutrition altérée avec dégénérescence graisseuse et engorgement de sérosité dérivant d'une constitution diathésique, dans la majorité des cas.

Le traitement de l'obésité doit être à la fois très sévèrement hygiénique et thérapeutique.

Traitement hygiénique.— La tendance qu'ont les obèses à transformer en graisse, qu'ils ne peuvent brûler, toutes les parties farineuses et sucrées de leur alimentation, impose la nécessité de les réduire à la plus minime proportion possible.

D'autre part, encore, afin d'augmenter les combustions intraorganiques, les malades doivent se livrer chaque jour à des exercices physiques au grand air.

Traitement thérapeutique. — Il est basé sur l'emploi de l'iode métalloïde associé aux phosphates. On croit que l'iode fait maigrir ; certains faits observés semblent le prouver ; il est donc utile d'en donner l'explication. L'iode est un stimulant général très puissant qui augmente l'activité vitale et nutritive dans tous les tissus ; en conséquence, les aliments sont plus complètement brûlés. Alors, non seulement il ne favorise pas l'accumulation de la graisse, mais il active encore la combustion de celle qui est emmagasinée. D'autre part aussi, les sécrétions étant suractivées, l'engorgement séreux disparaît. Sous l'influence de l'iode il y a donc diminution de volume. Or quand ce sont des malades jeunes qui sont soumis à ce traitement contre l'obésité, l'iode occasionne une prolifération de tissu musculaire. Nous avons observé plusieurs fois ce résultat paradoxal d'une diminution de volume et d'une augmentation de poids.

La 1re semaine 2 cuillerées de *Vin du Dr Foy* par jour ; 4 c. de vin la 2e sem. Les semaines suivantes aux 4 c.

de vin, ajouter successivement 2, 4, 6 et 8 *Pilules Iodées Foy*. Continuer à cette dose.

Ostéomalacie. — Elle est confondue à tort avec le rachitisme. Dans l'ostéomalacie il y a seulement perte du sédiment phosphaté calcaire des cellules osseuses, celles-ci restant saines et aptes à reconstituer leur provision minérale. Elle se rencontre chez les femmes pendant la grossesse, alors que leur alimentation insuffisamment phosphatée met l'organisme dans la nécessité d'emprunter à la charpente osseuse de la mère la quantité de phosphate de chaux impérieusement nécessaire à celle du fœtus. On l'observe chez les jeunes enfants alimentés avec un lait d'une pauvreté excessive en phosphates.

L'ostéomalacie des femmes enceintes est toujours accompagnée de troubles nerveux variés et d'une anémie profonde. Il suffit d'administrer le *Phosphate de Fer hématique Michel* à la dose de 4 cuillerettes par jour dans la boisson des repas pour obtenir la guérison rapide.

A la femme qui allaite un enfant ostéomalacique, donner le même médicament et à la même dose. Le lait, en s'enrichissant en phosphates, les transmet à l'enfant.

Le lait de vache très phosphaté est bien préférable aux préparations de phosphate de chaux inassimilables, malgré l'affirmation contraire.

Otite. Otorrhée. — Ces affections internes de l'oreille sont toujours sous la dépendance d'une constitution altérée lymphatique ou autre. Indépendamment du traitement local spécial, il faut améliorer l'état général par les *Pilules et le Vin Iodo-phosphatés du Dr Foy* pour activer la guérison et la rendre durable. 2 cuillerées de vin la 1re semaine, 4 la 2e. Aux 4 c. de vin, ajouter les semaines suivantes 2 et 4 pilules iodées par jour.

Ozène. — Ulcère de la membrane pituitaire donnant lieu à une odeur infecte. Indépendamment du traitement antiseptique local (lotions et cautérisations), l'af-

fection étant greffée sur une constitution fortement altérée il faut la régénérer par les pilules et le Vin Iodo-
phosphaté du Dr Foy. 2 cuillerées la 1re semaine, 4 la
2e ; puis aux 4 c. de vin ajouter successivement 2, 4 et
6 pilules iodées. L'affection étant longue à guérir le
traitement doit être prolongé.

Paludisme. — C'est la prédisposition à contracter
et plus encore à laisser récidiver les différentes fièvres
paludéennes intermittentes, continues, palustres, per-
nicieuses, etc. Ces récidives plus ou moins fréquentes
produisent une altération de la constitution qui va de
la fausse anémie à la cachexie paludéenne. C'est chez
les sujets dans cet état que se produisent les accès per-
nicieux si rapidement mortels.

L'emploi des *Pilules et du Vin Iodo-phosphatés du D^r
Foy*, suivi pendant plusieurs mois, fait disparaître pour
toujours la prédisposition paludique, ainsi que la fausse
anémie et la cachexie en régénérant la constitution. 2
cuillerées de vin la 1re semaine, 4 la 2e ; puis aux 4 c.
de vin ajouter successivement, les semaines suivantes,
2, 4 et 6 pilules iodées par jour.

Nous avons la conviction que l'iode associé à des
phosphates physiologiques, serait préférable aux petites dose de sulfate de quinine comme préventif.

Paralysies. — L'énumération des formes si nombreuses et si variées des paralysies n'est pas utile ici,
parce que leur traitement général embrasse le système
nerveux dans son ensemble et par conséquent chaque
partie lésée, quels que soient son siège et son étendue.

Si, par des attaques inopinées, la paralysie semble
débuter parfois brusquement, il n'en est pas ainsi
dans la réalité. Un surmenage cérébral excessif accompagné d'insomnies, des troubles neurasthéniques,
dont on a négligé l'avertissement, précèdent toujours
les attaques, quelquefois de plusieurs années. Elles
pourraient donc être prévenues dans la majorité des
cas.

Quand la paralysie est ancienne, les lésions étant devenues incurables, la guérison n'est plus probable ; mais on peut empêcher la généralisation quand elle n'est pas encore un fait accompli.

Dans les paralysies récentes, la guérison complète peut être obtenue, dans la presque généralité des cas ; dans les autres, il y a des améliorations très notables, et dans tous les cas on enraye les accidents consécutifs et la généralisation de l'affection.

Le traitement général doit être double : il faut, d'une part, agir sur le système nerveux spécialement par le *Phosphovinate d'Or* et, simultanément, sur toute la constitution par les *Pilules et le Vin Iodo-phosphatés du* Dr *Foy*.

Phosphovinate d'Or, 20 gouttes en 2 fois la 1re semaine ; chacune des semaines suivantes, augmenter de 10 gouttes jusqu'à 80 par jour.

Pilules et Vin Iodo-phosphatés du Dr Foy. — En même temps que les gouttes d'or et, aussitôt après, 2 cuillerées de vin en 2 fois la 1re semaine, 4 c. la 2e semaine. Les semaines suivantes, aux 4 c. de vin ajouter successivement 2, 4, 6 et 8 pilules iodées.

Ce traitement doit être suivi pendant une année au moins sans interruption.

Phtisie pulmonaire, laryngée, etc. Tuberculose (voir page 323). Elle est produite par le bacille de Koch. Ce bacille se rencontre fréquemment dans les crachats, les mucosités bronchiques et même les déjections de sujets sains, surtout parmi ceux vivant au milieu de tuberculeux. La phtisie ne se produit qu'après la pénétration du bacille spécifique dans les tissus. Si l'appareil respiratoire est, de beaucoup, la voie de pénétration bacillaire la plus commune, elle n'est pas la seule. Tous les tissus sains bronchiques, intestinaux, etc., sont impénétrables au bacille tuberculeux. Cette pénétration ne peut s'opérer que dans certaines conditions, telles que : Inflammations du tissu pulmonaire, pneumonie, pleurésie, etc., inflammations des bronches, du larynx, etc. Les sujets dont l'organisme entier est profondément affaibli : par la chlorose chez

les jeunes filles, par les fausses anémies, par les épui-
sements de tous genres, etc., ce que les vieux clini-
niciens appelaient *misère physiologique* se laissent facilement infecter. La condition essentielle de l'infection
tuberculeuse étant une prédisposition locale ou générale, elle peut donc être prévue et évitée dans la majorité des cas.

Si le bacille spécifique peut se rencontrer dans les
organes respiratoires avant ou sans l'infection, on ne
le rencontre plus que très exceptionnellement, pendant
la 1re période de l'évolution tuberculeuse ; il s'y trouve
d'une manière constante dans la deuxième, quand commence le ramollissement des conglomérats tuberculeux ; puis il disparaît progressivement dans la 3e période à mesure que les tubercules fondus et expulsés
font place à des cavernes. *La présence, ou l'absence du
bacille spécifique ne constituent donc pas des éléments de
diagnostic* de valeur absolue.

La fonte des tubercules, la purulence des crachats,
sont dues à des streptocoques et des staphylocoques pyogènes, tributaires de la même médication que les bacilles spécifiques.

C'est dans le diagnostic précoce de la tuberculose et
son traitement énergique immédiat que résident les
plus grandes chances de guérison complète. Si les premiers changements respiratoires indicateurs sont difficiles à percevoir à l'auscultation, si la toux fait encore
défaut, si la recherche bacillaire est négative, il reste
l'état général affaibli du malade, son facies décoloré et
cireux qui n'est pas celui de l'anémie vraie et surtout
l'amaigrissement plus ou moins prononcé qui doivent
éveiller sérieusement l'attention. Que l'ensemble des
symptômes laisse planer un doute sur l'existence de
la phtisie, que l'affaiblissement général et tous ses caractères extérieurs n'offrent encore rien d'alarmant, ne
vaut-il pas mieux supposer le pire et agir énergiquement de suite ? Une existence humaine ne vaut-elle
pas la dépense de trois ou quatre mois de traitement ?

Si le foyer tuberculeux semble localisé aux poumons
le plus souvent, par exemple, on ne peut pas affirmer

que, même au début, il soit seul. En tout cas, la maladie se généralise toujours à mesure qu'elle progresse.

Si c'est le bacille de Koch qui spécifie la tuberculose, la mort, qui est la terminaison fatale, à trop peu d'exceptions près encore, n'est pas le résultat de son action directement destructive. C'est par les produits toxiques qu'il sécrète que se produit l'intoxication qui se généralyse et devient mortelle. Ce qui peut s'exprimer laconiquement en disant que : *le microbe ne tue pas directement, il empoisonne.*

Traitement.— La guérison de la phtisie ne peut être complète et durable qu'autant que le traitement répond simultanément aux trois indications suivantes : 1º Faire périr le microbe spécifique, dans la limite du possible, car tous les antimicrobiens actifs sur les microbes à l'état de liberté sont sans action sur ceux cantonnés dans des îlots imperméables. Détruire également les microbes pyogènes.

2º Il doit détruire les produits toxiques ou, tout au moins, neutraliser leurs effets ;

3º Régénérer la constitution altérée et la mettre en état de lutter et de s'opposer soit à une infection nouvelle par les microbes venant du dehors, ou par la migration de ceux emprisonnés dans des îlots.

Les injections de tuberculines sont dangereuses par les toxines qu'elles renferment ; toxines qui ne peuvent pas être antimicrobiennes, sans exercer une action nocive sur les éléments anatomiques de tous les tissus de l'organisme. Cela, d'autant plus que, en présence d'une maladie à évolution lente, généralement, et à rechutes, leur durée d'immunisation étant inconnue, on doit les renouveler de temps à autre pendant des années.

Si les sérums antituberculeux ne renferment pas de toxines, ils ne peuvent pas davantage donner des résultats curatifs complets. Tuberculines et sérums ne répondent, tout au plus, qu'à la première indication thérapeutique.

Les antimicrobiens, créosote, gaïacol, eucalyptol, etc., quelle que soit leur voie d'introduction, ne peuvent produire qu'une amélioration partielle et passagère, parce qu'ils sont sans action sur les microbes spécifiques et exercent seulement une action antiseptique sur les digestions intestinales.

Nous ferons les mêmes objections pour les inhalations gazeuses diverses.

L'huile de foie de morue ne fait qu'atténuer la dénutrition cachectique.

L'iode métalloïde associé à des phosphates physiologiques sous la forme des *Pilules et du Vin Iodo-phosphatés du Dr Foy*, que nous pouvons faire prendre progressivement à la dose intensive de 40 et 50 centigrammes par jour, nous donne des résultats curatifs persistants, depuis 6 ans que nous l'expérimentons sur des malades de l'hôpital de Villepinte, parce qu'il répond aux trois conditions indiquées ci-dessus.

Il est aussi énergiquement préventif pour les cas douteux, en guérissant rapidement la pseudo-anémie.

2 cuillerées de Vin Iodo-phosphaté du Dr Foy, la 1re semaine ; 2 cuillerées de vin et 2 pilules iodées en 2 fois la 2e s.; 3 c. de vin et 3 pilules la 3e s. ; 4 c. de vin et 4 pilules la 4e s. Les semaines suivantes aux 4 c. de vin ajouter successivement 6, 8, 10 et 12 pilules par jour. Continuer ce traitement à dose intensive pendant 8 mois environ. Le réduire ensuite à 4 c. de vin et 4 pilules par jour pendant une année régulièrement. Les années suivantes, on suit ce traitement moyen pendant 3 mois à l'automne et 3 mois au printemps.

Pour les cas douteux, 4 cuillerées de vin et 4 pilules suffisent généralement.

Phtisie abdominale.— Voir *Carreau* (page 370).

Pleurésie. — L'état subinflammatoire du parenchyme pulmonaire et des capillaires bronchiques, qui persiste de longs mois après la guérison apparente de la pleurésie proprement dite, crée une prédisposition particulièrement favorable à l'infection tuberculeuse. On se souvient que le Dr Leudet, de Rouen, a observé dans sa statistique hospitalière que 76 pour 100 des pleuré̦sies anciennes, soit les 3/4, se sont terminées par la phtisie pulmonaire.

Dans ces conditions, alors que les chances d'infection sont de 3 sur 4, n'est-il pas d'une sage prudence de prévenir ce danger en soumettant les malades à la médication *Iodo-phosphatée*, qui améliorera rapidement l'état général, activera la guérison de l'inflammation broncho-pulmonaire et, enfin, fera obstacle à l'infection tuberculeuse.

Pilules et vin Iodo-phosphatés du Dr Foy. — 1re semaine deux cuillerées de vin en deux fois, un peu avant le repas ; 2e s. 4 c. de vin. Les semaines suivantes aux 4 c. de vin ajouter successivement 2 et 4 pilules iodées. Suivre ce traitement pendant 6 mois au moins.

Pyrosis.— Voir *Acidité* (page 361).

Rachitisme. — C'est une altération généralisée de la nutrition cellulaire de tous les tissus, le système osseux compris, qui survient dans l'enfance, en arrête ou en trouble le développement et, par suite, se manifeste à l'extérieur, surtout, par la déformation plus ou moins profonde du système osseux, en raison de sa fonction de sustentation qu'il ne peut complètement remplir.

Par suite de l'altération nutritive de la cellule osseuse, celle-ci ne peut pas assimiler le phosphate de chaux, sous quelque forme qu'on le lui présente. C'est ce qui différencie le rachitisme de l'ostéomalacie.

Ce n'est donc qu'en redressant la nutrition histologique par l'iode qu'on peut guérir le rachitisme. Le lait de vache fortement phosphaté, qui peut contenir facilement 4 et 5 grammes de phosphate de chaux par litre, constitue la meilleure manière de faire assimiler ce corps.

De 2 à 4 ans, on peut sans crainte donner 2 cuillerées à potage de *Vin Iodo-phosphaté du Dr Foy*. On commence par une pendant 8 jours et 2 ensuite.

De 4 à 6 ans 3 cuillerées de vin progressivement.

A partir de 6 ans, 4 c. de vin par jour.

Rhumatismes chroniques (voir page 277). — Ils appartiennent à la classe des maladies par altération nutritive. Si celle-ci est masquée chez les sujets à l'apogée de leur vigueur dans l'âge adulte, on la voit bientôt se manifester, à mesure qu'ils avancent en âge, par des indispositions de plus en plus nombreuses et fréquentes, en même temps que les forces déclinent rapidement.

Il y a donc nécessité de redresser cette altération nutritive au moyen des *Pilules et du Vin Iodo-phosphaté du Dr Foy*. 1re semaine 2 cuillerées de vin en 2 fois par jour ; 4 c. de vin la 2e s. Les semaines suivantes, aux 4 c. de vin ajouter successivement 2, 4, 6 et 8 pilules iodées par jour et continuer à cette dose.

En raison de leur manière de vivre, les rhumatisants continuent toujours à fabriquer un excès d'acide urique. Alors, au printemps et à l'automne, les variations brusques de température, en diminuant l'émission urinaire, font obstacle à l'élimination de l'acide urique et produisent des accès. L'*Eau sulfo-silicatée du Dr Tripier*, qui est un diurétique aussi efficace qu'inoffensif, facilite l'élimination de cet acide. Dans ces cas spéciaux son action est bien supérieure à celle du salicylate de soude, dont elle n'a pas les inconvénients.

La dose est d'un verre et demi par jour.

Rougeole. — Nous savons aujourd'hui que toute maladie infectieuse, si courte que soit sa durée, altère la nutrition générale au moins pour un certain temps. Bien que, dans la majorité des cas, les convalescences soient courtes et que les malades paraissent avoir recouvré leur état de santé antérieur, nous pensons qu'il est sage de purifier l'organisme et de le débarrasser des derniers produits altérés créés par l'infection, parce qu'ils peuvent influencer plus ou moins la croissance.

De 2 à 4 ans, une cuillerée de *Vin Iodo-phosphaté du Dr Foy* par jour.

De 4 à 6 ans deux cuillerées de vin.

De 6 à 10 ans 3 cuillerées de vin.

Scarlatine. — Malgré son apparence bénigne, en général, la scarlatine, maladie infectieuse, contagieuse et parfois épidémique, exerce sur la constitution une altération profonde. Il suffit, comme preuve à l'appui. de signaler la convalescence plus longue que la maladie et l'albuminurie qui en est une suite si fréquente.

L'usage du *Vin Iodo-phosphaté du Dr Foy*, qui purifie l'organisme et le débarrasse des produits toxiques créés par les microbes infectieux, active la convalescence et guérit bien plus rapidement l'albuminurie que le lait, qui n'a qu'une action simplement diurétique.

De 2 à 4 ans, 2 cuillerées de *Vin Iodo-phosphaté Foy*.

De 4 à 6 ans, 3 cuillerées par jour.

De 6 ans et au-dessus, 4 cuillerées par jour.

Sciatique. — Voir *Névralgie sciatique* (page 395).

Sclérose. — Ce n'est pas une maladie à proprement parler. C'est un état d'induration localisée dans lequel se transforment des cellules malades. Toute espèce de tissu cellulaire peut se scléroser ; mais nous envisageons spécialement ici la sclérose des tissus nerveux, qui a généralement des conséquences graves.

Les troubles nerveux qui se manifestent à la suite de sclérose varient suivant le siège de la partie malade.

La sclérose ne se produit pas d'emblée, les cellules subissent une altération nutritive progressive à la suite de laquelle elles se modifient et se transforment. Dès le début, cette altération nutritive se traduit par des troubles fonctionnels qui rentrent dans le cadre des neurasthénies. On ne peut pas prévoir à l'avance qu'un trouble nerveux léger quelconque sera suivi de la sclérose de la région correspondante ; mais, comme les troubles nerveux, chez l'homme arrivé à un certain âge, s'aggravent toujours dans un temps plus ou moins rapproché, surtout quand ils sont greffés sur une constitution diathésique, il est d'une sage prévoyance de traiter sérieusement tout trouble nerveux, si léger qu'il paraisse au début.

23.

Voir *Neurasthénie*, page 230.

La sclérose déclarée, quand elle n'est pas trop ancienne, peut souvent encore se résoudre. Il faut lui appliquer le traitement énergique par le *Phosphovinate d'Or* qui agit exclusivement sur le système nerveux et les préparations *Iodo-phosphatées* du Dr Foy, qui agissent sur la constitution diathésique. En cas d'insuccès sur la maladie établie, on a toujours la certitude d'enrayer la marche envahissante.

Phosphovinate d'Or. 10 gouttes à midi et 10 gouttes le soir la 1re semaine. Chaque semaine augmenter de 10 gouttes en 2 fois jusqu'à 80 gouttes par jour.

Pilules et Vin Iodo-phosphaté du Dr Foy. Aussitôt après les gouttes d'or, 1 cuillerée de vin, 2 fois par jour ; 4 cuillerées la 2e s. Les semaines suivantes ajouter successivement, 2, 4, 6 et 8 pilules iodées par jour.

Scoliose. — C'est une affection osseuse de la colonne vertébrale. Elle présente une foule de variétés suivant la région où elle a son siège et le sens dans lequel a lieu la déviation du rachis ; mais, presque toujours, on rencontre deux courbures principales, l'une dorsale, l'autre lombaire, dirigées en sens opposé.

Elle est sous l'influence d'une altération généralisée de la nutrition cellulaire de tous les tissus avec localisation à la colonne vertébrale pour le système osseux. C'est encore, si l'on veut, une scrofulose osseuse non tuberculeuse.

Traitement. — Il faut agir sur la nutrition générale histologique au moyen des *Pilules et du Vin Iodo-phosphaté du Dr Foy* et sur la nutrition osseuse par l'*Acide phosphorique* sous la forme de l'*Elixir phosphovinique*.

Elixir phosphovinique. — 20 gouttes en 2 fois la première semaine dans un peu d'eau sucrée avant le repas. Chaque semaine augmenter de 10 gouttes jusqu'à 80 gouttes par jour.

Pilules et Vin Iodo-phosphatés du Dr Foy. Aussitôt après les gouttes, une cuillerée de *Vin Iodo-phosphaté* la 1re semaine (2 par jour) ; 4 c. de vin la 2e s. Les semaines suivantes aux 4 c. de vin ajouter successivement 2, 4,

6 et 8 pilules par jour. Continuer à cette dose pendant 6 mois au moins.

Scrofule.— Au point de vue de la constitution, c'est celle du lymphatisme fortement accentué. Les tumeurs qui caractérisent la scrofule affectent le plus souvent les ganglions lymphatiques. L'engorgement de ceux du cou, généralement de nature indolente est plutôt une manifestation du lymphatisme ; celui des ganglions mésentériques est le plus souvent de nature tuberculeuse (*Phtisie abdominale, carreau*). Un grand nombre d'autres tumeurs scrofuleuses sont ou deviennent rapidement tuberculeuses.

La scrofule incline donc tantôt du côté du lymphatisme, tantôt du côté de la tuberculose. C'est pourquoi aujourd'hui beaucoup de cliniciens ont rayé la scrofule du cadre nosologique.

Traitement.—Si les tumeurs sont de *nature lymphatique*, instituer le traitement indiqué à ce nom, page 269.

Si les tumeurs sont de *nature tuberculeuse* ; ordonner le traitement indiqué à la *Phtisie pulmonaire*, page 345.

Nous ferons remarquer que dans les deux cas le traitement *Iodo-phosphaté* est le même, les doses seules diffèrent.

Syphilis (voir page 354). — Les préparations mercurielles par lesquelles on débute dans le traitement antisyphilitique sont microbicides uniquement. Les iodures que l'on emploie ultérieurement sont imparfaitement régénérateurs de la constitution altérée. Par suite des fatigues qu'ils produisent, on ne les emploie pas assez longtemps.

Pour le traitement de la syphilis ancienne, on n'a plus à tenir compte que de la nutrition cellulaire générale profondément altérée. Il faut prendre en considération la profession du malade, distinguer s'il dépense par les muscles ou par le cerveau.

Malades à travail manuel.—Ces malades trouvent dans leur alimentation mixte les principes nutritifs dont ils ont besoin pour combler les dépenses occasionnées

par le travail musculaire. L'iode, par son action généralisée, suffit pour combattre chez eux la nutrition altérée. 8 *Pilules iodo-phosphatées du Dr Foy* sont suffisantes pour obtenir les effets nécessaires, à la condition
d'en faire un usage à peu près continu pendant deux
années au moins. On commence par une pilule à midi
et une le soir, au repas, pendant une semaine, et chaque semaine on augmente de deux pilules, jusqu'à 8
par jour.

Malades à travail cérébral.— Chez ces malades, l'activité cérébrale occasionne une dépense de phosphates
minéraux que l'alimentation ne peut combler. Les
phosphates administrés en nature ne sont même pas
assimilés par suite de l'altération nutritive des cellules
nerveuses. Il faut redresser la nutrition cellulaire nerveuse par le *Phosphovinate d'Or*. On commence par 5
gouttes à midi et autant le soir dans un peu d'eau quelques minutes avant le repas. Chaque semaine, on augmente de 10 gouttes en 2 fois jusqu'à 80 gouttes par
jour.

D'autre part, il faut agir sur la nutrition générale
des autres départements organiques au moyen des *Pilules iodo-phosphatées du Dr Foy*, à la dose de 8 par jour,
prises comme il est dit ci-dessus.

La durée du traitement doit être de deux années au
moins ; c'est le seul moyen de se préserver des maladies nerveuses si fréquentes et toujours si graves chez
ces malades.

Tabès voir *Ataxie locomotrice* (page 367).

Tuberculose voir *Phthisie pulmonaire* (page 323).

Vertiges.— Le vertige est un symptôme presque in-
séparable des affections cérébrales : congestions, ra-
mollissements, tumeurs du cerveau.

Il y a quelques espèces de vertiges dans lesquels le
trouble cérébral est secondaire et subordonné à une
autre affection. Il est de grande importance de bien
diagnostiquer ces vertiges particuliers ; le traitement

de chacun d'eux variant suivant la cause déterminante. Nous citerons le *vertige stomacal* occasionné par le mauvais fonctionnement de l'estomac ; le *vertige intestinal* produit par les vers ; le *vertige de l'oreille* (maladie de Ménière) ; le *vertige des intoxiqués* ; le *vertige des fumeurs*.

Traitement des vertiges cérébraux. — Tonifier, reconstituer et désintoxiquer le système nerveux au moyen du Phosphovinate d'or. Exercer la même action générale sur tout l'organisme aie moyen des *Pilules et du Vin Iodo-phosphaté du Dr Foy.*

Phosphovinate d'Or. — Commencer par 10 gouttes, 2 fois par jour, dans un peu d'eau. Chaque semaine augmenter de 2 fois 5 gouttes, jusqu'à 50 gouttes par jour.

Pilules et Vin Iodo-phosphaté du Dr Foy. — Aussitôt après les gouttes, la 1re semaine une cuillerée de vin Foy ; 4 c. de vin la 2e s. Les semaines suivantes, aux 4 c. de vin ajouter successivement 2, 4, 6 et 8 pilules par jour.

Toutes les semaines, décongestionner la tête par une purgation légère avec 2 pilules résineuses. Nous recommandons les *Grains de vie de Micque.*

TABLE DES MATIÈRES

1re PARTIE

Histoire physique, chimique et physiologique des produits conseillés et employés en thérapeutique générale.

PHOSPHORE

IODE

DEUXIÈME PARTIE

LA CELLULE

TROISIÈME PARTIE

MALADIES DE L'ESTOMAC

QUATRIÈME PARTIE

MALADIES PAR NUTRITION ABAISSÉE

CINQUIÈME PARTIE

MALADIES DÉRIVANT DE LA NUTRITION ALTÉRÉE

TABLE ALPHABÉTIQUE

DU MÉMORIAL THÉRAPEUTIQUE

Clermont (Oise). — Imprimerie DAIX frères, place Saint-André, 3.

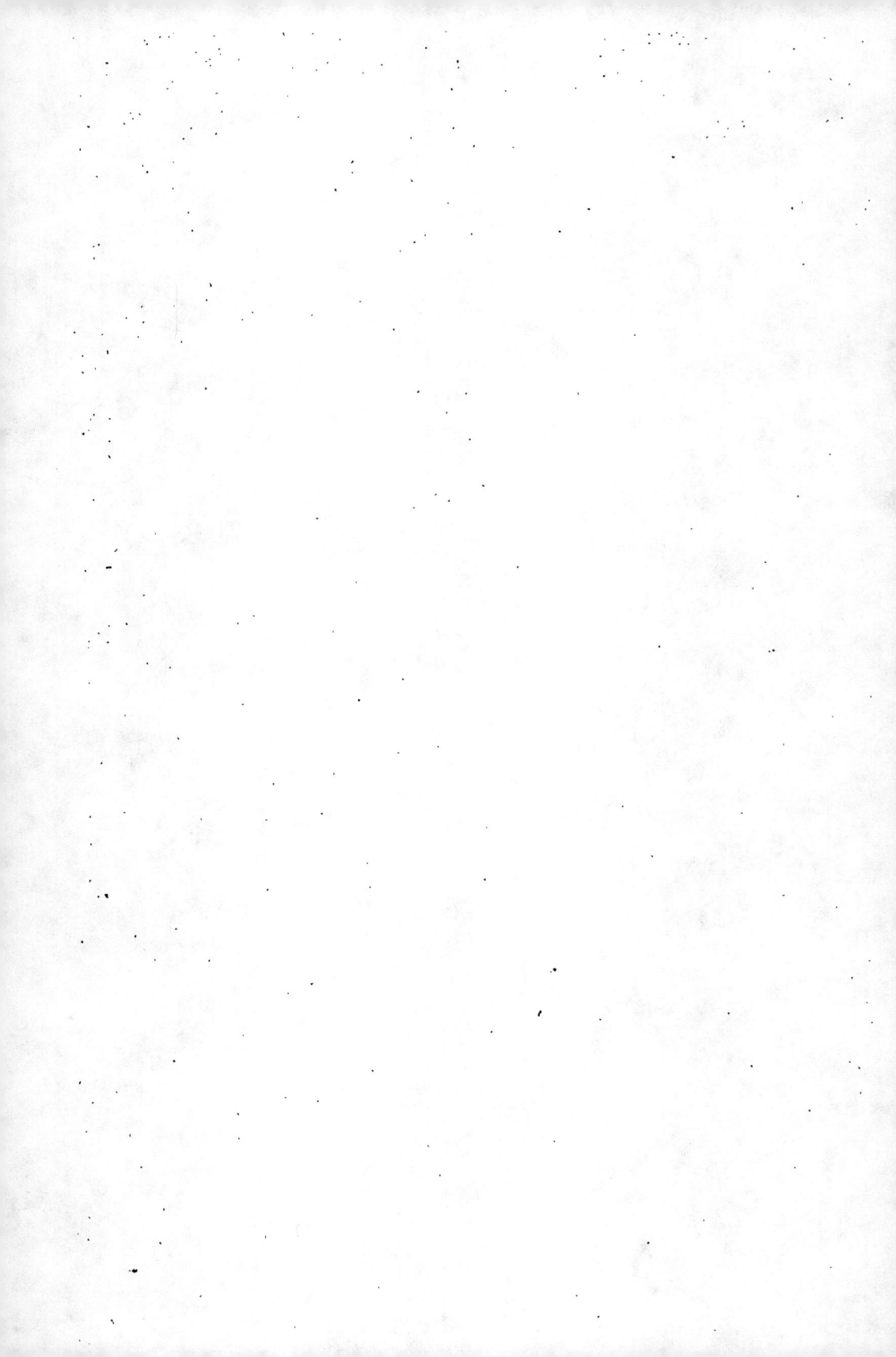

www.ingramcontent.com/pod-product-compliance
Lightning Source LLC
Chambersburg PA
CBHW060949220326
41599CB00023B/3641